国家出版基金项目
NATIONAL PUBLICATION FOUNDATION

"十三五"
国家重点出版物
出版规划项目

地下水污染风险识别与修复治理关键技术丛书

垃圾填埋场
地下水污染综合防治

李鸣晓　李瑞　喻颖　席北斗　等编著

化学工业出版社
·北京·

内容简介

本书为"地下水污染风险识别与修复治理关键技术丛书"的一个分册。全书以源头控制与污染物强化去除于一体的地下水污染削减技术为主线，以京津冀地区某些非正规垃圾填埋场为修复目标，详细介绍了京津冀地区水文地质条件，并细致阐述了填埋场地下水污染场地调查与评价方法、填埋场地下水污染源头削减技术研究、填埋场地下水污染过程控制技术研究、填埋场地下水污染修复与监测预警技术研究等，并对京津冀地区某些典型填埋场进行了方法应用，完成了场地修复工程示范。

本书具有较强的技术应用性和针对性，可供从事垃圾填埋场地下水污染防控及修复等的工程技术人员、科研人员和管理人员参考，也可供高等学校环境科学与工程、市政工程、生态工程及相关专业师生参阅。

图书在版编目（CIP）数据

垃圾填埋场地下水污染综合防治/李鸣晓等编著.
—北京：化学工业出版社，2021.9
（地下水污染风险识别与修复治理关键技术丛书）
ISBN 978-7-122-39337-1

Ⅰ.①垃… Ⅱ.①李… Ⅲ.①卫生填埋场－地下水污染－污染防治 Ⅳ.①X523

中国版本图书馆CIP数据核字（2021）第111946号

责任编辑：刘兴春　卢萌萌　孙伟喆　　　　　　文字编辑：王云霞　陈小滔
责任校对：边　涛　　　　　　　　　　　　　　装帧设计：王晓宇

出版发行：化学工业出版社（北京市东城区青年湖南街13号　邮政编码100011）
印　　装：北京瑞禾彩色印刷有限公司
787mm×1092mm　1/16　印张21$\frac{1}{2}$　字数474千字　2021年10月北京第1版第1次印刷

购书咨询：010-64518888　　　　　　　　　售后服务：010-64518899
网　　址：http://www.cip.com.cn
凡购买本书，如有缺损质量问题，本社销售中心负责调换。

定　　价：180.00元

"地下水污染风险识别与修复治理关键技术丛书"
—— 编 委 会 ——

《垃圾填埋场地下水污染综合防治》
—— 编 著 人 员 名 单 ——

席北斗　李鸣晓　李　瑞　孟繁华　邓　圣　喻　颖　姜　玉　高绍博

地下水是京津冀地区的重要饮用水源和战略资源。随着经济社会的快速发展，部分城市和工业企业周边地下水污染呈恶化趋势，严重威胁地下水饮用水源安全，引起了社会和国家管理部门的高度关注。中共中央总书记习近平、国务院副总理张高丽均对京津冀地区地下水资源保护提出明确要求，《国民经济和社会发展第十三个五年规划纲要》《水污染防治行动计划》《土壤污染防治行动计划》《京津冀协同发展规划纲要》《全国地下水污染防治规划（2011—2020年）》和《华北平原地下水污染防治工作方案（2012—2020年）》等国家战略规划均在着力布局京津冀地区地下水安全保障工作，并明确指出污染场地是地下水污染防控的重点。因此，加强污染场地地下水污染防控、保护地下水、保障饮水安全是推动京津冀地区可持续发展、落实国家战略的一项重要而紧迫的工作。非正规垃圾填埋场因没有采取防渗措施，随着降雨淋滤渗滤液直接渗漏污染地下水；长期运行的正规垃圾填埋场也因施工运行不当、防渗层老化、自然和人为灾害等原因，难以避免会产生渗漏，造成地下水污染。京津冀地区填埋场地下水污染问题突出、风险大，严重威胁饮用水安全和人体健康，已成为城镇化建设和京津冀协同发展过程中亟须解决的重大问题，开展填埋场地下水污染防治关键技术研究与综合示范，是科学保护地下水饮用水源及推动京津冀协同发展的战略需求。

本书以集源头控制与污染物强化去除于一体的地下水污染削减技术为主线，以京津冀地区某些非正规垃圾填埋场为修复目标，详细介绍了京津冀地区水文地质条件，并细致阐述了填埋场地下水污染场地调查与评价方法、填埋场地下水污染源头削减技术研究、填埋场地下水污染过程控制技术研究、填埋场地下水污染修复与监测预警技术研究等，并对京津冀地区某地典型填埋场进行了方法应用，完成了场地修复工程示范。本书涵盖了编著者原创性的工作，并将其未加修饰地呈现给读者，前沿新颖、针对性强、理论紧密结合实践是本书的三大特色，可以作为地下水污染防治和修复、地下水资源开发利用等领域的研究人员、技术人员和管理人员的参考书，也可作为高等学校环境科学与工程、地下水科学与工程、市政工程、生态工程及相关专业师生的教学参考书。

本书由李鸣晓、李瑞、喻颖、席北斗等编著，具体编著分工如下：第1章由席北斗、李鸣晓、喻颖、姜玉编著；第2章由孟繁华、李瑞编著；第3章由喻颖、席北斗、李鸣晓编著；第4章由姜玉、席北斗、李瑞编著；第5章由高绍博、李瑞、姜玉编著；第6章由邓圣、李鸣晓、孟繁华、李瑞、姜玉、喻颖编著；第7章由邓圣、李鸣晓、孟繁华、李瑞编著。全书最后由席北斗、李鸣晓、邓圣统稿并定稿。

限于编著者水平及编著时间，书中存在不足和疏漏之处在所难免，敬请读者提出修改建议。

编著者

2021年2月

第 2 章
填埋场地下水污染场地调查及评价方法研究 / 033

第 3 章
填埋场原位好氧修复过程中羟胺促进脱氮效果及微生物作用机理 / 051

第 4 章
基于赤铁矿（Fe^{3+}）生物还原的填埋场地下水氨氮、有机污染原位修复技术 / 127

第 5 章
基于数值模拟的某沿海地区垃圾填埋场地下水氨氮污染修复研究 / 196

第 6 章
填埋场综合生态修复案例 / 255

第 7 章
典型填埋场地下水污染综合防治关键技术示范案例 / 276

附录
污染地块地下水修复和风险管控技术导则 / 299

第 1 章

绪论

1.1 生活垃圾填埋及垃圾渗滤液危害

1.1.1 生活垃圾填埋进程

生活垃圾是生命体代谢的必然产物，我国高度重视生活垃圾"减量化、资源化、无害化"处理工作。现阶段，卫生填埋仍是我国最主要的垃圾无害化处理方式。据2018年中国统计年鉴显示：截至2017年底，全国共有无害化垃圾处理厂1013座，其中卫生填埋场654座（占比64.56%）；2017年我国生活垃圾无害化处理量为21034.20万吨，其中卫生填埋量占比57.23%。随着中国城市化进程的加快和居民生活水平的提高，民众对美好生态环境的追求愈发强烈。据测算，我国城市生活垃圾产量正以10%左右的年速增长，这势必导致垃圾填埋场渗滤液产量和处理负荷逐年增大。

一般来说，未严格按照国家标准要求建设的生活垃圾填坑、堆放场所均可被纳入非正规垃圾填埋场的范畴，也称简易垃圾填埋场。根据住房和城乡建设部发布的统计数据显示，我国生活垃圾填埋场中非正规填埋场的比例较高，其中近50%为Ⅳ级简易填埋。追根溯源，在2004年《生活垃圾卫生填埋技术规范》（CJJ 17—2004）出台之前，除有极少数生活垃圾通过简易堆肥进行处理外，绝大多数生活垃圾都是填坑或堆放。非正规垃圾填埋场往往存在底部防渗、渗滤液处理、日常覆盖不达标等问题，80%以上会有不同程度的渗漏，对周边土壤地下水环境安全、居民身体健康造成巨大威胁[1]。

基于此，生态环境部组织的全国地下水调查与华北平原污染防治工作，均将填埋场地下水污染调查与修复作为重点。国发〔2011〕9号文件出台《关于进一步加强城市生活垃圾处理工作的意见》，明确指出"开展非正规生活垃圾处理设施和临时堆放场所环境风险评估和治理工作""要有计划关闭过渡性的生活垃圾简易或非正规填埋设施""评估存在污染，需要治理的应当进行治理和修复，消除环境和安全隐患"。2018年，我国政府发起的中央环保督察行动，揭露出很多地区存在垃圾渗滤液处理设施不完备、不能正常运行或不运行等现象；此外，渗滤液普遍大量积存，违规直排市政污水管网频发，地下水环境质量风险较大。2020年公布的全国首批地下水污染防治试点项目，将填埋场地下水污染防治列入重点之一。生活垃圾填埋场（堆放点）的环境污染整治工作逐渐被提上日程，成为民众关心、媒体关切、社会关注的民生问题。

1.1.2　垃圾填埋场渗滤液的产生及危害

垃圾填埋场渗滤液是降雨及地面径流在垃圾填埋堆体内形成的高浓度废水。相对于生活污水，垃圾渗滤液组分往往更加复杂、生物毒性更高、对人体健康危害更大[2]，大分子腐殖质有机物、氨氮（NH_4^+-N）、小分子有机酸和无机盐是渗滤液的主要组分。垃圾填埋场的填埋年龄在很大程度上决定了渗滤液的成分与性质[3]，一般来说，填埋年龄较短的垃圾填埋场处于快速厌氧发酵阶段，即产酸阶段，其渗滤液中含有大量的可降解有机物[4]，挥发性脂肪酸是这一阶段的主要产物，其中有机质含量高达95%[5]。年龄较长的垃圾填埋场处于产CH_4阶段，固废中存在的产甲烷菌能够利用挥发性脂肪酸产生沼气（CH_4、CO_2），渗滤液中的难降解有机质成分含量较高，例如腐殖质[6]。

国内外垃圾渗滤液污染地下水的事故屡有发生。据1977年资料，美国有18500个垃圾填埋场，几乎有50%的垃圾填埋场对地下水产生了污染[7]。据生态环境部公开报道资料显示，近年来我国垃圾渗滤液污染事件呈高发态势[8]，对地下水环境安全和人体健康构成巨大威胁。生活垃圾填埋场地下水中普遍性污染物主要包括NH_4^+-N、硝酸盐、有机物等[9]。NH_4^+-N污染作为饮用水源的地下水时，水处理系统会产生有害的消毒副产物和不良气味，配水系统易出现硝化菌再生的问题[10]；地下水中NH_4^+-N经过含水层氧化反应带后，可被转化为硝酸盐，当其被婴幼儿摄入后会引起高铁血红蛋白血症（蓝婴病）；当饮用水中的硝酸盐转化为亚硝胺后，容易引起人体消化系统癌变[11]。垃圾渗滤液中化学需氧量（COD）的构成主要包括CH_4、挥发性脂肪酸、难降解有机化合物及其他还原态化合物，当这类物质入侵含水层后会对地下水环境和人体健康造成危害[12]。成功修复填埋场地下水污染成为我国打赢环境污染防治攻坚战、保障人体健康的重要任务之一。

1.1.3　生活垃圾填埋场地下水氨氮、有机污染特征

1.1.3.1　填埋场地下水污染过程

生活垃圾填埋场地下水污染可分为以下过程[13,14]：首先，垃圾渗滤液透过包气带进行入渗，与包气带介质发生溶解、过滤和吸附等作用而发生变质；其次，包气带对垃圾渗滤液的拦截作用机理比较复杂，伴随着不同的物理、化学、生物反应过程，该过程主要取决于土壤的物理化学特性、包气带厚度、污染物成分与浓度、土壤中微生物群落结构与丰度、渗滤液渗漏时间等因素；最后，变质后的渗滤液与地下水混合，最后向含水层迁移转化，处于不同水文地质条件的垃圾渗滤液会对含水层造成不同程度的污染，其

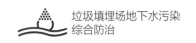
中生物降解自然衰减过程是垃圾渗滤液污染物在含水层中迁移转化的一个重要过程。

对于非正规生活垃圾填埋场而言，由于缺少防渗措施，渗滤液易下渗至土壤和地下水环境中，尤其对于地下水埋深较浅的场地，极易造成土壤和地下水污染。有学者对某非正规填埋场的污染过程进行了研究，结果发现由于未做防渗措施，裂隙和断层破碎带的发育为污染物提供了迁移通道，污染物易通过潜水含水层迁移至基岩裂隙地下水体中[15]。相对于正规生活垃圾填埋场，非正规生活垃圾填埋场的地下水污染程度明显要严重，污染过程更为隐蔽和复杂[16]。

1.1.3.2　填埋场地下水氨氮污染特征

有学者对江苏北部某生活垃圾填埋场地下水NH_4^+-N污染及其形态进行了研究[17]，结果表明：垃圾渗滤液含有高浓度的NH_4^+-N，渗滤液进入土壤后，大量共存离子的竞争吸附减弱了土壤胶体对NH_4^+-N的吸附能力，土壤中有机质增加后，土壤胶体对NH_4^+-N的吸附性降低，吸附量减少，且高浓度NH_4^+-N的存在抑制了硝化作用，从而使大量的NH_4^+-N未能被土壤胶体吸附转化就随渗滤液继续迁移至地下水中，导致地下水的氮污染主要以NH_4^+-N为主。有研究对某垃圾填埋场附近浅层地下水的污染状况进行了分析与评价[18]，结果表明：垃圾填埋场浅层地下水主要污染物为Fe、Mn及NH_4^+-N，5个月内共监测NH_4^+-N浓度30次，浓度变化范围为1.26～10.28mg/L（以N计），均超过《生活饮用水卫生标准》（GB 5749—2006）规定的0.5mg/L（以N计）。

雷抗以某垃圾填埋场为研究案例[19]，系统分析了NH_4^+-N、硝酸盐氮（NO_3^--N）、亚硝酸盐氮（NO_2^--N）在潜水含水层中的分布特征，结果表明：垃圾填埋场周边下游地下水监测点NH_4^+-N浓度最高为9.83mg/L（以N计），随着与垃圾填埋场距离的增加，NH_4^+-N浓度逐渐减小。土壤阳离子交换量检测结果显示，包气带土壤吸附了大量的NH_4^+-N，使得渗滤液中NH_4^+-N不易随地下水流迁移；此外，渗滤液中NO_3^--N、NO_2^--N浓度整体不高，因而下游地下水中NO_3^--N、NO_2^--N检出量较低。不同填埋年龄的垃圾填埋场渗滤液成分往往差异较大，从而导致渗滤液污染的地下水质量差异性较大。一般来说，填埋年限大于10年的填埋场渗滤液中氮主要以NH_4^+-N为主，NO_3^--N和NO_2^--N浓度较低[8]，渗滤液污染的地下水中氮污染主要以NH_4^+-N为主。

1.1.3.3　填埋场地下水有机污染特征

王敏等以徐州市睢宁县某生活垃圾卫生填埋场为例，探究了徐州岩溶地区生活垃圾填埋场地下水有机污染特征，结果表明：即使填埋场设有垃圾渗滤液防渗措施，但随着垃圾填埋年限的延长，垃圾渗滤液同样会影响地下水环境质量[20]。经检测，地下水中有机污染物共计15种，其中14种为美国环保署（EPA）重点优先控制污染物，主要为卤代脂肪烃、单环芳香族化合物、多环芳烃（PAHs）、邻苯二甲酸酯类（PAEs），其检测结果均未超相应的标准限值，其中二氯甲烷、甲苯、PAEs在各地下水监测井均有不同程度的检出。其中PAEs主要用于聚氯乙烯材料，可使聚氯乙烯由硬塑料变为有弹性的塑料，起到增塑剂的作用。它被普遍应用于玩具、食品包装材料、聚氯乙烯地板和壁纸、清洁剂、润滑油、个人护理用品（如指甲油、头发喷雾剂、香皂和洗发液）等数百种产品中，作为固体废物塑料被填埋后，可对人体的健康造成严重危害[21]。

陈迪云等对广州李坑、兴丰垃圾填埋场渗滤液及周边地下水中PAHs和PAEs的浓度水平以及污染特征进行了分析，结果表明：李坑、兴丰2个填埋场渗滤液中的PAHs和PAEs均超过国际饮用水标准（0.2g/L）2000多倍，且周围地表水体和地下水都受到了渗滤液中PAHs和PAEs的污染，下游水体中PAHs和PAEs的浓度明显高于上游水体，且随着离填埋场距离的增加，PAHs与PAEs的浓度呈下降趋势[22]。有研究对丹麦格林斯泰兹生活垃圾填埋场下游含水层中有机物的分布进行了分析，结果表明：填埋场边界溶解性有机碳（dissolved organic carbon, DOC）浓度升高了30～110mg/L，距垃圾填埋场130m处的下游含水层中的非挥发性有机碳浓度降低到了背景值[23]。监测出填埋场下边界地下水中有机物种类多达15种，主要包括苯、甲苯、乙苯、二甲苯。在距填埋场60m处大多数有机化合物无法检出，认为大多数有机化合物在厌氧污染羽中被降解，表明含水层具有潜在的自然衰减能力。

综上，即使正规填埋场设有垃圾渗滤液防渗措施，但随着垃圾填埋年限的延长，垃圾渗滤液同样可能影响地下水环境质量。

1.1.3.4　填埋场地下水DOM分布特征

过去几十年里，大量研究探究了渗滤液中溶解性有机物（dissolved organic matter, DOM）在含水层中的迁移转化机制。研究发现：渗滤液在填埋场底部包气带介质中主要以垂直迁移的形式进入含水层，并且受到地层介质物理化学特性的影响。Munro等研究了渗滤液在填埋场底部垂直迁移的特征，结果表明DOM在迁移深度到达2m后仍呈不均匀分布[24]。Zhan等研究表明，由于填埋场底部土壤的吸附性，DOM迁移深度为2～3m[25]。但也有研究表明，填埋区附近60m深地下水中DOM仍有着不同程度的超标，垃圾填埋场底部的包气带介质虽然能阻碍渗滤液中DOM的迁移，但地下水仍有受污染的风险[26]。

广泛存在于地下水中的DOM含有多种疏水性和亲水性官能团，能够增大疏水性有机物的溶解度，促进有机污染物的迁移[27]。此外，垃圾渗滤液或沉积物等多种来源的有机物进入地下环境后，不仅能促进微生物代谢活动，还能作为电子穿梭体促进地下（类）金属的释放，并参与金属元素的竞争吸附、络合和转化等过程。因此，研究地下水中DOM的来源、分布、组成等特征对阐明渗滤液污染物在地下水中的分布和转化过程具有重要意义。在研究填埋场地下水DOM组成特征方面，近年来现代光谱技术在地下水污染物源解析和预警上应用较为广泛，如Lapworth等采用荧光技术分析了含水层中有机物来源和地下水流向[28]；何小松等研究表明，结合光谱技术与多元统计分析，可识别受垃圾渗滤液污染的地下水点位[29]；郭卉等对我国太湖流域浅层地下水的研究表明，陆源和生物内源为地下水中DOM的主要来源[30]；于静等对华北种植区受污染地下水的研究发现，新近污染的地下水中DOM主要为小分子类蛋白，其次为类富里酸物质[31]。

综上所述，填埋场周边地下水中DOM污染特征与场地区域差异、填埋年限、渗滤液性质等因素有关，DOM在地下水中的迁移机制仍有待进一步探究[32]。

1.2 垃圾填埋场原位脱氮技术研究进展

垃圾渗滤液，又称渗沥水或浸出液，是指生活垃圾自身水分或自然降水在填埋场中不断浸泡而发酵产生的高浓度有机废水。

垃圾渗滤液为填埋场中的主要污染源之一，其主要来源见表1-1。

表1-1 垃圾渗滤液的主要来源

渗滤液来源	说明
雨水	无防水层填埋场中渗滤液的主要来源
地表水	主要为地表径流和灌溉水
地下水	无防渗层时部分地下水倒灌
垃圾自身水分	进入填埋场前的吸附水
微生物分解水	厌氧发酵产生的大量水分

由于垃圾渗滤液的组成复杂、性质多样，仅用一种方法是无法彻底处理的。例如，物理化学过程可以去除大部分污染物，但处理过程通常成本较高并容易产生二次污染。相比之下，生物处理因其运行成本低、效率高而被广泛应用于废水脱氮[33,34]，然而它很难有效地去除不可生物降解的有机物和重金属[35]。因此，垃圾渗滤液的处理多采用物理、化学和生物相结合的方法。生物过程对垃圾渗滤液中氮的去除效率最高，因此开发新型生物脱氮工艺具有重要意义。填埋场堆体中含有大量原生功能性微生物[36]，可以当作大型生物反应器（图1-1），具有多种脱氮功能（硝化、反硝化、硫自养反硝化、厌氧氨氧化等）[37]。且这些微生物长期在高毒性环境中生长，具有很强的耐受性，可以实现渗滤液NH_4^+-N的原位去除，根据发生硝化过程的空间设置，可将该技术分为异位硝化联合原位反硝化脱氮和原位同步硝化反硝化脱氮工艺两种类型。

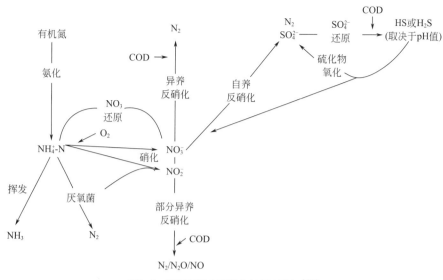

图1-1 填埋场反应器潜在氮循环途径[37]

1.2.1 异位硝化联合原位反硝化脱氮

填埋场异位硝化联合原位反硝化脱氮技术是将渗滤液抽出至硝化池，进行堆体外硝化处理后回灌至填埋场中进行反硝化脱氮。此法无须进行原位曝气处理，且可通过精准曝气量、曝气时间来控制硝化过程，便于后段衔接不同脱氮工艺。通常异位硝化过程由传统升流式厌氧污泥床（UASB）或者序批式反应器（SBR）进行，其中部分研究者利用好氧颗粒污泥或者矿化垃圾作为填料实现外置硝化生物反应器。Berge等分别进行了驯化垃圾与未驯化垃圾的NH_4^+-N原位去除能力的研究，结果显示在好氧垃圾填埋场中实现原位硝化是可行的，且驯化与未驯化处理组的NH_4^+-N去除率分别为0.196mg/g和0.117mg/g（以N计）。另外该实验结果还指出即使在C/N值比较低的垃圾填埋场中仍可同时发生硝化与反硝化过程[38]。Sun等以矿化垃圾作为模拟间歇式好氧垃圾填埋场反应器的填料时，发现在$670 \sim 2010L/m^3$曝气范围下NH_4^+-N去除率接近100%[39]。

由于填埋垃圾具有一定的压实性，长期处于厌氧状态下的填埋场为反硝化过程提供良好的脱氮环境。许多研究者利用此特点进行渗滤液体外硝化后回灌至填埋堆体实现反硝化脱氮的研究。He等利用不同有机质含量的生活垃圾构建了产CH_4反应器和反硝化反应器，同时耦合体外SBR硝化反应器实现异位硝化联合原位反硝化脱氮工艺。其中化学需氧量（COD）去除率高达90%以上，NH_4^+-N去除率更是接近100%。同时研究结果表明，为了避免COD过高产生硝化抑制作用，应适当进行渗滤液内部再循环[40]。在 Bolyard 等的研究中，对仅清水冲洗、渗滤液再循环原位处理和好氧曝气联合渗滤液再循环原位处理三种修复方式进行研究，结果显示：在整体降解方面，曝气与用清水冲洗和厌氧渗滤液回灌处理相比没有表现出明显的优势。采用冲洗和好氧曝气两种措施能有效降低填埋场中 NH_4^+-N 浓度，但最终仍有大量的碳氮物质残留在填埋垃圾中[41]。Huo 等分别将新鲜垃圾、稳定的降解垃圾及活性污泥用于反硝化段、产甲烷段和硝化段，结果表明在该系统中成功实现了脱氮与产甲烷过程，反硝化菌主要分布于填埋场中层，且与硝酸盐浓度呈正相关[42]。Chung 等在韩国峨山某垃圾填埋场现场实验的数据结果显示，采用现场 SBR 将氨氧化为亚硝酸盐，再循环填埋场对 N_2 进行反硝化脱氨能有效去除 COD 以及氮，加速填埋场的稳定化进程[43]。在该研究中，当进水 NH_4^+-N 浓度为 400mg/L 时，NH_4^+-N 几乎全部转化为硝酸盐和亚硝酸盐；当 NH_4^+-N 浓度大于 900mg/L 时，可实现亚硝酸盐积累。因填埋场中缺乏提供反硝化脱氮的碳源，这种将渗滤液体外 SBR 短程硝化后回灌至填埋场脱氮的方式较传统原位反硝化脱氮具有一定优势。事实上，好氧填埋场修复技术早已在美国、欧洲等地开展工程实验，并取得较好的处理效果。

异位硝化处理中硝化反应过程调控更容易，但需要进行渗滤液抽提、物理化学预处理及额外修建渗滤液暂存地，成本将大大提高。若在垃圾填埋场堆体中同时实现硝化和反硝化过程，将减少额外场地需求及构筑物修建成本，大幅降低二次污染的可能性，使得碳氮污染物原位削减。

1.2.2　原位同步硝化反硝化脱氮

由于填埋场长期处于厌氧状态下，NH_4^+-N 没有硝化途径，造成渗滤液中出现 NH_4^+-N 大量积累的现象。通过原位（间歇）曝气或（间歇）回灌渗滤液等手段引入硝化途径，可使填埋场形成不同好氧、厌氧区域，从而实现有机物和氮的降解。Onay 和 Pohland 首次利用填埋场模拟反应器进行原位脱氮研究。研究者通过渗滤液循环回灌和关联系统为填埋场原位修复提供了单独的硝化、反硝化空间。在不同组合运行模式下进行脱氮研究，结果表明通过分区及渗滤液内循环操作可以转化 95% 的氮源[44]。Han 等以老龄生活垃圾作为研究对象构建了准好氧-厌氧生物反应器（SAARB），并对固相垃圾和渗滤液中碳、氮污染物变化规律进行机理研究，结果显示通过不同种类微生物的协同作用，COD 和总氮（TN）的平均去除率分别为 96.61% 和 95.46%，厌氧-缺氧-厌氧带在空间结构和颗粒结构中交替出现，促进了各种物理、化学和生物反应[37]。Jun 等研究了在模拟填埋场反应器中好氧曝气和污泥添加对渗滤液循环修复的影响。结果表明：好氧处理组对 COD 及 NH_4^+-N 有较好的去除效果，同时添加污泥处理组中 NH_4^+-N 和 TN 的去除率分别为 88% 和 84%，说明了曝气和污泥添加能对填埋场稳定化产生积极影响[45]。Shao 等对生物反应器填埋场有限曝气条件下同时硝化反硝化的可行性进行了评价。结果显示：有限氧气处理组中硝化能力可达到7.9g/(m² · d)，且反硝化作用基本不受影响；而强化曝气处理组中虽提高了NH_4^+-N处理负荷，但由于O_2过量导致脱氮效率仅有75%。进一步说明填埋场原位修复过程中合理曝气供氧的重要性[46]。由于渗滤液抽提回灌过程中接触空气，使渗滤液携带部分氧气进入填埋场中，随着下渗过程中的微生物氧消耗，实现了原位好氧/厌氧分区脱氮。

Li等在上海老港垃圾填埋场构建了7000m³规模的三阶段矿化垃圾生物滤池反应器，进行50m³/d的渗滤液回灌处理研究。结果表明：COD去除率在87%以上，NH_4^+-N去除率接近100%。三级矿化垃圾生物滤池中虽硝化能力较强，但TN去除率仅有58%～73%，且外部温度对NH_4^+-N去除效率影响并不显著[47]。Xie等进行了模拟矿化垃圾填埋场原位脱氮研究，研究者发现当水力负荷在20L/(m³ · d)时，污染物去除效果较好。低温环境会降低去除效率，但循环回灌可减缓低温造成的负面影响[48]。

原位同步硝化反硝化脱氮技术能在同一个生物反应器中合理地利用空间区划实现有机物和氮素的去除，节省了构筑物设施，避免渗滤液贮存过程中产生二次污染，又因其资源化的运行理念，在工程应用上十分具有优势。

1.3 原位脱氮功能微生物研究进展

填埋场中脱氮过程可分为硝化过程与反硝化过程，前者又可细分为氨氧化和亚硝酸盐氧化过程，经过完整的硝化过程后NH_4^+-N将转变为硝态氮形式，再经反硝化菌脱氮构成完整的氮循环过程。而生活垃圾填埋场中除了含有产酸、产甲烷菌等发酵功能微生物之外，还有大量与硝化、反硝化脱氮有关的氮循环功能微生物。为了更好地开展原位填埋场生物修复工作，对这类与氮循环相关的微生物的研究必不可少。

1.3.1 氨氧化功能微生物研究进展

具有硝化功能的细菌统称为硝化细菌。硝化过程分为氨氧化和亚硝酸盐氧化两步，分别由氨氧化细菌（ammonia-oxidizing bacteria, AOB）和亚硝酸盐氧化细菌（nitrite-oxidizing bacteria, NOB）实现。

一般把参与硝化作用的细菌统称为硝化细菌。根据基质，硝化细菌可以分为氨氧化细菌（AOB）和亚硝酸盐氧化细菌（NOB）。在《伯杰氏系统细菌学手册》中，AOB被划分为5个属，即亚硝化单胞菌属（*Nitrosomonas*）、亚硝化球菌属（*Nitrosococcus*）、亚硝化螺菌属（*Nitrosospira*）、亚硝化弧菌属（*Nitrovibrio*）和亚硝化叶菌属（*Nitrosolobus*）[49]。至今，在许多富含NH_4^+-N的系统中均发现了AOB的存在，它们一般属于β-变形菌纲或γ Proteobacteria纲，同时研究者针对其自身分子生物学与生化特性进行了系统的研究[50-53]。通过对AOB不断深入的研究，在自养脱氮理论及新型脱氮技术开发方面取得了不小的突破。

AOB在氮的生物地球化学循环中起着重要的作用，它们在自然和工程工业系统中的存在被普遍认为是调节环境中氮损失供应的一种机制[54]。基于这些原因，人们对AOB进行了研究，并对其生长参数进行了广泛的评估[55-57]。AOB能将NH_3氧化成NO_2^-并产生能量及还原当量为自养微生物生长提供能源，反应过程如式（1-1）～式（1-4）所示：

$$NH_3+O_2+2H^++2e^- \longrightarrow NH_2OH+H_2O \quad \Delta G^\ominus = -170.49\text{kJ/mol}; \ E^\ominus = 883.52\text{mV} \quad (1\text{-}1)$$

$$NH_2OH+H_2O \longrightarrow NO_2^-+5H^++4e^- \quad \Delta G^\ominus = 28.60\text{kJ/mol(以}NH_2OH\text{计)}; \ E^\ominus = -74.11\text{mV}$$
$$(1\text{-}2)$$

$$\frac{1}{2}O_2+2H^++2e^- \longrightarrow H_2O \quad \Delta G^\ominus = -165.46\text{kJ/mol(以}H_2O\text{计)}; \ E^\ominus = 857.45\text{mV} \quad (1\text{-}3)$$

$$总反应式： NH_3+\frac{3}{2}O_2 \longrightarrow NO_2^-+H_2O+H^+ \quad \Delta G^\ominus = -307.35\text{kJ/mol(以}NH_3\text{计)} \quad (1\text{-}4)$$

AOB的分解代谢始于氨单加氧酶（AMO）催化反应，在该反应中，NH_3被氧化为羟胺，同时氧被还原为水［如方程式（1-1）所示］，该反应十分剧烈，最初人们认为这种能量是细胞收集的[58, 59]，但未有任何实验证明。因此，这个反应被认为是耗散能量的，因此唯一可用的能源增长最多为136.86kJ/mol。NH_3通过电子传递链［方程式（1-3）］与O_2发生反应消耗总能量的53.8%［方程式（1-4）］。除了NH_3氧化成NH_2OH过程中释放的2mol e^-，另外还需2mol e^-来使AMO发挥作用，这将进一步减少可用于生长的电子数。这4mol e^-来自随后的羟胺氧化过程，该过程由羟胺氧化还原酶（HAO）完成［方程式（1-2），图1-2］[60]。总的来说，只有不到53.8%的分解代谢释放的能量和不到2mol e^-从NH_3氧化中释放并用于生长。说明AOB代谢过程不利于维持长期的生长。但AOB在复杂的自然或工程系统中生长得更好[55]，几乎所有的污水处理厂都能培养出AOB，但很少有实验室能在纯培养箱中培养出这样的菌群。AOB作为自然环境中广泛存在的微生物之一，是大自然中氮循环过程的主要功能微生物。与此同时，AOB还能与多种有机物进行共代谢，例如芳香烃的降解、CH_4的氧化等。Pan等发现甲烷氧化细菌（MOB）与AOB混合组中CH_4和NH_3浓度呈现显著降低，CH_4和NH_3浓度分别为对照组的76.4%和83.7%，同时发现添加AOB可以有利于MOB氧化效率的提高，从而达到减排效果[61]。有研究者认为AOB和异养生物之间似乎存在一种稳定的、人们知之甚少的相互依存关系[62, 63]。

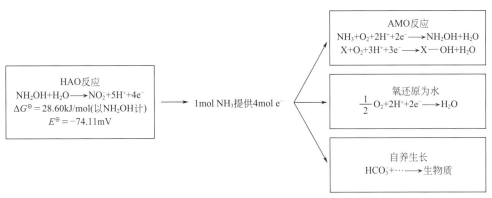

图1-2 羟胺氧化是AOB代谢的唯一电子供给源示意[60]

1.3.2 反硝化功能微生物研究进展

反硝化通常是以有机物作为电子供体实现厌氧环境中氮源去除的脱氮过程，其中电子受体为NO_2-N和NO_3^--N，它们在地球氮循环及污水生物处理过程中有着重要贡献。在填埋场中反硝化脱氮有机物来源主要包括：

① 填埋场中原始废物中残余的可利用有机质；

② 微生物代谢副产物（小分子碳源）；

③ MOB氧化CH_4产生的中间产物，如甲醇、甲醛、甲酸等。

与硝化菌不同，反硝化功能菌的分布从细菌延伸至真菌和古菌中[64]。传统反硝化过程是由NO_3^--N → NO_2^--N → NO → N_2O等最终生成N_2的过程，中间产物NO或N_2O是温室效应的气体组成[65-67]。该过程中每一步都是通过酶催化完成的，这些酶系及其编码的基因分别为硝酸盐还原酶（Nar,*nar*）、亚硝酸盐还原酶（Nir,*nir*）、氧化氮还原酶（Nor,*nor*）和氧化亚氮还原酶（Nos,*nos*）[68]。其中硝酸盐还原酶有Nar和Nap两种[69]，而亚硝酸盐还原过程作为反硝化脱氮过程中的重要控速步骤，相应的亚硝酸盐还原酶根据不同基因编码类型分为*nir*K型和*nir*S型[70]，且通过研究发现，*nir*S型分布较广，而*nir*K型只在约30%的反硝化菌中存在[71]。

反硝化菌可利用硝酸盐来完成呼吸作用并从此过程中获得能量[72]。这种菌分布范围较广，大量存在于污水、土壤及堆肥环境中，在缺氧条件下能够将硝酸盐转化成N_2。反硝化菌主要为原核生物，大量存在于α-变形菌纲、β-变形菌纲和γ-变形菌纲中。其中具有代表性的反硝化菌有假单胞菌科（Pseudomonaceae）和芽孢杆菌科（Bacillaceae）等，大部分反硝化菌是异养菌，例如脱氮小球菌、反硝化假单胞菌等，它们以有机物为氮源和能源，进行无氧呼吸。少数反硝化菌为自养菌，如脱氮硫杆菌，它们从氧化硫或硝酸盐中获得能量，同化CO_2，以硝酸盐为呼吸作用的最终电子受体。即使在有氧的条件下有些反硝化菌也能够进行反硝化作用[73]。同时反硝化菌对环境因素较为敏感，如温度、pH值、溶解氧（DO）等均会对反硝化过程产生影响。

反硝化过程通常发生在严格厌氧环境中，但仍有部分反硝化菌能在好氧环境实现反硝化脱氮。且在土壤、污水处理厂、湖泊中均发现了这类好氧反硝化菌，主要包括假单胞菌属（*Pseudomonas*）、副球菌属（*Paracoccus*）、产碱杆菌属（*Alcaligenes*）和芽孢杆菌属（*Bacillus*）等[74-77]。相对于易受氧气影响的Nar，Nap的活性受氧分子抑制较小，可优先表达，是好氧反硝化过程的关键酶。有些菌甚至更倾向于利用硝酸盐来进行呼吸[78]。然而，部分好氧反硝化菌可以同时以O_2和NO_3^-为电子受体[79]。还有部分同时具备硝化与反硝化功能，Xia等从城市活性污泥中分离得到一株具有高效异养硝化和好氧反硝化能力的菌（*Acinetobacter* sp. ND7），根据其表型和系统发育特征显示该菌具有高效的异养硝化和好氧反硝化能力，聚合酶链式反应（PCR）扩增结果表明其含有*hao*、*nap*A和*nir*S三种功能基因[80]。研究发现，绝大部分嗜甲基反硝化菌能在好氧条件下实现反硝化功能，例如生丝微菌属（*Hyphomicrobium*）、嗜甲基菌属（*Methylophaga*）[81]和*Methylotenera*属[82]，系统中的O_2、NO_3^-或NO_2^-均可作为嗜甲基反硝化菌的电子受体。值得注意的是，部分好氧甲烷氧化菌中除*pmo*A基因外，还含有*nir*K、*nir*S和*nor*BC基因，属于不完全亚硝酸盐还原菌，部分好氧甲烷氧化菌的反硝化基因可通过基因水平转移实现[83]。

1.3.3　新型脱氮技术研究进展

随着水处理的不断发展，一批新型的脱氮技术接连被成功应用于工业及生活用水处理中，如好氧反硝化、短程硝化反硝化和厌氧氨氧化（anammox）技术等。近年来，厌氧氨氧化工艺被认为是一种处理高浓度NH_4^+-N、低浓度COD废水的新方法。厌氧氨氧化工艺发现于20世纪90年代中期，是生物氮循环的最新产物之一。在厌氧氨氧化过程中，NH_4^+-N以亚硝酸盐为电子受体被厌氧氧化成N_2。这种自养过程将CO_2作为唯一的碳源。与传统硝化反硝化脱氮工艺相比，厌氧氨氧化工艺减少了64%的曝气，无需额外投加碳源，同时污泥减量80% ～ 90%[84]。因此，与传统的氮处理工艺相比，厌氧氨氧化工艺可以节省高达90%的运行成本[85]。但厌氧氨氧化菌属于化能自养的严格厌氧菌，生长缓慢（在30 ～ 40℃下倍增时间为10 ～ 14d），细胞产率低(0.11gVSS/g NH_4^+-N)，以CO_2为唯一碳源，通过亚硝酸盐氧化硝酸来提供能量。同时厌氧氨氧化技术的关键在于需要有稳定的短程硝化出水，且出水应满足一定NO_2^--N/NH_4^+-N比。一般短程硝化和厌氧氨氧化过程是在两个独立反应器中分别实现的。Wang等利用人工配水在矿化垃圾生物反应器中实现了厌氧氨氧化脱氮过程，当NO_2^--N/NH_4^+-N比为0.5时，厌氧氨氧化占总脱氮量的10%；当NO_2^--N/NH_4^+-N比为1.0 ～ 1.5时，厌氧氨氧化占总脱氮量的20.72%[86]。

Shalini等通过接种外源厌氧氨氧化污泥，在填埋场生物反应器中实现了原位Sharon-厌氧氨氧化工艺，在第147天氮负荷率（NLR）为1.2kg/(m³·d)（以N计）时，TN和NH_4^+-N去除率分别达到84%和71%[87]。虽然厌氧氨氧化具有良好的自养脱氮能力及应用前景，但由于其运行条件要求苛刻，该技术实际工程应用较少，还停留在实验室或小试研究阶段。在低C/N比条件下，短程硝化反硝化工艺在实际工程中更易于实现，且相比传统脱氮工艺能节省25%的O_2和40%的碳源消耗。但有关填埋场中原位短程硝化反硝化脱氮的研究较少，实现短程硝化反硝化的重点在于如何通过微生物调控实现亚硝酸盐氧化菌（NOB）的抑制，从而避免NH_4^+-N直接氧化为硝酸盐，增加脱氮过程中碳源的需求。在水处理脱氮过程中，大部分是通过对DO浓度、pH值、水利停留时间（HRT）和游离氨（FA）浓度等环境条件的控制实现短程硝化过程，其机理为使AOB得到富集并逐渐淘汰NOB。同时也有部分学者通过投加化学抑制剂的方式实现短程硝化过程的快速启动，这种方式的优势在于高DO浓度条件下仍能实现稳定短程硝化出水。Xu等在DO浓度5mg/L以上、温度在25℃左右条件下，向好氧颗粒中加入10mg/L的羟胺，成功实现了稳定的短程硝化过程[88]。同时其研究表明：当进水NH_4^+-N、COD浓度保持在100mg/L和400mg/L时，TN去除率可达57%，短程硝化效率可达99.8%。因此，本书拟利用化学抑制剂法在填埋场中实现原位短程硝化反硝化过程。

1.4 填埋场中甲烷氧化过程及其应用研究进展

近年来，由于世界各地堆填区CH_4排放量的增加，减少堆填区气体的排放变得极为重要[89-91]。从资源化利用来看，填埋气体还是一个巨大的能源宝库。据估算，如果2005年我国垃圾产生量为1.33亿吨，垃圾产生的CH_4气体相当于12亿～83亿立方米的天然气。利用填埋气体发电是国际上应用最广泛的技术之一[92-94]。虽然收集和利用堆填气体（LFG）可以有效地减少城市固体废物（MSW）堆填区的CH_4排放，但成本相当高。由于中国等发展中国家农村人口众多，垃圾填埋场规模小、不规范，系统利用LFG在经济上也是不可行的。即使在有气体收集和利用系统的地方，大量的LFG仍然可以作为易散逸的排放物逸出[95]。此外，由于堆填区关闭后气体产量减少，收集和利用系统开始失效。低水平的LFG生产可能会持续几十年，因此大量的CH_4在非收集期进入大气[96, 97]，造成严重的温室效应。所以有关CH_4排放和控制技术的基础研究对缓解温室效应意义重大。

1.4.1 甲烷氧化过程及其影响因素研究进展

CH_4是各种厌氧微生物活动的最终产物，而在垃圾填埋场中CH_4是各种生活垃圾分解的产物，且产量巨大。由于CH_4的全球变暖潜力是CO_2的28倍[98]，所以减少垃圾填埋场中的CH_4排放至关重要。MOB作为一种能氧化CH_4或利用CH_4为能量的微生物，广泛存在于填埋场中。微生物甲烷氧化的概念，目前已被广泛采用作为一种抑制CH_4排放量上升的方法。覆盖层被认为是发生填埋场CH_4氧化过程的主要层位。垃圾填埋场覆盖土中CH_4氧化的潜力很大程度上取决于填埋场覆盖土的物理和化学特性、季节变化以及覆盖土中现有CH_4浓度[99-101]。Mosier等认为生物需求和扩散能力是调节氧化过程的主要参数[102]。该研究得出的结论是：可以通过化学和物理条件来控制生物需求，而可以仅通过物理参数来监测CH_4的运输潜力。许多研究报道了垃圾填埋场土壤CH_4氧化效率的不同。例如，Albanna等的研究结果显示：当没有营养物添加且覆盖土壤中的含水率为15%时，土壤层厚度从15cm增加到20cm，CH_4氧化率从29%提高到35%。在含水率为30%的土壤的实验中，未添加养分的情况下，CH_4氧化率从34%提高到38%，而添加养分的情况下观察到CH_4氧化率从75%提高到81%[103]。在另一项研究中，Stern等利用生物覆盖层进行CH_4氧化研究，并报告CH_4氧化率可以达到64%[104]。CH_4氧化机理如图1-3所示[105]。

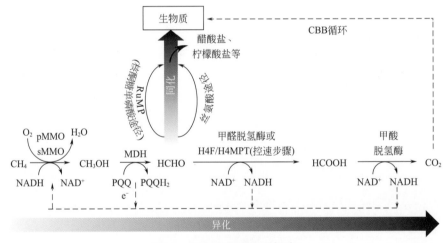

图1-3　CH_4氧化机理示意[105]

综上所述可以得出，填埋场中CH_4氧化效率的差异性可能归因于环境因素。这些影响垃圾填埋场覆盖土CH_4氧化能力的环境因素主要包括有机质含量、土壤质地、含水率、温度、pH值、养分、O_2渗透性和CH_4浓度。

与此同时，由于填埋场覆盖土壤深层的供氧能力有限，利用厌氧氧化可能会减少向大气中排放的CH_4总量。厌氧甲烷氧化（AOM）除利用氧外，还利用电子受体。虽然AOM在垃圾填埋场的研究刚起步，但它已经在海洋和淡水沉积物中得到了广泛的研究。最初，发现AOM与硫酸盐还原反应相结合[106]。随后观察到含厌氧甲烷菌古菌（ANME）的菌群进行AOM时使用替代电子受体，如硝酸盐、亚硝酸盐、铁和锰[107-112]。尽管AOM的速率较低，Mueller等认为AOM比CH_4的好氧氧化具有更高的碳效率[113]，AOM通过逆向产CH_4途径将100%的CH_4转化为甲醇、乙醇、丁醇等产物，而CH_4的好氧氧化则以CO_2的形式损失了一些碳，这是AOM相对于CH_4好氧氧化的一个优势。

目前有关CH_4氧化影响因素的研究显示，CH_4与O_2的浓度是影响体系中CH_4氧化耦合反硝化脱氮效率的关键。Kalyuzhnaya等利用一株好氧甲烷氧化菌（*Methylomicrobium alcaliphilum* strain 20Z）探究了不同含氧条件下的中间产物和浓度[114]。结果表明：在O_2饱和的条件下，仅有甲酸和痕量乙酸作为中间产物被检出；在限氧条件下，产物除了浓度更高的乙酸、乳酸、琥珀酸和氢气等，并且合成更少的生物量。这表明低O_2/CH_4比条件更有利于好氧甲烷氧化菌向外释放有机物，而更多的有机物产生意味着反硝化能力的提升。

1.4.2　甲烷氧化功能微生物研究进展

甲烷营养体，是一群代谢CH_4的微生物，通过CH_4氧化产生甲醇，并且能够实现自身反硝化，通过实验室条件下的反应器实验，确定了CH_4依赖性反硝化的可能性[115-117]。它们可以存在于湖泊[118,119]、湿地[120]、河流[121]、土壤[122]、垃圾填埋场[89]或稻田土[123]中，因为这些地方总有CH_4产生。一般来说，这些甲烷营养体可以产生独特的酶，如甲烷单加氧酶（MMO）、甲醇脱氢酶（MDH）和甲酸脱氢酶（FDH）。在好氧甲烷氧化过程中，MMO将CH_4氧化为甲醇，而MDH等则将CH_4氧化为甲醛，再氧化为甲酸盐，最后通过代谢细胞生物量和能量合成途径产生CO_2。其中*pmo*A、*mmo*B、*mmo*X为主要的CH_4氧化功能基因。

好氧甲烷氧化菌在系统发育地位上的分布较集中，其中大部分属于变形菌门（α-变形杆菌门和γ-变形杆菌门）；仅有2个种属于疣微菌门[124,125]；1个种属于NC10门[126]。其中已知的疣微菌门好氧甲烷氧化菌在自然界中均来自极端环境的地热环境，具有低pH值、高温、CH_4浓度波动剧烈等特点。值得注意的是，NC10门的MOB可将自身NO还原至N_2过程中产生的痕量O_2供给CH_4氧化过程[127]。根据不同代谢途径可将MOB分为Ⅰ型、Ⅱ型和X型甲烷氧化菌三类，其中Ⅰ型甲烷氧化菌属于γ-变形杆菌门，通过核酮糖单磷酸途径（RuMP）同化甲醛，常见的属有甲基单胞菌属（*Methylomonas*）、甲基微菌属（*Methylomicrobium*）、甲基盐菌属（*Methylohalobius*）、甲基杆菌属（*Methylobacter*）；X型甲烷氧化菌同样属于γ-变形菌门，但X型甲烷氧化菌具有更低水平的丝氨酸途径酶[128]，同时较Ⅰ型甲烷氧化菌和Ⅱ型甲烷氧化菌更耐高温，脱氧核糖核酸（DNA）中的GC%（指DNA 4种碱基中，鸟嘌呤和胞嘧啶所占的比例）比大多数Ⅰ型高，代表菌属有*Methylococcus*、*Methylocaldum*、*Methylogaea*。

在许多厌氧环境中同样能实现CH_4氧化过程，一般称之为厌氧甲烷氧化（AOM）过程。总的来说，AOM减少了全球大气中5%～20%的CH_4通量。尽管海洋沉积物中产生了大量的CH_4，但由于AOM的消耗，海洋对全球CH_4排放的贡献只有2%，80%的CH_4产生于海洋沉积物[129, 130]。此外，AOM减少了湖泊和水库中淡水沉积物CH_4排放的29%～34%[131]。大量研究集中在垃圾填埋场覆盖层CH_4的有氧氧化[132, 133]，对于填埋场中的AOM研究较少。

值得注意的是，具有硝化功能的AOB同样具有CH_4氧化特性。这是由于甲烷营养体中的关键酶——甲烷单加氧酶（MMO）和氨氧化剂中的氨单加氧酶（AMO）在进化上是相互联系的，这导致了功能上的相似性，使得甲烷营养体和氨氧化剂都能氧化CH_4和NH_3[134, 135]。许多研究者关于这两种微生物对底物的竞争性和协同氧化性的看法有所不同。Novikov等利用已有参考方法对黑钙土和泥炭土进行了两种微生物贡献率和抑制性研究，结果显示：土壤中AOB对CH_4氧化的贡献率在5%～16%之间，而CH_4氧化过程中NH_4^+-N会随浓度变化呈现不同的抑制效果，与对照组相比抑制率在15%～24%之间，推测氨氧化过程对CH_4氧化有促进作用[136]。同时也有研究者表明，在NH_4^+-N（1200mg/kg）含量较高的环境条件下，MOB的CH_4氧化活性会受到抑制，因为NH_4^+和CH_4由于分子结构相似，可能在MOB的氧化酶系统中竞争相同的位点[137-139]。有关湿地、稻田、森林等生态系统中AOB对CH_4协同氧化及氨抑制作用已开展了大量的研究，但在填埋场这方面的研究还较为匮乏。随着分子生物学的发展与应用，可以利用多种手段探索微生物群落结构变化、酶活性和功能基因的变化，从而进一步研究两种微生物的相互作用机理。

1.4.3　甲烷氧化耦合反硝化脱氮技术应用研究进展

相关研究表明，CH_4氧化过程不仅参与全球碳循环，而且在氮循环中也扮演了重要角色[105]。据报道，在各种自然和人工环境中，CH_4氧化往往伴随着氮素的还原，被称为甲烷氧化耦合反硝化（AME-D）现象。该现象于20世纪70年代首次得到证实[140]。AME-D脱氮技术的研发，不仅能够减少生物反应器中排放的CH_4，缓解温室效应，还可为反硝化脱氮过程补充碳源，减少额外补充碳源带来的成本，对CH_4减排及生物脱氮同时具有重要的现实意义。

硝化和反硝化是去除废水中无机氮的两个常规步骤。在传统的生物脱氮工艺中，由于碳源不足，必须加入甲醇等简单有机物来支撑脱氮。如果过多地补充碳源，不仅会增加额外的成本，还会造成污染。越来越多的证据表明，CH_4具有作为反硝化电子供体的潜力。一方面，由于CH_4可以通过污水处理设施中污泥和有机废物的厌氧降解而产生，因此CH_4价格低廉，且广泛存在[141]；另一方面，与甲醇和乙酸相比，CH_4产生二次污染的可能性较小,尤其是在饮用水和地下水脱氮方面[142]。因此,利用各种生物反应器中释放的 CH_4 进行反硝化在经济上和环境上都是有益的。Thalasso 等在间歇式反应器中利用 AME-D 过程实现了显著的 NO_3^- 去除,去除效率可达 0.6g NO_3^--N/ $[gVSS \cdot d]$,占总脱氮量的 5% ~ 75%[117]。在 CH_4 和 O_2 存在的情况下利用膜反应器实现了地下水中 CH_4 的氧化和间接反硝化作用,其中最大脱氮效率为 45mg/(L·d)(以 N 计)[143]。

研究表明填埋场中可利用的 C/N 比为 27.3,从理论上说,在填埋场中原位实现 AME-D 和厌氧甲烷氧化耦合反硝化(ANME-D)过程显然是绰绰有余的[144]。Cao 等利用模拟填埋场反应器进行微好氧甲烷氧化耦合反硝化(MAME-D)及缺氧条件下甲烷氧化耦合反硝化(HYME-D)脱氮研究,研究结果表明:MAME-D 可实现几乎 100% 的脱氮率,最大脱氮量可达 20.36mg/(L·d)(以 N 计);HYME-D 可实现 75% 的脱氮率,最大脱氮量为 8.09mg/(L·d)(以 N 计)[145]。

这些研究结果均证实了 AME-D 过程在生物脱氮领域有着良好的应用前景,但目前大多数研究仅关注于脱氮率,对其深入的微生物耦合脱氮机制及不同微生物群落结构下 CH_4 氧化和反硝化过程的影响却少有研究。

1.5 地下水氨氮污染数值模拟研究进展

一般来说,地下水污染研究可以通过对污染物的实验测定来评价,也可以通过数值模拟来评估[146, 147]。但室内或现场实验往往需要耗费很长时间和较高成本。在环境水文地质研究领域,地下水数值模拟是地下水资源可持续开发的前提,并被世界各国普遍接受为标准的决策工具,特别是近 20 年来,将其应用于污染物运移建模,以实现地下水资源的可持续开发与管理,引起了人们的关注[148, 149]。目前,有几种地下水模拟软件因为具备了良好的图形用户界面而得到了广泛的应用,如 Visual Modflow(VM)、地下水建模系统(GMS)、Processing Modflow (PM)、Modflow、Groundwater Vista 等。

国内外学者在地下水 NH_4^+-N 污染数值模拟方面做了很多工作,他们开发了各种各样的模型方法来探究 NH_4^+-N 在地下水中的迁移转化规律,以及从基于经验规则的简单算术计算到基于对 NH_4^+-N 反应运移所涉及的物理、化学和生物过程的最新理解来评估预测 NH_4^+-N 污染水平。陈志楠运用一维数学模型量化 NH_4^+-N 在粗砂、中砂、细砂土层中的迁移转化,结合室内实验获得的三种含水层的渗透系数、弥散系数等参数,通过建立的 NH_4^+-N 一维迁移模型来求解预测 NH_4^+-N 浓度的变化趋势[150]。李绪谦等结合弱透水层(岩性为黏土)的水动力特征以及 NH_4^+-N 的迁移转化实验研究,建立了 NH_4^+-N 在黏土中的迁移模型来模拟预测 NH_4^+-N 在弱透水层中的变化[151]。Meile 等和 Porubsky 等开发了二维模型，解决了对流弥散方程与生化反应的耦合问题，该反应包含了吸附、解吸、硝化、反硝化和硝酸铵的异化还原反应[152,153]。Maggi等开发了一种模拟氮在土壤和地下水中运移的计算代码TOUGHREACT-N，它可能是迄今为止模拟土壤和地下水中对流、弥散和多种微生物作用等耦合过程最复杂的代码[154]。然而，这些复杂的模型主要用于基础研究，由于一些原因而在环境管理方面的应用有限。首先，模型的复杂性可能成为一般用户设置模型的障碍，一个训练有素的专业人员总是需要为决策者的环境管理建立模型和解释建模的结果。此外，为了利用模型的复杂功能，需要大量的数据用于模型的输入和校准，而且需要较长的执行时间，但在实践中并不总是能够获得充足的数据。

1.6 填埋场地下水污染修复技术研究进展

与工业或农业场所的污染物不同，垃圾填埋场的污染物种类繁多，主要包括COD、无机物[NH_4^+-N、NO_3^--N、总磷（TP）]和重金属。垃圾填埋场的主要环境问题是渗滤液的产生和渗漏以及地下水污染[155]。许多垃圾填埋场要么是历史上不规范的（无防渗、渗滤液处理、填埋气体导排等环保设施），要么是简陋的，要么是老化的，这使它们成为地下水主要的污染源。由于垃圾降解、微生物新陈代谢、雨水和地下水浸泡垃圾，产生了渗滤液，但往往不能够有效及时遏制、转移、收集或处理。这导致了垃圾填埋场周围的土壤、地下水、空气和包气带的污染[156]。根据中华人民共和国住房和城乡建设部2018年垃圾填埋场调查与整治信息系统的统计数据，中国约有1600个正规垃圾填埋场和27000个渗滤液容易泄漏的简易填埋场；在调查的188个垃圾填埋场（1351个调查地点）中，有21.3%超出GB 15618—2018标准。在过去几十年中，开发了若干种修复技术，以修复因填埋场渗滤液泄漏而受到污染的地下水，下文对这些技术进行了详细的综述。

1.6.1 垂直防渗墙修复技术

自1945年以来，由土壤-膨润土泥浆组成的防渗墙一直被用于岩土工程中的地下水控制。20世纪90年代以来，垂直防渗墙作为一种典型的控制场地污染的技术，通过隔离污染源达到减小污染范围的目的，已广泛应用于污染场地，以防止污染物在含水层中的运移和扩散。许多学者对其设计方法和施工效果进行了大量的研究。Anderson等在控制地下水污染羽或污染源区域时，对设置垂直防渗墙进行了理论分析，并且提出了描述流经垂直防渗墙时区域流场的水头和流量二维地下水稳定流解析解，垂直防渗墙改变了区域地下水流场和流量，减小了污染晕的扩散面积，后续进行抽出处理等水力控制修复技术时，将会大大缩减抽水井的数量，提高修复效率[157]。Koda等基于FEMWATER有限元模型模拟了膨润土材料构成的垂直防渗墙对于波兰华沙某垃圾填埋场周围地下水流场的影响，并结合现场地下水监测结果进行了验证，结果同样表明垂直防渗墙改善了填埋场周围的地下水质量[155]。Hudak运用Modflow和MT3D模型证实了垂直防渗墙控制研究区地下水污染效果良好，同样证明了垂直防渗墙大大缩减了污染物的扩散范围，并且模拟结果发现实施防渗墙后，地下水将在填埋场下游地区汇聚，基于这种规律，Hudak对垃圾填埋场地下水监测方案进行了理论评价与优化，该方案剔除了污染物运移之外区域的监测井，减少了井的数量并且提高了监测效率[158]。姚有朝等结合当地地下水位、不透水含水层深度以及工程投资情况，采用二维有限元渗流软件SEEP设计某填埋场垂直防渗方案，显著降低了填埋场地下水入渗量并减少了施工及运营费用[159]。Christensen等对地下水污染物通过防渗墙的运移分析表明，污染物的运移与防渗墙外侧地下水污染物浓度密切相关，并且给出了一种解析解，作为确定最佳防渗墙的设计结构和水力参数的物理判据的基础，通过Modflow和MT3D数值模型与解析解结果进行对比分析，结果证实了达西渗流与防渗墙外侧地下水污染物浓度之间的预测关系[160]。

1.6.2　抽出处理技术

在修复污染地下水的方法中，抽出处理技术（pump and treat technology, PAT）是最常用的。PAT是指利用一系列的抽水井将含水层中受到污染的地下水抽取到地面，然后进行净化处理用来降低含水层污染物浓度，处理后的水重新注入地下或排放到当地的公共供水系统。PAT是一种可行的深层控制/修复技术，能够控制地下水污染以及污染物羽的扩散。它不仅适用于地下水中污染物的去除，而且也适用于地下水污染羽的水力控制。PAT具有经济性并且效率高，自20世纪80年代以来，在国外逐步用于污染场地修复。然而，过去几十年的实践和研究表明，PAT的有效性受到许多物理和化学因素的影响。例如，在许多实施PAT后的污染场地出现了不同程度的拖尾反弹现象。拖尾是指污染物在抽水作业过程中，污染物的抽取速率逐渐降低，抽水作业一段时间后，抽水井的污染物浓度仍高于地下水质量标准。此外，在许多修复过的地方，一旦抽出处理停止，地下水中污染物浓度就会反弹到很高的水平。尽管各种化学和物理因素（如含水层吸附解吸、不混相饱和液体的缓慢溶解）可能导致PAT效率降低，但其主要原因是难以表征污染场地特有的水文地质特征。很多学者对此现象也进行了大量研究，Lee等在数值模拟中考虑了含水层的非均质性，结果表明低渗透性区域会捕获大量污染物，并将其释放到地下水系统中[161]。Voudrias通过实验和数学模型证明，如果PAT操作的设计忽略了非均质性，那么PAT用于非均质含水层的地下水修复将是非常昂贵的[162]。同样，Güngör-Demirci等采用随机分析方法研究了渗透系数（K）和分层对PAT修复周期的影响，分析发现低渗透性区域和渗透性较好的区域分布可以显著影响PAT修复效率以及修复时间，并且使用大量的小流量抽水井进行PAT修复比使用少量的大流量抽水井更有效[163]。

1.6.3　渗透性反应墙修复技术

渗透性反应墙（permeable reactive barrier, PRB）是一种将反应介质安装在受污染的地下水羽流路径上的修复技术，其设计目的是拦截地下水污染羽，当污染羽通过装置时，由于污染物与反应介质之间的物理、化学、生化或综合相互作用，地下水中的污染物通过降解、沉淀和吸附过程被去除，并将污染物转化为环境可接受的形式，使得沿着地下水水力梯度达到修复浓度目标。自PRB修复技术发明以来，其在地下水修复中得到了广泛的研究和应用。迄今为止，PRB已经在实验室中进行了研究，并实现了中试或全规模的现场使用。Bone（2012）数据统计表明，在1999～2009年间发表了624篇关于PRB的研究，其中约40%为实验室调查，32%为现场研究[164]。1994～2005年，在欧洲、北美和澳大利亚大约建立了200个PRB工程应用。2000～2020年，每年发表的有关PRB的文章数量稳步增长（图1-4）。在中国，大多数PRB的研究仍处于实验室规模，

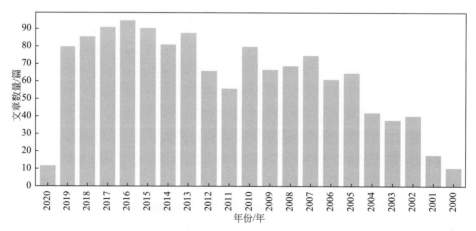

图1-4　2000～2020年包含"permeable reactive barrier"（PRB）与
"groundwater"（地下水）主题的文章数量
（数据来源于Web of Science）

少数报道了 PRB 试点应用，如沈阳、长沙以及包头等。然而，到目前为止很少有研究调查了 PRB 在修复中国华北地区地下水中的应用。

PRB 的设计通常包括以下步骤：

① 初步的技术和经济评估；

② 现场含水层地质、地球化学和污染物水平的表征；

③ 选择合适的墙体反应介质（类型和比例）；

④ 工程设计（包括 PRB 的位置、方向、尺寸和寿命）；

⑤ 施工方法选择；

⑥ 制订监测计划。

因此，可靠的 PRB 设计的第一个要求是对场地和含水层特征的良好理解，包括场地地质、含水层水文地质、地球化学和微生物活动。对污染羽的详细了解也很重要，包括污染物的时空分布、地下水的流向和流速，以及避免污染物绕过或溢出 PRB 的优先流动路径。

有效反应介质的选择是 PRB 施工的重要环节。反应介质的选择通常受到以下因素的影响：要去除的污染物类型（有机或无机污染物），污染物的浓度以及去除它们所需的机制（例如生物降解、吸附或沉淀）；含水层水文地质和生物地球化学条件；环境/健康影响；材料的机械稳定性（随着时间的推移，保持水力传导能力和反应活性的能力），以及材料的可用性和成本。PRB 中常用的反应介质有零价铁、活性炭、沸石等。可逆吸收和不可逆氧化还原反应是 PRB 的主要修复机制。需要每隔一段时间更换反应介质，以防止性能下降、饱和或材料损耗。很多学者针对 PRB 反应介质对 COD、NH_4^+-N、硝态氮、TP 和重金属等地下水中污染物去除效率的影响方面进行了大量研究。大多数现有的 PRB 只含有一种反应介质，它的目标是去除单一组分的污染物。近年来，反应介质的组合（可能是生物的、非生物的或两者兼而有之）已成为垃圾填埋场等污染场地复合污染物修复的研究热点。因为它们可以提高渗透性，降低成本，增加可用于单一或多种污染物去除的机制数目，提高去除效率，从而大大改善 PRB 的长期性能。Ma 和 Wu 使用两种非生物材料（零价锌和零价铁）对三氯乙烯（TCE）进行降解，结果发现这种混合物的降解速率比单独使用零价铁快 3 倍[165]。Jun 等在实验室内研究了 PRB 修复处理垃圾渗滤液污染地下水的可行性[166]。针对填埋场渗滤液污染地下水中 NH_4^+-N、重金属和有机污染物浓度高的问题，发现沸石与零价铁的混合物作为 PRB 的反应介质对于 NH_4^+-N 的去除率最高为 97.4%，其中沸石吸附 NH_4^+-N，零价铁与 NH_4^+-N 发生氧化还原反应进行降解。Zhou 等基于柱实验对 PRB 修复技术进行优化，以研究 PRB 反应介质的最佳组成，以去除受填埋场渗滤液严重污染的地下水中的污染物，使得反应介质具有较高的效率和可接受的水力传导性。反应介质由零价铁、沸石和活性炭按不同比例混合而成，实验结果表明其对 NH_4^+-N 的去除效率为 89.2%[167]。

反应介质选好后，必须确定 PRB 的尺寸、位置和方向。两个重要的相互依赖的参数是捕获区域和停留时间。捕获区域是关于拦截整个污染羽所需的PRB宽度。停留时间定义为污染场地的地下水达到处理目标浓度所需的与反应介质之间的接触时间，或污染的地下水通过PRB中的反应介质所需要的时间。PRB的设计必须确保有足够的停留时间来处理研究区域目标污染物，在污染物种类和浓度一定的情况下，停留时间主要由地下水流速和反应介质厚度决定。

针对填埋场区域地下水的主要污染物以及当地水文地质特征等，许多学者设计了不同的PRB方案，以下列举几个案例来说明PRB的设计过程。Chathuranga等针对汉班托塔（Hambantota）市的某垃圾填埋场地下水的COD、TN、Fe^{2+}和Cu^{2+}污染，通过现场水文地质勘探以及试验，设计了多介质填充的反应材料（包括木柴、木炭、生物炭、锯末、洗过的采石场粉尘、脱水明矾污泥、红土和洗过的硅砂）构成的PRB修复方案，最后通过试验验证，PRB对COD、Fe^{2+}、Cu^{2+}、TN的去除效率分别为45%、31%、53%和49%，主要是通过吸附、离子交换反应、过滤和沉淀等机制实现的[168]。Wang等针对填埋场附近的地下水中土壤矿物中还原性溶解的高浓度铁（Fe^{2+}）和锰（Mn^{2+}）污染，在美国佛罗里达州一个封闭、无防渗措施的垃圾填埋场的下坡处，安装了两个由石灰石和碾碎的混凝土组成的现场PRB，以修复含有这些高浓度金属的地下水。将PRB分成等长的两段，填充不同的反应介质去除Fe^{2+}和Mn^{2+}。其中一种反应介质是石灰石，第一年的平均去除率为91%；另一种反应介质是碾碎的混凝土，第一年的平均去除率为95%。两种反应物料的去除率在第三年分别下降到平均64%和61%[169]。

1.6.4 原位注入修复技术

对于一些含水层埋深较浅且存在众多氧化还原反应的地下水污染场地，可通过原位注入修复技术，投加地下水修复净化材料和药剂，从而达到强化天然含水层中自然衰减过程，快速修复地下水污染的目的[170]。一般来说，通过在原位修复井中注入Fe^{3+}氧化物、电子穿梭体及其螯合材料、功能微生物菌剂，强化含水层中Fe^{3+}生物还原过程，去除还原态污染物。用于原位注入修复技术的微生物按照来源可分为土著微生物、外来微生物和基因工程菌三大类。就赤铁矿Fe^{3+}而言，目前关于异化Fe^{3+}还原菌的功能基因研究仍处于初步阶段，仍需要借助科技手段进行更深入的研究；此外，工程化制备、生产Fe^{3+}还原微生物菌剂这一领域仍刚起步。关于赤铁矿Fe^{3+}人工配位体、螯合材料的研究可能会成为近年来的热点，旨在强化微生物与赤铁矿Fe^{3+}氧化物的电子穿梭与转移能力，从而更有效地去除污染物。

如前所述，微生物介导的Fe^{3+}还原过程，在填埋场地下水NH_4^+-N、有机物污染修复中已展现出广阔的应用潜力[171]。赤铁矿（α-Fe_2O_3）作为分布最广泛的Fe^{3+}氧化物之一，成本低廉、环境友好性高，但目前多使用微纳米尺寸赤铁矿进行实验室研究[172]，且材料合成制备较复杂、成本较高。天然赤铁矿Fe^{3+}还原过程对NH_4^+-N有机物的去除效能、微观机制仍缺乏系统性研究，着眼于解决填埋场地下水NH_4^+-N、有机污染这一实际环境问题，研发基于天然赤铁矿还原的新材料、新技术，并进行工程应用，具有重要的研究意义与实用价值。如图1-5所示，现就赤铁矿Fe^{3+}生物还原在地下水修复中的应用方法进行分析、展望。

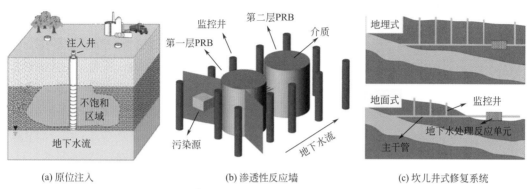

(a) 原位注入　　　　　　(b) 渗透性反应墙　　　　　　(c) 坎儿井式修复系统

图1-5　Fe^{3+}生物还原在地下水修复中的应用方法展望

1.6.5　坎儿井式依次修复技术

"坎儿井"在中国历史悠久，又称"井渠"。"坎儿井"是中国新疆荒漠缺水地区一种特殊的灌溉系统[173]。"坎儿井"原理是：在潜流处寻找地下水水源，每隔一定间隔打若干个深浅不等的竖井，然后再依地势高低在井底修通暗渠，沟通各井，地下渠道的出水口与地面渠道相连接，把地下水引至地面。因此，笔者提出以下理念：在一些地下水埋深较深、含水层水力梯度较大的地下水污染场地，将这种"坎儿井"引水方式与地下水污染物修复技术结合起来，依靠自然水力梯度实现对污染地下水的引流及后续处理，其施工及维护过程可操作性强，且二次风险可控。就赤铁矿Fe^{3+}而言，在一些有机污染严重的地下水含水层区域，可将赤铁矿作为后续水处理反应单元的反应介质，并注入营养物质和分离培养的Fe^{3+}还原菌功能微生物菌液，在厌氧反应条件下对有机物、NH_4^+-N等典型污染物进行生物去除。相对于物理化学处理方法，该方法具有操作安装过程比较简单、无需曝气、能耗低、处理成本低等优点。坎儿井式地下水污染修复技术可根据含水层水力梯度分为地埋式与地面式，其主要内部结构包括监控井、主干管及地下水处理反应单元。相信在不久的将来，坎儿井式修复系统能够与Fe^{3+}生物修复过程相结合，实现填埋场地下水NH_4^+-N、有机污染的高效修复。

参考
文献

[1] 刘浜葭，刘玲，李喜林，等. 不同龄期垃圾渗滤液对浅层地下水污染的实验研究［J］. 中国地质灾害与防治学报，2009, 20(3): 128-131.

[2] Biswas A K, Kumar S, Babu S S, et al. Studies on environmental quality in and around municipal solid waste dumpsite［J］. Resources, Conservation and Recycling, 2010, 55(2): 129-134.

[3] Baig S, Coulomb I, Courant P, et al. Treatment of landfill leachates: lapeyrouse and satrod case studies［J］. Ozone Science & Engineering, 1999, 21(1): 1-22.

[4] Welander U, Henrysson T, Welander T. Nitrification of landfill leachate using suspended-carrier biofilm technology［J］. Water Research, 1997, 31(9): 2351-2355.

[5] Harmsen J. Identification of organic compounds in leachate from a waste tip［J］. Water Research, 1983, 17(6): 699-705.

[6] Renou S, Givaudan J G, Poulain S, et al. Landfill leachate treatment: review and opportunity［J］. Hazard Mater, 2008, 150(3): 468-493.

[7] 郑铣鑫. 城市垃圾处理场对地下水的污染［J］. 环境科学, 1989, 10(3): 89-92.

[8] 张文静. 垃圾渗滤液污染物在地下环境中的自然衰减及含水层污染强化修复方法研究［D］. 长春: 吉林大学, 2007.

[9] 韩智勇, 许模, 刘国, 等. 生活垃圾填埋场地下水污染物识别与质量评价［J］. 中国环境科学, 2015, 35(9): 2843-2852.

[10] Huang G, Liu F, Yang Y, et al. Removal of ammonium-nitrogen from groundwater using a fully passive permeable reactive barrier with oxygen-releasing compound and clinoptilolite［J］. Journal of Environmental Management, 2015, 154: 1-7.

[11] Bordeleau G, Savard M M, Martel R, et al. Determination of the origin of groundwater nitrate at an air weapons range using the dual isotope approach［J］. Journal of Contaminant Hydrology, 2008, 98(3): 97-105.

[12] Christensen T H, Kjeldsen P, Albrechtsen H J R, et al. Attenuation of landfill leachate pollutants in aquifers［J］. Critical Reviews in Environmental Control, 1994, 24(2): 119-202.

[13] 钟振楠, 王玉莲. 浅述包气带土层对垃圾渗滤液污染地下水的防护能力［J］. 城市建设理论研究(电子版)，2013(16): 1-8.

[14] Yin K, Tong H, Giannis A, et al. Insights for transformation of contaminants in leachate at a tropical landfill dominated by natural attenuation［J］. Waste Management, 2016, 53: 105-115.

[15] 朱新民, 郑玉虎, 吴明洲. 某非正规垃圾填埋场污染特征及风险管控措施研究［J］. 地下水, 2019, 41(5): 12-14.

[16] 胡馨然, 杨斌, 韩智勇, 等. 中国正规、非正规生活垃圾填埋场地下水中典型污染指标特性比较分析［J］. 环境科学学报, 2019, 39(9): 3025-3038.

[17] 杨文澜, 刘力, 朱瑞珺. 苏北某市垃圾填埋场周围地下水氮污染及其形态研究［J］.地球与环境, 2010, 38(2): 157-160.

[18] 严小三. 某垃圾填埋场附近浅层地下水污染及水环境健康风险评价［D］.合肥: 合肥工业大学, 2008.

[19] 雷抗. 垃圾填埋场地下水污染监测预警技术研究［D］. 北京: 中国地质大学, 2018.

[20] 王敏, 刘浩, 朱歆莹. 徐州岩溶地区生活垃圾填埋场地下水有机污染特征研究［J］. 环境科技, 2018,

31(1): 16-20.

［21］ 仝晓霞, 周爱国, 甘义群, 等. 河南省某垃圾填埋场地下水中邻苯二甲酸酯分布特征与成因［J］. 工程勘察, 2012, 40(7): 44-49.

［22］ 陈迪云, 龚剑, 褚红榜. 广州垃圾填埋场周围水体中PAHs和PAEs的污染特征［J］. 广州大学学报（自然科学版）, 2016, 15(4): 67-72.

［23］ Ruegge K, Bjerg P L, Christensen T H. Distribution of organic compounds from municipal solid waste in the groundwater downgradient of a landfill (Grindsted, Denmark)［J］. Environmental Science & Technology, 1995, 29(5): 1395-1400.

［24］ Munro I, Macquarrie K, Valsangkar A J, et al. Migration of landfill leachate into a shallow clayey till in southern New Brunswick: a field and modelling investigation［J］. Canadian Geotechnical Journal, 1997, 34(2): 204-219.

［25］ Zhan T L , Guan C T, Xie H J, et al. Vertical migration of leachate pollutants in clayey soils beneath an uncontrolled landfill at Huaian, China: a field and theoretical investigation［J］. Science of the Total Environment, 2014, 470-471(2): 290-298.

［26］ Fatta D, Papadopoulos a, Loizidou M. A study on the landfill leachate and its impact on the groundwater quality of the greater area［J］. Environmental Geochemistry and Health, 1999, 21(2): 175-190.

［27］ 彭莉, 虞敏达, 何小松, 等. 垃圾填埋场地下水溶解性有机物光谱特征［J］. 环境科学, 2018, 39(10): 4556-4564.

［28］ Lapworth D J, Gooddy D C, Butcher A S, et al. Tracing groundwater flow and sources of organic carbon in sandstone aquifers using fluorescence properties of dissolved organic matter (DOM)［J］. Applied Geochemistry, 2008, 23(12): 3384-3390.

［29］ He X S, Fan Q D. Investigating the effect of landfill leachates on the characteristics of dissolved organic matter in groundwater using excitation-emission matrix fluorescence spectra coupled with fluorescence regional integration and self-organizing map［J］. Environmental Science and Pollution Research, 2016, 23(21): 21229-21237.

［30］ 郭卉, 虞敏达, 何小松, 等. 南方典型农田区浅层地下水污染特征［J］. 环境科学, 2016, 37(12): 4680-4689.

［31］ 于静, 虞敏达, 蓝艳, 等. 北方典型设施蔬菜种植区地下水水质特征［J］. 环境科学, 2017, 38(9): 3696-3704.

［32］ Han Z, Ma H, Shi G, et al. A review of groundwater contamination near municipal solid waste landfill sites in China［J］. Science of the Total Environment, 2016, 569-570: 1255-1264.

［33］ El-Bestawy E, Hussein H, Baghdadi H H, et al. Comparison between biological and chemical treatment of wastewater containing nitrogen and phosphorus［J］. Journal of Industrial Microbiology & Biotechnology, 2005, 32(5): 195-203.

［34］ Jokela J P Y, Kettunen R H, Sormunen K M, et al. Biological nitrogen removal from municipal landfill leachate: low-cost nitrification in biofilters and laboratory scale in-situ denitrification［J］. Water Research, 2002, 36(16): 4080-4087.

［35］ Wiszniowski J, Robert D, Surmacz-Gorska J, et al. Landfill leachate treatment methods: a review［J］. Environmental Chemistry Letters, 2006, 4(1): 51-61.

［36］ Yu Y, Li M, Dai X, et al. In situ mature leachate treatment with hydroxylamine addition in the aerobic-anaerobic recirculation landfill［J］. Science of The Total Environment, 2019, 696: 134084.1-134084.9.

［37］ Han Z Y, Liu D, Li Q B. A removal mechanism for organics and nitrogen in treating leachate using a semi-aerobic aged refuse biofilter［J］. Journal of Environmental Management, 2013, 114(1): 336-342.

［38］ Berge N D, Reinhart D R, Dietz J, et al. In situ ammonia removal in bioreactor landfill leachate［J］. Waste Management, 2006, 26(4): 334-343.

［39］ Sun X, Zhang H, Cheng Z, et al. Effect of low aeration rate on simultaneous nitrification and denitrification in an intermittent aeration aged refuse bioreactor treating leachate［J］. Waste Management, 2017, 63: 410-416.

［40］He R, Liu X W, Zhang Z J, et al. Characteristics of the bioreactor landfill system using an anaerobic-aerobic process for nitrogen removal［J］. Bioresource Technology, 2007, 98(13): 2526-2532.

［41］Bolyard S C, Reinhart D R. Application of landfill treatment approaches for stabilization of municipal solid waste［J］. Waste Management, 2016, 55: 22-30.

［42］Huo S L, Xi B D, Yu H C, et al. In situ simultaneous organics and nitrogen removal from recycled landfill leachate using an anaerobic-aerobic process［J］. Bioresource Technology, 2008, 99(14): 6456-6463.

［43］Chung J, Kim S, Baek S, et al. Acceleration of aged-landfill stabilization by combining partial nitrification and leachate recirculation: a field-scale study［J］. Journal of Hazardous Materials, 2015, 285: 436-444.

［44］Onay T T, Pohland F G. In situ nitrogen management in controlled bioreactor landfills［J］. Water Research, 1998, 32(5): 1383-1392.

［45］Jun D, Yongsheng Z, Henry R K, et al. Impacts of aeration and active sludge addition on leachate recirculation bioreactor［J］. Journal of Hazardous Materials, 2007, 147(1-2): 240-248.

［46］Shao L M, He P J, Li G J. In situ nitrogen removal from leachate by bioreactor landfill with limited aeration［J］. Waste Management, 2008, 28(6): 1000-1007.

［47］Li H J, Zhao Y C, Shi L, et al. Three-stage aged refuse biofilter for the treatment of landfill leachate［J］. Journal of Environmental Sciences, 2009, 21(1): 70-75.

［48］Xie B, Xiong S, Liang S, et al. Performance and bacterial compositions of aged refuse reactors treating mature landfill leachate［J］. Bioresource Technology, 2012, 103(1): 71-77.

［49］王晓媛. 填埋场反应器厌氧氨氧化协同反硝化脱氮机理和优化策略研究［D］.上海: 华东师范大学, 2017.

［50］Gao J, Luo X, Wu G, et al. Abundance and diversity based on *amo* A genes of ammonia-oxidizing archaea and bacteria in ten wastewater treatment systems［J］. Applied Microbiology and Biotechnology, 2014, 98(7): 3339-3354.

［51］Arp D J, Sayavedra-Soto L A, Hommes N G. Molecular biology and biochemistry of ammonia oxidation by *Nitrosomonas europaea*［J］. Archives of Microbiology, 2002, 178(4): 250-255.

［52］Limpiyakorn T, Shinohara Y, Kurisu F, et al. Communities of ammonia-oxidizing bacteria in activated sludge of various sewage treatment plants in Tokyo［J］. FEMS Microbiology Ecology, 2005, 54(2): 205-217.

［53］Gao J F, Luo X, Wu G X, et al. Quantitative analyses of the composition and abundance of ammonia-oxidizing archaea and ammonia-oxidizing bacteria in eight full-scale biological wastewater treatment plants［J］. Bioresource Technology, 2013, 138: 285-296.

［54］Freitag T E, Chang L, Prosser J I, et al. Influence of inorganic nitrogen management regime on the diversity of nitrite-oxidizing bacteria in agricultural grassland soils［J］. Applied And Environmental Microbiology, 2005, 71: 8323-8334.

［55］Kowalchuk G A, Stephen J R. Ammonia-oxidizing bacteria: a model for molecular microbial ecology［J］. Annual Review of Microbiology, 2001, 55: 485-529.

［56］Chain P, Lamerdin J, Larimer F, et al. Complete genome sequence of the ammonia-oxidizing bacterium and bbligate chemolithoautotroph *Nitrosomonas europaea*［J］. Journal of Bacteriology, 2003, 185(9): 2759-2773.

［57］Geets J, Boon N, Verstraete W. Strategies of aerobic ammonia-oxidizing bacteria for coping with nutrient and oxygen fluctuations［J］. FEMS Microbiology Ecology, 2006, 58(1): 1-13.

［58］Drozd J W. Energy coupling and respiration in *Nitrosomonas europaea*［J］. Archives of Microbiology, 1976, 110(2-3): 257-262.

［59］Hollocher T C, Kumar S D, Nicholas J D. Respiration-dependent proton translocation in *Nitrosomonas europaea* and its apparent absence in *Nitrobacter agilis* during inorganic oxidations［J］. Journal of Bacteriology, 1982, 149(3): 1013-1020.

［60］Gonzalez-Cabaleiro R, Curtis T P, Ofiteru I D. Bioenergetics analysis of ammonia-oxidizing bacteria and the estimation of their maximum growth yield ［J］. Water Research, 2019, 154: 238-245.

［61］Pan J R, Wang X L, Cao A X, et al. Screening methane-oxidizing bacteria from municipal solid waste landfills and simulating their effects on methane and ammonia reduction ［J］. Environmental Science and Pollution Research International, 2019, 26(36): 37082-37091.

［62］Khunjar W O, Mackintosh S A, Skotnicka-Pitak J, et al. Elucidating the relative roles of ammonia oxidizing and heterotrophic bacteria during the biotransformation of 17α-ethinylestradiol and trimethoprim ［J］. Environmental Science & Technology, 2011, 45(8): 3605-3612.

［63］Keluskar R, Nerurkar A, Desai A. Mutualism between autotrophic ammonia-oxidizing bacteria (AOB) and heterotrophs present in an ammonia-oxidizing colony ［J］. Archives of Microbiology, 2013, 195(10-11): 737-747.

［64］Lu H, Chandran K, Stensel D. Microbial ecology of denitrification in biological wastewater treatment ［J］. Water Research, 2014, 64: 237-254.

［65］Li W, Sun Y, Bian R, et al. N_2O emissions from an intermittently aerated semi-aerobic aged refuse bioreactor: combined effect of COD and NH_4^+-N in influent leachate ［J］. Waste Management, 2017, 69: 242-249.

［66］Zhu X, Burger M, Doane T A, et al. Ammonia oxidation pathways and nitrifier denitrification are significant sources of N_2O and NO under low oxygen availability ［J］. Proceedings of the National Academy of Sciences of the United States of America, 2013, 110(16): 6328-6333.

［67］Kool D M, Dolfing J, Wrage N, et al. Nitrifier denitrification as a distinct and significant source of nitrous oxide from soil ［J］. Soil Biology and Biochemistry, 2011, 43(1): 174-178.

［68］Philippot L, Mirleau P, Mazurier S, et al. Characterization and transcriptional analysis of Pseudomonas fluorescens denitrifying clusters containing the *nar*, *nir*, *nor* and *nos* genes ［J］. Biochim Biophys Acta, 2001, 1517(3): 436-440.

［69］Liu H, Takio S, Satoh T, et al. Involvement in denitrification of the genes encoding the periplasmic nitrate reductase system in the denitrifying phototrophic *Bacterium* sp ［J］. Bioscience Biotechnology & Biochemistry, 2014, 63(3): 530-536.

［70］余鸿婷, 李敏. 反硝化聚磷菌的脱氮除磷机制及其在废水处理中的应用 ［J］. 微生物学报, 2015, 55(3): 264-272.

［71］Du R, Peng Y, Cao S, et al. Advanced nitrogen removal from wastewater by combining anammox with partial denitrification ［J］. Bioresource Technology, 2015, 179: 497-504.

［72］Zumft W G. Cell biology and molecular basis of denitrification ［J］. Microbiology and Molecular Biology Reviews: MMBR, 1997, 61(4): 533-536.

［73］Xu G, Peng J, Feng C, et al. Evaluation of simultaneous autotrophic and heterotrophic denitrification processes and bacterial community structure analysis ［J］. Applied Microbiology and Biotechnology, 2015, 99(15): 6527-6536.

［74］胡国元, 张凯, 袁军, 等. 施氏假单胞菌菌株的脱氮特性 ［J］. 武汉工程大学学报, 2012, 34(6): 8-11, 21.

［75］Chen Z, Jiang Y, Chang Z, et al. Denitrification characteristics and pathways of a facultative anaerobic denitrifying strain, *Pseudomonas denitrificans* G1 ［J］. Journal of Bioscience and Bioengineering, 2020, 129(6): 715-722.

［76］Guo H, Chen C, Lee D J. Nitrogen and sulfur metabolisms of *Pseudomonas* sp. C27 under mixotrophic growth condition ［J］. Bioresource Technology, 2019, 293: 122169.

［77］王薇, 钟文辉, 王国祥. 好氧反硝化菌的研究进展 ［J］. 应用生态学报, 2007, 18(11): 2618-2625.

［78］Miyahara M, Kim S W, Fushinobu S, et al. Potential of aerobic denitrification by *Pseudomonas stutzeri* TR2 to reduce nitrous oxide emissions from wastewater treatment plants ［J］. Applied and Environmental Microbiology, 2010, 76(14): 4619-4625.

［79］Robertson L A, Kuenen J G. Aerobic denitrification—old wine in new bottles ［J］. Antonie Van

Leeuwenhoek, 1984, 50(5-6): 525-544.

［80］ Xia L, Li X, Fan W, et al. Heterotrophic nitrification and aerobic denitrification by a novel *Acinetobacter* sp. ND7 isolated from municipal activated sludge ［J］. Bioresource Technology, 2020, 301: 122749.

［81］ Rissanen A J, Ojala A, Fred T, et al. Methylophilaceae and Hyphomicrobium as target taxonomic groups in monitoring the function of methanol-fed denitrification biofilters in municipal wastewater treatment plants ［J］. Journal of Industrial Microbiology & Biotechnology, 2017, 44(1): 35-47.

［82］ Kalyuhznaya M G, Martens-Habbena W, Wang T, et al. Methylophilaceae link methanol oxidation to denitrification in freshwater lake sediment as suggested by stable isotope probing and pure culture analysis ［J］.Environmental Microbiology Reports, 2009, 1(5): 385-392.

［83］ Nyerges G, Han S K, Stein Y. Effects of ammonium and nitrite on growth and competitive fitness of cultivated methanotrophic bacteria ［J］. Applied and Environmental Microbiology, 2010, 76(16): 5648-5651.

［84］ Star W R L, Miclea A I, Dongen U G J, et al. The membrane bioreactor: a novel tool to grow anammox bacteria as free cells ［J］. Biotechnology & Bioengineering, 2008, 101(2): 286-294.

［85］ Ma B, Wang S, Cao S, et al. Biological nitrogen removal from sewage via anammox: recent advances ［J］. Bioresource Technology, 2016, 200: 981-900.

［86］ Wang X, Xie B, Zhang C, et al. Quantitative impact of influent characteristics on nitrogen removal via anammox and denitrification in a landfill bioreactor case ［J］. Bioresource Technology, 2017, 224: 130-139.

［87］ Shalini S S, Joseph K. Combined SHARON and ANAMMOX processes for ammoniacal nitrogen stabilisation in landfill bioreactors ［J］. Bioresource Technology, 2018, 250: 723-732.

［88］ Xu G, Xu X, Yang F, et al. Partial nitrification adjusted by hydroxylamine in aerobic granules under high DO and ambient temperature and subsequent Anammox for low C/N wastewater treatment ［J］. Chemical Engineering Journal, 2012, 213: 338-345.

［89］ He R, Su Y, Leewis M C, et al. Low O_2 level enhances CH_4-derived carbon flow into microbial communities in landfill cover soils ［J］. Environmental Pollution, 2020, 258: 113676.

［90］ Ghosh P, Shah G, Chandra R, et al. Assessment of methane emissions and energy recovery potential from the municipal solid waste landfills of Delhi, India ［J］. Bioresource Technology, 2019, 272: 611-615.

［91］ Jeong S, Park J, Kim Y M, et al. Innovation of flux chamber network design for surface methane emission from landfills using spatial interpolation models ［J］. Science of the Total Environment, 2019, 688: 18-25.

［92］ Joseph L P, Prasad R. Assessing the sustainable municipal solid waste (MSW) to electricity generation potentials in selected Pacific Small Island Developing States (PSIDS) ［J］. Journal of Cleaner Production, 2020, 248: 119222.1-119222.9.

［93］ Chai X, Tonjes D J, Mahajan D. Methane emissions as energy reservoir: context, scope, causes and mitigation strategies ［J］. Progress in Energy and Combustion Science, 2016, 56: 33-70.

［94］ Lou Z, Cai B F, Zhu N, et al. Greenhouse gas emission inventories from waste sector in China during 1949–2013 and its mitigation potential ［J］. Journal of Cleaner Production, 2017, 157: 118-124.

［95］ BöRjesson G, Samuelsson J, Chanton J. Methane oxidation in swedish landfills quantified with the stable carbon isotope technique in combination with an optical method for emitted methane ［J］. Environmental Science & Technology, 2007, 41(19): 6684-6690.

［96］ Huber-Humer M, Gebert J, Hilger H. Biotic systems to mitigate landfill methane emissions ［J］. Waste Management & Research, 2008, 26(1):33-46.

［97］ Mor S, Visscher A, Ravindra K, et al. Induction of enhanced methane oxidation in compost: temperature and moisture response ［J］. Waste Management, 2006, 26(4): 381-388.

［98］ Parsaeifard N, Sattler M, Nasirian B, et al. Enhancing anaerobic oxidation of methane in municipal solid waste landfill cover soil ［J］. Waste Management, 2020, 106: 44-54.

［99］ Sutthasil N, Chiemchaisri C, Chiemchaisri W, et al. The effectiveness of passive gas ventilation on methane emission reduction in a semi-aerobic test cell operated in the tropics ［J］. Waste Management, 2019, 87: 954-

964.

[100] Einola J K M, Kettunen R H, Rintala J A. Responses of methane oxidation to temperature and water content in cover soil of a boreal landfill [J] . Soil Biology and Biochemistry, 2007, 39(5): 1156-1164.

[101] Tecle D, Lee J, Hasan S. Quantitative analysis of physical and geotechnical factors affecting methane emission in municipal solid waste landfill [J] . Environmental Geology, 2008, 56(6): 1135-1143.

[102] Mosier A, Wassmann R, Verchot L, et al. Methane and nitrogen oxide fluxes in tropical agricultural soils: sources, sinks and mechanisms [J] . Environment Development & Sustainability, 2004, 6(1-2): 11-49.

[103] Albanna M, Fernandes L, Warith M. Methane oxidation in landfill cover soil; the combined effects of moisture content, nutrient addition, and cover thickness [J] . Journal of Environmental Engineering & Science, 2007, 6(2): 191-200.

[104] Stern J C, Chanton J, Abichou T, et al. Use of a biologically active cover to reduce landfill methane emissions and enhance methane oxidation [J] . Waste Management, 2007, 27(9): 1248-1258.

[105] Zhu J, Wang Q, Yuan M, et al. Microbiology and potential applications of aerobic methane oxidation coupled to denitrification (AME-D) process: a review [J] . Water Research, 2016, 90: 203-215.

[106] Reeburgh W S. Methane consumption in Cariaco Trench waters and sediments [J] . Earth & Planetary Science Letters, 1976, 28(3): 337-344.

[107] Haroon M F, Hu S, Shi Y, et al. Erratum: anaerobic oxidation of methane coupled to nitrate reduction in a novel archaeal lineage [J] . Nature, 2013, 500(7464): 567-570.

[108] Murase J, Kimura M. Methane production and its fate in paddy fields VII. Electron acceptors responsible for anaerobic methane oxidation [J] . Soil Science & Plant Nutrition, 1994, 40(4): 647-654.

[109] Raghoebarsing A A, Pol A, van de Pas-Schoonen K T, et al. A microbial consortium couples anaerobic methane oxidation to denitrification [J] . Nature, 2006, 440(7086): 918-921.

[110] Pozdnyakov L A, Stepanov A L, Manucharova A. Anaerobic methane oxidation in soils and water ecosystems [J] . Moscow University Soil Science Bulletin, 2011, 66(1): 24-31.

[111] Wang T, Zhang D, Dai L, et al. Effects of metal nanoparticles on methane production from waste-activated sludge and microorganism community shift in anaerobic granular sludge [J] . Scientific Reports, 2016, 6: 25857.

[112] Ettwig K F, Zhu B, Speth D, et al. Archaea catalyze iron-dependent anaerobic oxidation of methane [J] . Proceedings of the National Academy of Sciences of the United States of America, 2016, 113(45): 12792-12796.

[113] Mueller T J, Grisewood M J, Nazem-Bokaee H, et al. Methane oxidation by anaerobic archaea for conversion to liquid fuels [J] . Journal of Industrial Microbiology and Biotechnology, 2015, 42(3): 391-401.

[114] Kalyuzhnaya M G, Yang S, Rozova O N, et al. Highly efficient methane biocatalysis revealed in a methanotrophic bacterium [J] . Nature Communications, 2013, 4: 2785.

[115] Houbron E, Torrijos M, Capdevilles B. An alternative use of biogas applied at the water denitrification [J] . Water Science Technology, 1999, 40(8): 115-122.

[116] Rajapakse J P, Scutt J E. Denitrification with natural gas and various new growth media [J] . Water Research, 1999, 33(18): 3723-3734.

[117] Thalasso F, Vallecillo A, Garca-Encina P, et al. The use of methane as a sole carbon source for wastewater denitrification [J] . Water Research, 1997, 31(1): 55-60.

[118] Lin J L, Radajewski S, Eshinimaev B T, et al. Molecular diversity of methanotrophs in Transbaikal soda lake sediments and identification of potentially active populations by stable isotope probing [J] . Environmental Microbiology, 2010, 6(10): 1049-1060.

[119] Martinez-Cruz K, Leewis M C, Herriott I C, et al. Anaerobic oxidation of methane by aerobic methanotrophs in sub-Arctic lake sediments [J] . Science of the Total Environment, 2017, 607-608: 23-31.

[120] Chowdhury T R, Dick R P. Ecology of aerobic methanotrophs in controlling methane fluxes from wetlands

［J］. Applied Soil Ecology, 2013, 65: 8-22.

［121］Hao Q, Liu F, Zhang Y, et al. Methylobacter accounts for strong aerobic methane oxidation in the Yellow River Delta with characteristics of a methane sink during the dry season ［J］. Science of the Total Environment, 2020, 704: 135383.

［122］Kravchenko I, Sukhacheva M. Methane oxidation and diversity of aerobic methanotrophs in forest and agricultural soddy–podzolic soils ［J］. Applied Soil Ecology, 2017, 119: 267-274.

［123］Wu Z, Song Y, Shen H, et al. Biochar can mitigate methane emissions by improving methanotrophs for prolonged period in fertilized paddy soils ［J］. Environmental Pollution, 2019, 253: 1038-1046.

［124］Op den Camp H J M, Islam T, Stott M B, et al. Environmental, genomic and taxonomic perspectives on methanotrophic Verrucomicrobia ［J］. Environmental Microbiology Reports, 2009, 1(5): 293-306.

［125］van Teeseling M C F, Pol A, Harhangi H R, et al. Expanding the verrucomicrobial methanotrophic world: description of three novel species of Methylacidimicrobium gen. Nov ［J］. Applied and Environmental Microbiology, 2014, 80(21): 6782-6791.

［126］van Kessel M A, Stultiens K, Slegers M F, et al. Current perspectives on the application of N-damo and anammox in wastewater treatment ［J］. Current Opinion in Biotechnology, 2018, 50: 222-227.

［127］Ettwig K F, Butler M K, Le Paslier D, et al. Nitrite-driven anaerobic methane oxidation by oxygenic bacteria ［J］. Nature, 2010, 464(7288): 543-548.

［128］Semrau J D, DiSpirito A A, Yoon S. Methanotrophs and copper ［J］. FEMS Microbiology Reviews, 2010, 34(4): 496-531.

［129］Fan L, Shahbaz M, Ge T, et al. To shake or not to shake: silicone tube approach for incubation studies on CH_4 oxidation in submerged soils ［J］. Soil Biology and Biochemistry, 2019, 657: 893-901.

［130］Yoshinaga M Y, Holler T, Goldhammer T, et al. Carbon isotope equilibration during sulphate-limited anaerobic oxidation of methane ［J］. Nature Geoscience, 2014, 7(3): 190-194.

［131］Martinez-Cruz K, Sepulveda-Jauregui S, Casper P, et al. Ubiquitous and significant anaerobic oxidation of methane in freshwater lake sediments ［J］. Water Research, 2018, 144: 332-340.

［132］Kong J Y, Bai Y, Su Y, et al. Effects of trichloroethylene on community structure and activity of methanotrophs in landfill cover soils ［J］. Soil Biology and Biochemistry, 2014, 78: 118-127.

［133］Huang D, Yang L, Ko J H, et al. Comparison of the methane-oxidizing capacity of landfill cover soil amended with biochar produced using different pyrolysis temperatures ［J］. Science of the Total Environment, 2019, 693: 133594.

［134］Jones R D, Morita R Y. Methane oxidation by *nitrosococcus oceanus* and *Nitrosomonas europaea* ［J］. Applied and Environmental Microbiology, 1983, 45(2): 401-410.

［135］Neill J G, Wilkinson J F. Oxidation of ammonia by methane-oxidizing bacteria and the effects of ammonia on methane oxidation ［J］. Journal of General Microbiology, 1977, 100(2): 407-412.

［136］Novikov V V, Stepanov A. Coupling of microbial processes of methane and ammonium oxidation in soils ［J］. Microbiology, 2002, 71(2): 272-276.

［137］Bender M, Conrad R. Microbial oxidation of methane, ammonium and carbon monoxide, and turnover of nitrous oxide and nitric oxide in soils ［J］. Biogeochemistry, 1994, 27(2): 97-112.

［138］King G M, Schnell S. Ammonium and nitrite inhibition of methane oxidation by methylobacter albus BG8 and methylosinus trichosporium OB3b at low methane concentrations ［J］. Applied & Environmental Microbiology, 1994, 60(10): 3508-3513.

［139］Scheutz C, Kjeldsen P. Environmental factors influencing attenuation of methane and hydrochlorofluorocarbons in landfill cover soils ［J］. Soil Mechanics & Foundation Engineering, 2004, 33(1): 72-79.

［140］Rhee G Y, Fuhs G W. Wastewater denitrification with one-carbon compounds as energy source ［J］.Journal (Water Pollution Control Federation), 1978, 50(9): 2111-2119.

［141］Modin O, Fukushi K, Yamamoto K. Denitrification with methane as external carbon source［J］. Water Research, 2007, 41(12): 2726-2738.

［142］Eisentraeger A, Klag P, Vansbotter B, et al. Denitrification of groundwater with methane as sole hydrogen donor［J］. Water Research, 2001, 35(9): 2261-2267.

［143］Luo J H, Chen H, Yuan Z, et al. Methane-supported nitrate removal from groundwater in a membrane biofilm reactor［J］. Water Research, 2018, 132: 71-78.

［144］A. S. Bhattacharjee, A. M. Motlagh, M. S. M. Jetten, et al. Methane dependent denitrification-from ecosystem to laboratory-scale enrichment for engineering applications［J］. Water Research, 2016, 99: 244-252.

［145］Cao Q, Liu X, Ran Y, et al. Methane oxidation coupled to denitrification under microaerobic and hypoxic conditions in leach bed bioreactors［J］. Science of the Total Environment, 2019, 649: 1-11.

［146］Cuevas J, Ruiz A I, Soto I S D, et al. The performance of natural clay as a barrier to the diffusion of municipal solid waste landfill leachates［J］. Journal of Environmental Management, 2012, 95(95): S175-S181.

［147］Moo-Young H, Johnson B, Johnson A, et al. Characterization of infiltration rates from landfills: supporting groundwater modeling efforts［J］. Environmental Monitoring & Assessment, 2004, 96(1-3): 283-311.

［148］Maheswaran R, Khosa A, Gosain K, et al. Regional scale groundwater modelling study for Ganga River basin［J］. Journal of Hydrology, 2016: 727-741.

［149］Xin X Y, Huang G H, An C J, et al. Insights into the toxicity of triclosan to green microalga *Chlorococcum* sp. Using synchrotron-based fourier transform infrared spectromicroscopy: biophysiological analyses and roles of environmental factors［J］. Environmental Science & Technology , 2018, 27(4): 783-792.

［150］陈志楠. 氨氮在含水介质中迁移转化实验研究［D］. 石家庄: 石家庄经济学院, 2015.

［151］李绪谦, 朱雅宁, 于光, 等. 氨氮在弱透水层中的渗透迁移规律研究［J］. 水文, 2011, 31(3): 71-75.

［152］Meile C, Porubsky W P, Walker R L, et al. Natural attenuation of nitrogen loading from septic effluents: spatial and environmental controls［J］. Water Research, 2010, 44(5): 1399-1408.

［153］Porubsky W P, Joye S B, Moore W S, et al. Field measurements and modeling of groundwater flow and biogeochemistry at Moses Hammock, a backbarrier island on the Georgia coast［J］. Biogeochemistry, 2011, 104(1-3): 69-90.

［154］Maggi F, Gu C, Riley W J, et al. A mechanistic treatment of the dominant soil nitrogen cycling processes: model development, testing, and application［J］. Journal of Geophysical Research Biogeoences, 2015, 113(G2): 240-50.

［155］Koda E, Osinski P. Bentonite cut-off walls: solution for landfill remedial works［J］. Journal of Environmental Geotechnics, 2017, 4: 223-232.

［156］Liu W, Long Y, Fang Y, et al. A novel aerobic sulfate reduction process in landfill mineralized refuse［J］. Science of the Total Environment, 2018, 637: 174-181.

［157］Anderson E I, Mesa E. The effects of vertical barrier walls on the hydraulic control of contaminated groundwater［J］. Advances in Water Resources, 2006, 29(1): 89-98.

［158］Hudak P F. Locating groundwater monitoring wells near cutoff walls［J］. Advances in Environmental Research, 2001, 5(1): 23-29.

［159］姚有朝, 鲍忠伟. 垂直防渗帷幕在平原型卫生填埋场中的运用［J］. 环境工程, 2008, 26(3): 29-32.

［160］Christensen T H, Bjerg P L, Lyngkilde J, et al. Attenuation of Organic Pollutants in Redox Zones of Landfill Leachate Plumes［M］. Berlin: Springer Netherlands, 1993.

［161］Lee M K, Saunders J A, Wolf L W. Effects of geologic heterogeneities on pump-and-treat and in situ bioremediation: a stochastic analysis［J］. Environmental Engineering Science, 2000, 17(3): 183-189.

［162］Kermenidou M, Voudrias E A, Konstantoula A C. Composition and production rate of cytostatic pharmaceutical waste from a Greek Cancer Treatment Hospital［J］. Global Nest Journal, 2001, 3(1): 1-10.

［163］Güngör-Demirci G, Aksoy A. Variation in time-to-compliance for pump-and-treat remediation of mass transfer-limited aquifers with hydraulic conductivity heterogeneity［J］. Environmental Earth Sciences,

2011, 63: 1277-1288.

［164］Smith J, Boshoff G, Bone B D. Good practice guidance on permeable reactive barriers for remediating polluted groundwater, and a review of their use in the UK ［J］. Land Contamination & Reclamation, 2003, 11(4): 411-418.

［165］Ma C, Wu Y. Dechlorination of perchloroethylene using zero-valent metal and microbial community ［J］. Environmental Geology, 2008, 55(1): 47-54.

［166］Jun D, Yongsheng Z, Weihong Z, et al. Laboratory study on sequenced permeable reactive barrier remediation for landfill leachate-contaminated groundwater ［J］. Journal of Hazardous Materials, 2009, 161(1): 224-230.

［167］Zhou D, Li Y, Zhang Y, et al. Column test-based optimization of the permeable reactive barrier (PRB) technique for remediating groundwater contaminated by landfill leachates ［J］. Journal of Contaminant Hydrology, 2014, 168: 1-16.

［168］Chathuranga W G O, Rathnasekara J P A S, Dayanthi W K C N, et al. Field-scale study on treating the groundwater contaminated by landfill-leachate with permeable reactive barriers (PRBs) ［J］. Water, 2016 7(241): 149-155

［169］Wang, Y, Pleasant S, Jain P, et al. Calcium carbonate-based permeable reactive barriers for iron and manganese groundwater remediation at landfills ［J］. Waste Management, 2016, 53: 128-135

［170］Rayu S, Karpouzas D G, Singh B K. Emerging technologies in bioremediation: constraints and opportunities ［J］. Biodegradation, 2012, 23(6): 917-26.

［171］Ding L J, An X L, Li S, et al. Nitrogen loss through anaerobic ammonium oxidation coupled to iron reduction from paddy soils in a chronosequence. ［J］. Environmental Science & Technology, 2014, 48(18): 10641-10647.

［172］Esther J, Sukla L B, Pradhan N, et al. Fe(III) reduction strategies of Dissimilatory Iron Reducing Bacteria: a review ［J］. Korean Journal of Chemical Engineering, 2015, 32(1): 1-14.

［173］Deng M J. Kariz wells in arid land and mountain-front depressed ground reservoir ［J］. Advances in Water Science, 2010, 21(6): 748-756.

第 2 章

填埋场地下水污染场地
调查及评价方法研究

2.1 引用标准

① 《生活垃圾填埋场稳定化场地利用技术要求》（GB/T 25179—2010）；

② 《生活垃圾卫生填埋场环境监测技术要求》（GB/T 18772—2017）；

③ 《生活垃圾填埋场填埋气体收集处理及利用工程技术规范》（CJJ 133—2009）；

④ 《生活垃圾卫生填埋处理技术规范》（GB 50869—2013）；

⑤ 《生活垃圾卫生填埋场封场技术规范》（GB 51220—2017）；

⑥ 《生活垃圾填埋场污染控制标准》（GB 16889—2008）；

⑦ 《生活垃圾采样和分析方法》（CJ/T 313—2009）；

⑧ 《水文地质调查规范》（DZ/T 0282—2015）；

⑨ 《地表水和污水监测技术规范》（HJ/T 91—2002）；

⑩ 《土壤环境监测技术规范》（HJ/T 166—2004）；

⑪ 《建设用地土壤污染状况调查技术导则》（HJ 25.1—2019）；

⑫ 《建设用地土壤污染风险管控和修复监测技术导则》（HJ 25.2—2019）；

⑬ 《建设用地土壤污染风险评估技术导则》（HJ 25.3—2019）；

⑭ 《环境影响评价技术导则 地下水环境》（HJ 610—2016）；

⑮ 《生活垃圾卫生填埋场岩土工程技术规范》（CJJ 176—2012）；

⑯ 《地下水质量标准》（GB/T 14848—2017）。

2.2 调查基本要求

1）了解填埋场背景，初步掌握填埋场占地面积、垃圾来源、垃圾种类、处置方式、场地目前使用情况以及周边环境特征。在修复技术方案选择前应收集填埋场建设和运行期间的有关资料[1]，包括下列内容：

① 填埋场基本情况。填埋场范围、建设运行和封场时间、填埋场库容、分单元填埋情况、垃圾填埋深度、已填生活垃圾和非生活垃圾有关统计数据以及填埋场渗滤液和填埋气导排处理、堆体防渗和覆盖情况等。

② 填埋场环境资料。场地内及临近区域土壤、大气、地下水及地表水污染监测记

录；渗滤液、填埋气等污染监测及处理设施运行记录；场地与自然保护区和水源地保护区的位置关系等。

③ 自然地理信息。如地形、地貌、土壤、水文、地质、气象资料。

④ 社会信息。周边可能受污染物影响的敏感点目标人群分布和密度，以及土地利用的历史、现状和规划等；区域所在地的人口、生活垃圾产生处理情况及经济现状和发展规划等。

2）填埋场在运行期间已具有完整地表水、地下水、大气、气体迁移监测等资料的，可作为生态修复工程方案确定的参考资料。

3）环境监测和记录资料不全的宜进行填埋场周边环境调查。

4）如采用好氧修复技术方案时，填埋场应重点调查（但不限于）垃圾填埋量，垃圾组分，垃圾堆体渗滤液水质、水量、水位，填埋气体组分，填埋场底部防渗设施，水文地质条件，地下水现状等内容。

5）如采用开采修复技术方案时，填埋场应重点调查垃圾填埋量、垃圾组分、填埋气体浓度等内容。

2.3 水文地质调查

1）填埋场水文地质条件调查应符合国家现行标准《水文地质调查规范》（DZ/T 0282—2015）的规定。

2）填埋场水文地质调查工作首先应以收集填埋场及周边资料为主，当现有资料不能满足要求时，应通过组织环境水文地质勘察与试验等方法获取。

3）环境水文地质试验项目通常有抽水试验、注水试验、渗水试验、浸溶试验及土壤淋滤试验等，有关试验原则和方法参见《环境影响评价技术导则　地下水环境》（HJ 610—2016）附录 C。在评价工作过程中可根据项目具体情况和资料掌握情况选用。

4）填埋场水文地质调查工作应与地下水环境现状调查工作同步实施开展，调查的范围以填埋场所在区域为重点，调查应能够反映所处水单元和地质单元基本特征。

5）水文地质资料的调查精度要求能够反映建设项目与环境敏感区、地下水环境保护目标的位置关系，并根据填埋场特点和水文地质条件的复杂程度确定调查精度，建议一般以不低于 1∶50000 比例尺为宜。

6）在充分收集资料的基础上，根据填埋场特点和水文地质条件的复杂程度，调查主要包括下列内容：

① 气象、水文、土壤和植被状况；

② 地层岩性、地质构造、地貌特征等；

③ 包气带岩性、结构、厚度、分布及垂向渗透系数等；

④ 含水层岩性、分布、结构、厚度、埋藏条件、渗透性、富水程度等，隔水层（弱透水层）岩性、厚度、渗透性等；

⑤ 地下水类型、地下水补径排条件；

⑥ 地下水现存监测井的深度、结构以及成井历史、使用功能；

⑦ 地下水环境现状值（或地下水污染对照值）；

⑧ 其他重要敏感目标，如集中供水水源地、水源井等相关资料。

7）针对填埋场开挖后的污染场地修复工程，应开展现有场地包气带污染现状调查，分析包气带污染状况。

2.4 环境现状调查

1）环境现状调查重点是对填埋场及周边地下水环境现状进行调查，调查参考《生活垃圾卫生填埋场封场技术规范》（GB 51220—2017）相关标准。

2）填埋场如果存在渗滤液外排环境，需要对地表水环境现状进行调查，调查参考《生活垃圾卫生填埋场封场技术规范》（GB 51220—2017）相关标准。

3）填埋场周边如果存在环境敏感区域，需要对大气环境现状进行调查，调查参考《生活垃圾卫生填埋场封场技术规范》（GB 51220—2017）相关标准。

4）填埋场如果采用开采修复技术，填埋垃圾移除后需要根据场地土地利用性质开展地下水和土壤现状调查，调查参考《建设用地土壤污染状况调查技术导则》（HJ 25.1—2019）相关标准。

2.5 填埋堆体调查

1）填埋堆体特性调查目的主要是获得生态修复所需的工程建设技术参数。

2）填埋堆体特性调查内容应包括（但不限于）垃圾分布范围、填埋时间、垃圾种类、填埋深度、体量和堆体特性，以及场区内渗滤液和填埋气导排处理、堆体防渗和覆盖情况等。

3）填埋场堆体稳定性可考虑下列问题：

① 对于压实程度低的垃圾堆体宜进行稳定性分析和沉降计算。

② 利用全球定位系统（GPS）或遥感设备测量填埋场高差及边界的经纬度坐标，测算填埋场面积，绘制垃圾填埋场区域地形图，分析垃圾堆体是否存在滑坡、崩塌等安全隐患，并在地形图上标明安全隐患的位置。

4）填埋场底部防渗性能调查可采取以下方法：

① 在水文地质勘察的基础上，可通过高密度电阻率、反射地震成像等地球物理调查方法初步探明填埋场底部防渗情况，判断是否存在渗漏通道[2]。

② 填埋场底部如存在渗漏通道，应进一步对渗漏位置进行详细地质勘察，明确渗漏通道的大小、位置、深度，为垃圾填埋场地下水污染治理工程提供物探依据。

5）填埋场填埋量计算可参考《生活垃圾卫生填埋场岩土工程技术规范》（CJJ 176—2012）中的 5.3 节填埋量计算；填埋场填埋量调查也可采用地震波法、高密度电阻率法等方法并辅助垃圾堆体勘察等确定[3]。

6）填埋垃圾空间分布和组分特征调查。

① 布点原则。按照垃圾填埋时间和垃圾来源，在样点布置时，可按以下原则进行：

Ⅰ．对于占地面积较大、可按填埋时间划块的区域应优先进行分区。对于同一分区内填埋时间、垃圾来源相对一致的填埋单元，可采用随机布点法布设 n 个具体的监测点位；对于同一分区内填埋时间不确定、垃圾来源复杂的填埋单元，采用系统布点法在每一个分区内布设具体的监测点位。

Ⅱ．对于占地面积较大、无法按填埋时间分区或由于开挖、搬运等造成场地内垃圾迁移、原始状况遭破坏的区域，应采用系统布点法。

Ⅲ．对于填埋时间确定、面积较小的区块可不进行内部分区，将其作为 1 个单独的采样单元。

② 采样点位。

Ⅰ．采样点位应尽可能全面、准确地代表并反映整个堆体的垃圾组分特征，按照国内污染场地调查的通行做法，单个监测网格的面积以 $400 \sim 1600 m^2$ 为宜。

Ⅱ．若封场时间较长（10a 及以上）或垃圾来源较均匀，或有类似填埋场做过详细场地调查，可做少量布点。

Ⅲ．若填埋场规模较大、场地所处地形或地质条件变化大时，亦可根据实际情况适当增加采样点。

Ⅳ．根据垃圾堆体厚度设置采样点，堆填厚度低于 15m、高于 3m 时，分为上、中、下 3 层采样，即表层覆盖土层下总挖掘深度的 1/6 处视为上层、总挖掘深度的 1/2 处为中层、总挖掘深度的 5/6 处为下层。若堆填厚度高于 15m，适当增加采样点，可按五点法采样；若低于 3m，可分上、下两层采样。

③ 样品检测。根据不同修复技术的需要，可选择检测填埋场中垃圾的组分、含水率、可燃物、灰分、热值及重金属与有机物含量等。具体采样分析方法参照《生活垃圾

采样和分析方法》（CJ/T 313—2009）的规定。

④ 施工准备。

Ⅰ. 施工前，应制定详细的安全施工方案和应急预案。

Ⅱ. 在垃圾堆体上进行挖方、采样井钻孔、管道连接等施工时，应有防爆和防止人员中毒的措施。

Ⅲ. 堆体中常含有建筑垃圾、铺设进场道路所用碎石土及其他坚硬填埋物，钻探宜采用带有合金钻头、岩芯管的旋挖钻或大直径旋挖钻。

7）填埋气体调查。

① 填埋气体成分监测和安全性监测应参考《生活垃圾卫生填埋场环境监测技术要求》（GB/T 18772—2017）的规定执行。

② 修复技术方案调查应符合《生活垃圾卫生填埋场封场技术规范》（GB 51220—2017）的规定。

③ 填埋气体产生量估算方法可参考《生活垃圾填埋场填埋气体收集处理及利用工程技术规范》（CJJ 133—2009）的计算公式。

④ 在填埋气体回收利用工程实施前，应进行现场抽气试验，验证填埋气体产气速率。

8）渗滤液调查。

① 填埋堆体渗滤液水质采样点宜设在渗滤液收集井或调节池的进水口处；若无渗滤液集中收集和处理设施，应在渗滤液勘探钻孔点底部采集渗滤液样品。

② 渗滤液检测项目、采样方法及分析方法等应按照《生活垃圾卫生填埋场环境监测技术要求》（GB/T 18772—2017）的规定执行。

③ 填埋堆体渗滤液产生量宜采用《生活垃圾卫生填埋场封场技术规范》（GB 51220—2017）规定的经验公式进行计算，也可采用《生活垃圾卫生填埋场岩土工程技术规范》（CJJ 176—2012）中推荐的经验公式进行计算，有条件时可采用水量平衡法校核。

④ 填埋堆体渗滤液水位检测应按照《生活垃圾卫生填埋场环境监测技术要求》（GB/T 18772—2017）的规定执行。

2.6 污染风险评价

2.6.1 填埋场环境污染风险评价

在现状调查的基础上，综合考虑填埋场自身特性、含水层脆弱性和污染受体暴露情况3个方面，判别填埋场污染风险等级的大小，作为填埋场生态修复方案选择的依据之一。

2.6.1.1 评价指标体系

（1）填埋场自身特性

垃圾填埋场的特性指标为场地规模、填埋场场龄、底侧部防渗情况、顶部覆盖情况、渗滤液收集情况和废物压实密度6项，按照风险的大小，确定不同条件下的特征取值（R_1）。垃圾填埋场特性指标的取值条件和R_1值见表2-1。

表2-1　垃圾填埋场特性指标的取值条件和R_1值

指标	取值条件	R_1	指标	取值条件	R_1
场地规模/m³	≥ 500000 50000 ～ 500000 5000 ～ 50000 < 5000	10 4 2 1	顶部覆盖情况	无 土壤 压实黏土 压实黏土加土壤	10 5 2 1
填埋场场龄/a	< 5 5 ～ 10 10 ～ 15 ≥ 15	10 8 5 1	渗滤液收集情况	无 季节回灌 收集到渗滤液收集池 收集后送污水处理厂	10 5 3 1
底侧部防渗情况	天然砾石 天然粉土层 单层防渗 双层复合防渗	10 5 2 1	废物压实密度/(t/m³)	无压实 压实密度为0.4 ～ 0.6 压实密度为0.6 ～ 0.8 压实密度≥ 0.8	10 5 2 1

（2）含水层脆弱性

含水层脆弱性指标选用DRASTIC模型中的指标[4]，即地下水埋深、含水层的净补给、岩性、土壤类型、地形、渗流区介质、水力传导系数作为含水层脆弱性评价指标，各指标的特征取值R_2，详细评价指标及评分见《地下水易污性评价方法：DRASTIC指标体系》中附表。

（3）污染受体暴露情况

污染受体暴露情况是指风险源与受体的接触关系，即受体接触到污染的风险指标。污染受体暴露指标为水源地、居民区、农业区、工业区、商业区、景观休闲和自然保护区7个方面，各因素的特性因子为R_3，按照风险的大小，结合专家对各指标的评分情况，根据不同条件对各因子赋值为1 ～ 10，垃圾填埋场特性指标的取值条件和R_3值见表2-2。

表2-2　垃圾填埋场特性指标的取值条件和R_3值

指标		取值条件	R_3
水源地	有无大型水源地	有 无	10 0
	与地表水距离/m	< 150 150 ～ 500 > 500 ～ 1000 > 1000	10 8 5 0

续表

指标		取值条件	R_3
水源地	与饮用水源地关系	位于一级保护区内 位于二级保护区内 位于准保护区内 不在保护区内	10 8 5 0
	下游是否有集中供水井	有 无	10 0
	与地下含水层距离/m	> 8 3 ~ 8 < 3	10 5 0
居民区	与居民区距离/m	< 800 ≥ 800	10 0
农业区	与农业区距离/m	< 800 ≥ 800	8 0
工业区	与工业区距离/m	< 800 ≥ 800	3 0
商业区	与商业区距离/m	< 800 ≥ 800	5 0
景观休闲区	与景观休闲区距离/m	< 800 ≥ 800	5 0
自然保护区	与自然保护区距离/m	< 800 ≥ 800	6 0

2.6.1.2 评价指标权重

采用层次分析法确定指标权重。将垃圾填埋场污染风险评价作为目标层（A）；将垃圾填埋场污染评价影响因素作为准则层（R），其中包括填埋场自身特性（RA）、污染受体暴露情况（RB）和含水层脆弱性（RC）；将影响因素的元素作为指标层（W）。层次结构如图2-1所示。

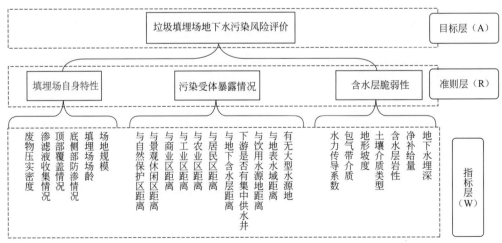

图2-1 垃圾填埋场地下水污染风险指标层次结构

采用 1 ～ 9 标度法，根据专家的标度结果构造判断矩阵，计算判断矩阵的特征值，最大特征值对应的特征向量即为权重值。各影响因素权重值见表2-3。

表2-3　各影响因素权重值

准则层(R)		指标层(W)	权重
填埋场自身特性（RA）		场地规模	0.063
		填埋场场龄	0.023
		底侧部防渗情况	0.118
		顶部覆盖情况	0.012
		渗滤液收集情况	0.150
		废物压实密度	0.011
污染受体暴露情况（RB）	水源地	有无大型水源地	0.105
		与地表水域距离	0.030
		与饮用水源地距离	0.040
		下游是否有集中供水井	0.058
		与地下含水层距离	0.092
	居民区	与居民区距离	0.115
	农业区	与农业区距离	0.005
	工业区	与工业区距离	0.002
	商业区	与商业区距离	0.022
	景观休闲区	与景观休闲区距离	0.030
	自然保护区	与自然保护区距离	0.020
含水层脆弱性（RC）		地下水埋深	0.030
		净补给量	0.012
		含水层岩性	0.009
		土壤介质类型	0.009
		地形坡度	0.009
		包气带介质	0.026
		水力传导系数	0.011

2.6.1.3　污染风险指数计算

采用加权求和法，对24个评价指标进行加权求和，计算垃圾填埋场地下水污染风险指数[5]：

$$I=\sum_{i=1}^{n}w_ir_i$$

式中　I ——风险指数；

n ——评价因子数；

w_i ——评价因子的权重；

r_i ——评价因子值。

2.6.1.4　等级划分

根据污染风险指数的计算，垃圾填埋场地下水污染风险指数的结果分布在 1 ～ 10 之间，数字越大表示风险越高。根据其风险指数，将垃圾填埋场风险等级划分为

"高""中""低" 3个不同级别：$0 < I \leq 3$，风险等级为"低"；$3 < I \leq 7$，风险等级为"中"；$7 < I \leq 10$，风险等级为"高"。

根据不同的风险等级，提出相应的管理建议：

① 对于风险等级为"低"的垃圾填埋场，需保持对其进行常规监测，生态修复技术方案优先推荐选择好氧修复技术方案。

② 对于风险等级为"中"的垃圾填埋场，需要加强监控，生态修复技术方案优先推荐选择好氧修复技术方案。

③ 对于风险等级为"高"的垃圾填埋场，需对周围敏感目标进行人体健康风险评价或生态系统健康评价，制定填埋场修复目标，生态修复技术方案优先推荐选择开采修复技术方案，或好氧修复+地下水修复技术方案，彻底解决或控制污染。

2.6.2 地下水污染风险等级评价方法

（1）垃圾填埋场生态风险等级评估指标的建立

针对垃圾填埋场地下水污染生态风险等级评估的需求，重点选取污染源特征指标（L）（表2-4）、地下水污染风险指标（V）两个指标（表2-5）。

表2-4 污染源特征指标范围及评分

指标	范围	评分/分	指标	范围	评分/分
L_{11}	下游≥1km	2	L_{21}	<1	2
	下游<1km	4		[1,10)	4
	上游0.5~1km内	6		[10,100)	6
	上游<0.5km	8		[100,1000)	8
	降落漏斗范围内	10		≥1000	10
L_{12}	地表	2.5	L_{22}	$K_{OC}>2000$	2
	地表和地下	5		$500<K_{OC}\leq 2000$	4
	地下	10		$150<K_{OC}\leq 500$	6
				$50<K_{OC}\leq 150$	8
				$K_{OC}\leq 50$	10
L_{13}	密封	1	L_{23}/d	≤15	1
	部分密封	5		(15,60]	3
	暴露	10		(60,180]	7
				(180,360]	8
				(360,720]	9
				>720	10
L_{14}	年/次	1	L_{24}	ND	1
	季/次	2		D	2.5
	月/次	4		C	5
	周/次	10		B	7.5
				A	10

续表

指标	范围	评分/分	指标	范围	评分/分
L$_{15}$/种	≤2	2	L$_{25}$	<2	2
	(2,4]	4		[2,4)	4
	(4,6]	6		[4,6)	6
	(6,8]	8		[6,8)	8
	>8	10		≥8	10
L$_{16}$	天	1			
	周	2			
	月	4			

表2-5　地下水污染风险指标范围及评分

指标	范围	评分/分	指标	范围	评分/分
D/m	[0, 1.5)	10	S	卵砾石/砂砾石	9
	[1.5, 4.5)	9		粗砂	7
	[4.5, 9)	7		中细砂/粉砂	5
	[9, 15)	5		砂质黏土	3
	[15, 22.5)	3		黏土/亚黏土	1
	≥22.5	2			
R/mm	(0, 50)	1	A	块状页岩/黏土	2
	[50, 100)	3		亚黏土	4
	[100, 150)	5		粉细砂/细砂	6
	[150, 200)	7		中粗砂	8
	≥200	9		砂砾石/卵砾石	10
T/‰	(0, 4)	10	I	黏土/亚黏土	1
	[4, 8)	8		粉砂/粉细砂	3
	[8, 12)	5		细砂/中砂	5
	[12, 18)	3		粗砂	7
	≥18	1		砂砾石	9
				卵砾石	10
C/(m/d)	[0, 0.001)	1	L	工业用地	9
	[0.001, 0.01)	3		农业种植地	7
	[0.01, 1)	6		养殖地	6
	[1, 10)	8		河流湖泊	4
	≥10	10		居民用地	3
				草地	1

① 污染源特征指标（L）。包括污染源结构特征（L$_1$）和污染物性质（L$_2$），是决定污染源风险的关键因素。L$_1$ 是指污染源因其类型、生产工艺的不同而进行的排放污染物的一系列活动对外界环境的影响特征，主要以污染源距水源井的距离（L$_{11}$）、污染源排放污染物的去向（L$_{12}$）、污染源发生概率（防护措施）（L$_{13}$）、释放污染物的周期（L$_{14}$）、释放污染物的种类（L$_{15}$）、持续时间（L$_{16}$）指标来表征。L$_2$ 主要以等标负荷（L$_{21}$）、迁移性（L$_{22}$）、持久性（L$_{23}$）、毒性（L$_{24}$）、污染物超标种类（L$_{25}$）指标来表征。

L$_{21}$ 依据测试浓度计算的等标负荷值进行划定，标准值参考《污水综合排放标准》（GB 8978—1996）等；L$_{22}$ 根据有机碳-水分配系数 K_{OC} 而定；L$_{23}$ 依据污染物在土壤或含水层介质中的半衰期进行划定；L$_{24}$ 参考 EPA 等级划分，即 A 类为人类致癌物、B 类为很可能的人类致癌物、C 类为可能的人类致癌物、D 类为尚不能进行人类致癌分类的组分、ND 类为有对人类无致癌证据的组分；污染物超标种类（L$_{25}$）依据《地下水环境质量标准》（GB/T 14848—2017）进行划定。污染源特征指标范围及评分详见表2-4。

② 地下水污染风险指标（V）。根据地下水污染风险的概念，在经典的固有脆弱性DRASTIC模型的基础上，考虑土地利用的人为因素，主要以地下水埋深（D）、净补给量（R）、地形坡度（T）、水力传导系数（C）、土壤介质类型（S）、含水层岩性（A）、包气带介质（I）、土地利用类型（L）等指标来表征地下水污染风险。地下水污染风险指标范围及评分详见表2-5。

（2）指标权重计算

本项目利用层次分析法确定垃圾填埋场风险等级评价指标的权重，其主要思路是：在建立有序递阶指标体系的基础上，通过比较同一层次各指标相对于上一层指标的重要性来综合计算指标的权重系数。具体步骤为：a.确定垃圾填埋场风险等级评估指标的层次结构（三个层次），利用九标度法确定各层指标之间的相对重要性，并建立判断矩阵；b.计算各指标的权重；c.进行一致性检验。以上步骤均可在Excel中利用"SUM"和"MMULT"等函数操作完成。

由于天津地区浅层地下水为非饮用水，场地周边人烟稀少，主要敏感受体为农田、虾塘，不符合《建设用地土壤污染风险评估技术导则》（HJ 25.3—2019）的直接暴露途径，因此选择垃圾填埋场地下水污染生态风险评估方法对地下水污染进行评估更为合适。

2.6.3　地下水污染风险等级评价结果

根据场地调查结果对各指标进行评分分级，并通过yaahp软件计算权重。计算出垃圾填埋场地下水污染生态风险等级评估指数 I=6.224，根据污染风险分级属于较高风险区间。

2.7　垃圾填埋场地下水污染模拟

在研究区域现有的水文地质条件和项目相关资料数据的基础上，首先建立研究区域的水文地质概念模型；运用Visual Modflow软件对研究区域地下水系统进行了数值模拟，建立了相应的地下水流数值模型；通过对模型及相关参数的识别和校验，得出该模型能较真实地反映研究区域地下水系统的运动规律特征的结论。然后在地下水流数值模型基础上，又以 NH_4^+-N 为模拟因子，建立了溶质运移模型，并运用软件中的 MT3DMS 模块对溶质运移模型进行求解，从而预测出 NH_4^+-N 在研究区域地下水系统中的运移规律。最后，利用模拟预测出的 NH_4^+-N 在地下水系统中的运动规律，结合研究区域水文地质条件，为后续受污染地下水的修复方案选择提供理论依据。

2.7.1　模型的建立

2.7.1.1　水文地质概念模型的建立

本次模拟选取的研究范围为某垃圾填埋场及其周边农田等其他区域，占地面积为 $3.2 \times 10^6 m^2$。该地区地势平坦，微向东倾，海拔高度由南向北一般为 2～1m。区域内潜水在天然状态下水流坡度不大，地下水以水平运动为主，流速缓慢，渗流符合达西定律，且含水层岩性变化不大，因此可以确定模拟区域概念模型为各向同性的二维稳定流[6]。

该地区表层的地质条件由粉质黏土、粉砂、粉土组成的潜水含水层和隔水性良好的黏土或粉质黏土组成的隔水层构成，潜水含水层岩性颗粒细小，渗透性较差，径流滞缓，出水能力较差，并且根据地层渗透性分析，潜水含水层隔水底板的渗透性很差，潜水越流补给承压含水层的水量非常小，即潜水与承压含水层的水力联系很小，第一层弱透水层厚度为 7.8m，具备基本防渗性能，故暂时不考虑承压含水层的情况。相关的地貌特征包括一个深约 11m、占地约 240 亩（1 亩 = 666.67m²）的垃圾填埋坑。

研究区域地下水人工开采量很小，未产生强烈的地下水漏斗。在垂向上含水层自由水面为该地下水系统的上边界，通过该边界与系统外发生垂向交换，如大气降水入渗补给、蒸发排泄等[7]。根据研究区域内钻孔资料，浅层含水层大多集中在埋深 0～15m，在约 15～21m 深度范围内，以隔水性良好的黏土或粉质黏土为主，根据土工试验结果，所取土样垂向渗透系数数量级几乎都在 10^{-8}～10^{-7}cm/s，因此视为隔水边界。水平方向上，由于地势最低，且受周边坑塘影响，垃圾填埋场南侧靠中的位置地下水水位较低，潜水含水层的地下水整体为由北向南（从上到下）的流向，并呈现轻微西北向东南的趋势，东部与西部边界和区域地下水流向大致平行，因此作为零流量边界处理。研究区域由于不是一个完整的水文地质单元，没有完整的自然边界（如地表水、地下水分水岭等），可将其概化为人为边界，即定流量边界，边界侧向流量可用达西定律计算。

2.7.1.2　水流模型的建立及识别

在上述水文地质概念模型建立的基础上，利用 Visual Modflow 建立地下水流数值模型。采用有限差分的离散方法剖分网格[8]，按 30 行、30 列将研究区域剖分成 900 个单元网格，全为有效单元格。此外，大气降水是该区域地下水的重要补给来源，模型中降水入渗量按照面状补给量处理。降水量取天津市气象局记录的2017～2018年降水量。研究区域浅层地下水埋深为2～5m，蒸发比较强烈，是浅层潜水含水层主要排泄途径之一。根据当地气象资料，区域内年平均蒸发势为1142.9mm。

地下水流数值模型的校准在建模过程中耗费时间最多，该过程是一个调节参数的过程，通过调整模型的参数，使模型结果尽可能与观测资料相吻合，所建模型更为合理地反映研究区域的水文地质条件及地下水的运动状态。在此基础上，将模拟水位值与研究区现场实测水位值进行拟合分析，实测和模拟等水位线及水位校正（图2-2和图2-3）表明，模拟值和实测值水位拟合误差较小，基本反映地下水随时间和空间的变化规律，达到预期效果，因此可以利用该模型对研究区域进行地下水污染情景预测。

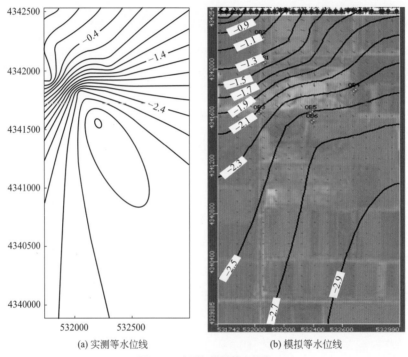

(a) 实测等水位线　　　　　(b) 模拟等水位线

图2-2　实测与模拟等水位线

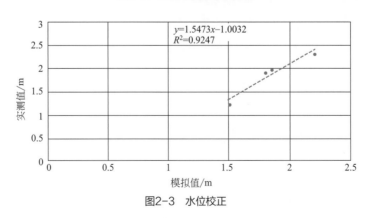

图2-3　水位校正

2.7.1.3 溶质运移模型的建立及识别

利用 Visual Modflow 软件建立地下水流数值模型，在此基础上，运用 Visual Modflow 软件中的 MT3DMS 模块进一步模拟地下水中污染物的运移情况。根据 2018 年 5 月 1 日开始实施的《地下水质量标准》（GB/T 14848—2017）和污染物的含量，确定地下水受到严重污染，并且 NH_4^+-N 浓度严重超标，因此选择表现出较高浓度的 NH_4^+-N 污染物来模拟和讨论污染物的运移。溶质运移模型的范围和边界位置与水流模型一致，边界性质均按已知浓度边界处理，浓度值按填埋场渗滤液监测浓度均值输入。在模拟过程中只考虑了对流和弥散的作用，忽略温度与水密度变化对水动力场和污染物浓度的影响，同时假定水力传导系数的主轴同坐标轴平行，并且污染物不发生化学反应、降解和吸附[9]。在模型中将污染源概化为补给浓度边界。

2.7.2 模拟结果

利用 Visual Modflow 软件中的 MT3DMS 模块对地下水中 NH_4^+-N 的运移情况进行模拟预测，结果如图 2-4 所示。本次模拟预测本着风险最大原则，不考虑地下水中污染物的吸附作用、化学反应等因素，仅考虑对流、弥散作用。参照《地下水质量标准》（GB/T 14848—2017）将 NH_4^+-N 污染限值定为 1.5mg/L，即当 NH_4^+-N 浓度大于 1.5mg/L 时视为超标。

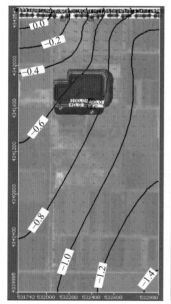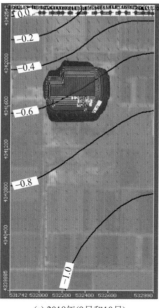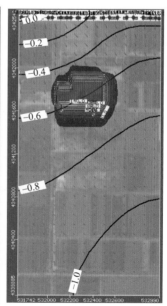

(a) 2018年(9月和10月)

图2-4

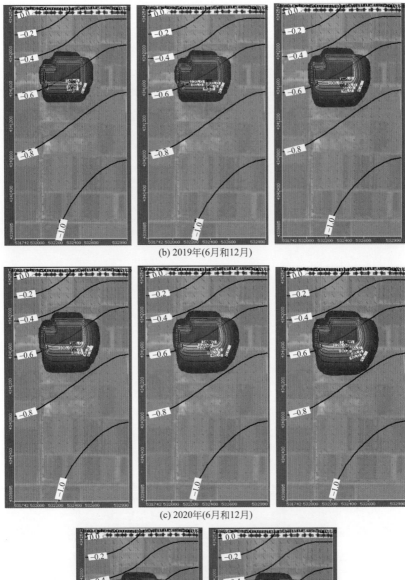

(b) 2019年(6月和12月)

(c) 2020年(6月和12月)

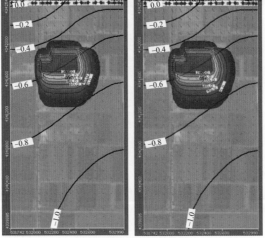

(d) 2021年(6月和12月)

图2-4　NH$_4^+$-N模拟结果

模拟结果表明，预测期内污染物运移规律符合地下流场的运动特征，污染晕随地下水流动向下游迁移，NH_4^+-N 在地下水运移中受对流 - 弥散作用，污染晕形状由最初近似矩形逐渐变为与地下水流向一致的椭圆形[10]。预测期十年内污染物最大运移距离为 500m，污染晕最大范围为 1.5km²，污染晕范围逐渐扩大，但扩散速率较慢，其主要分布于填埋场南部范围内，对研究区其他范围地下水环境影响较小。

2.7.3　人群健康风险分析

①　根据场地调查，确认地下水污染事实，且周边存在可能的敏感人群，则需要进行人群健康风险分析，否则可不进行人群健康风险分析。

②　填埋场若有场地利用规划，宜根据开发利用方式开展人群健康风险分析，为后期修复技术的选择提供科学依据。

③　人群健康风险分析包含数据收集和分析、暴露评估、毒性评估和风险表征四方面的内容，具体可参照《建设用地土壤污染风险评估技术导则》（HJ 25.3—2019）的要求执行。

2.8　场地调查报告的编制

1）对于场地调查投资超过 100 万元的项目，开展填埋场场地调查之前，场地调查方案应组织第三方的专家评审，方案通过后方可实施。

2）生活垃圾填埋场调查报告编制单位应具备相关场地调查或监测资质，调查单位及报告负责人对调查报告的质量和结论负主要责任。

3）生活垃圾填埋场调查评估报告应至少包括以下内容：

①　填埋场基本情况，包括填埋场地理位置、范围、填埋库区情况、环保设施运行情况以及周边地形、地貌、水文、地质、气象、社会经济、人口等自然社会信息。

②　填埋场污染识别，包括填埋场基本信息、主要污染物种类和来源及可能污染的重点区域。

③　调查现场采样与实验室分析，包括采样计划、采样与分析方法、质量控制。

④　样品检测结果分析。

⑤　环境健康风险分析。

⑥　结论和建议。

参考
文献

［1］胡骏嵩. 老生活垃圾填埋场污染调查评价及开采利用技术方案研究［D］. 武汉: 华中科技大学, 2013.

［2］Kibria G, Hossain M S. Investigation of degree of saturation in landfill liners using electrical resistivity imaging［J］. Waste Management, 2015, 39: 197-204.

［3］Choudhury D, Savoikar P. Simplified method to characterize municipal solid waste properties under seismic conditions［J］. Waste Management, 2009, 29(2): 924-933.

［4］Vaezihir A, Tabarmayeh M. Total vulnerability estimation for the Tabriz aquifer (Iran) by combining a new model with DRASTIC［J］. Environmental Earth Sciences, 2015, 74(4): 2949-2965.

［5］Yang Y, Jiang Y H, Lian X Y, et al. Risk-based prioritization method for the classification of groundwater pollution from hazardous waste landfills［J］. Environmental Management, 2016, 58(6): 1046-1058.

［6］Rumynin V G. Subsurface Solute Transport Models and Case Histories［M］. Berlin: Springer, 2011.

［7］Bowen G J, Kennedy C D, Liu Z, et al. Water balance model for mean annual hydrogen and oxygen isotope distributions in surface waters of the contiguous United States［J］. Journal of Geophysical Research: Biogeosciences, 2015, 116(G4): 105-120.

［8］Dang T H, Jinno K, Tsutsumi A. Modeling the drainage and groundwater table above the collecting pipe through 2D groundwater models［J］. Applied Mathematical Modelling, 2010, 34(6): 1428-1438.

［9］Yao Q, Li S Q, Xu H W, et al. Studies on formation and control of combustion particulate matter in China: a review［J］. Energy, 2009, 34(9): 1296-1309.

［10］Chalhoub M, Garnier P, Coquet Y, et al. Increased nitrogen availability in soil after repeated compost applications: use of the PASTIS model to separate short and long-term effects［J］. Soil Biology & Biochemistry, 2013, 65(5): 144-157.

第 3 章

填埋场原位好氧修复过程中羟胺促进脱氮效果及微生物作用机理

3.1 AARLs反应器中原位短程硝化反硝化及羟胺强化脱氮研究

生物反应器填埋技术通常由间歇好氧曝气与渗滤液回灌两者结合运行，这也是目前比较主流的处理方案。填埋场反应器技术已发展数十年之久，填埋场内部传统的脱氮机理也较为完善。但随着脱氮技术的不断发展，尤其在水处理行业不断有新的脱氮技术出现，如短程硝化、同步硝化反硝化、厌氧氨氧化技术等，这些新工艺有别于传统脱氮过程，从电子转移、热力学等方面提出脱氮理论，极大提高了系统的脱氮效率。由于老龄垃圾渗滤液中C/N比低、可生化性差，因此传统渗滤液处理过程中主要有以下问题：a. NH_4^+-N浓度过高抑制其可生化性；b.传统生物脱氮过程C/N比失衡，缺少脱氮过程所需的可利用碳源。因此，原位处理老龄垃圾渗滤液的重点和难点在于如何利用有限的碳源实现高效脱氮。

大量研究表明生物反应器填埋场是一个氧垂直序列分布的好氧-缺氧-厌氧3种环境生物反应器系统的结合体。在这种好氧-缺氧-厌氧交替结合的生物反应器中（如SBR、氧化沟、生物转盘等）存在着短程硝化、同步硝化反硝化、厌氧氨氧化等生物脱氮过程，然而在填埋场生物反应器中利用新型脱氮工艺实现原位脱氮的相关研究却鲜见报道。其中短程硝化反硝化工艺是一种高效节能的脱氮工艺，多半用于高氨废水如垃圾渗滤液的处理中。近年来，国内外学者在短程硝化的生化机理与环境影响因素等方面进行了大量的研究。影响短程硝化效果的主要有温度、pH值、DO浓度、FA浓度和污泥龄等，通过控制AOB富集同时淘汰NOB完成短程硝化过程。总的来说，通过环境因子的改变能够实现微生物的定向调控。同时，为了加速启动时间，有学者利用不同的化学抑制剂实现微生物定向调控[1]。羟胺作为一种NO_2^--N氧化的抑制剂，能有效地抑制混合体系中NOB的活性，并且羟胺对NOB的抑制不可逆，但是具体机理尚不清楚，同时羟胺也是氨氧化过程的关键中间产物。

本章以天津某垃圾填埋场（填埋龄6～8年）的矿化垃圾为填料，构建模拟填埋场生物反应器进行原位老龄垃圾渗滤液脱氮处理，并分段模拟填埋场反应器好氧区、厌氧区，通过对其出水水质常规物理化学指标的定期监测，同时利用紫外-可见吸收光谱、三维荧光激发发射（EEM）光谱技术对老龄垃圾渗滤液出水中各有机物组成进行表征，更深入地探究上层曝气及羟胺的长期投加对填埋场中好氧段（上层）、厌氧段（下层）的碳氮协同削减规律。

3.1.1 材料与方法

3.1.1.1 实验装置

为了进一步研究原位垃圾修复，本实验于天津某垃圾填埋场（填埋龄6～8年）进行矿化垃圾采集，并放置于露天环境自然风干，将其中不可降解的杂质人工挑出，并使用孔径20mm的筛网进行筛分，筛分后的矿化垃圾如图3-1所示。以此作为反应器填料，构建2组填埋场生物反应器。混匀后矿化垃圾基本指标如表3-1所列。

图3-1　筛分后的矿化垃圾实物图

表3-1　混匀后矿化垃圾基本指标

材料	矿化垃圾
pH值	7.9～8.2
有机质/%	5～8
含水率/%	20～27
堆填密度（湿重）/（t/m³）	1.35
C元素含量/%	4.716
H元素含量/%	0.482
N元素含量/%	0.202

实验采用4根100cm高、直径28cm的圆柱形有机玻璃模拟好氧-厌氧回灌型填埋场（AARLs）反应器（图3-2），反应器的有效容积为36L。在反应器的顶部设置密封顶盖保持反应器内部的厌氧环境。构建了反应器A（RA）、反应器C（RC）和反应器B（RB）、反应器D（RD）来分别模拟垃圾填埋场的好氧区和厌氧区，其中RA和RB为空白对照组，RC和RD为羟胺处理组。在好氧生物反应器的中心垂直放置了一根直径为25mm、开孔率为1%的曝气管。每个生物反应器从下到上分别用直径为20～40mm

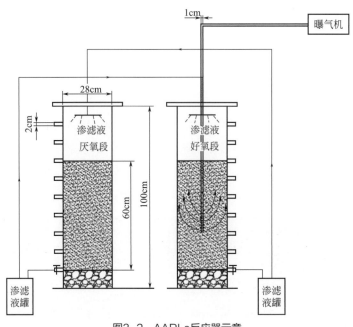

图3-2　AARLs反应器示意

的碎石填充100mm打底，防止反应器出水口被矿化垃圾堵塞，用筛分后的矿化垃圾填充60cm，再用直径10～20mm的小石块填充100mm。反应器上部、中部和底部分别设置有水样、填料样品采集口。填充矿化垃圾时每隔50mm进行一次压实，提高了水力停留时间（HRT）和渗滤液处理效果，其中厌氧段用锡纸包裹，严格避光。两组反应器均在室内进行反应，同时通过温控装置保持房间内部温度恒定在25℃左右。实验初期反应器构建参数均统一，尽量避免人为干扰影响实验结果。AARLs反应器实物如图3-3所示。

图3-3　AARLs反应器实物图

3.1.1.2　运行方式及相关参数

反应器运行分为驯化和实际运行两个阶段，其中驯化阶段采用分析纯级氯化铵（国药集团化学试剂有限公司）配制的模拟渗滤液，首先将10L模拟渗滤液分别缓慢注入RB和RD中作为初始渗滤液，每日回灌流程为：先从厌氧段下方出水口收集500mL渗滤液，再通过蠕动泵（BT100-2J型）以2.7mL/min的流速缓慢均匀回灌至好氧段，从好氧段底部出水口集中收集渗滤液并立即通过蠕动泵以相同流速回灌至厌氧段中。AARLs反应器运行参数见表3-2，整个过程无污泥接种，羟胺投加至厌氧段出水中混合均匀后回灌至好氧段中，其中投加量参考前人研究所得[2]。

表3-2　AARLs反应器运行参数

项目	驯化阶段	实际运行阶段
运行时间 /d	1～38	39～117
NH_4^+-N浓度（进水）/（mg/L）	500	1500
COD浓度（进水）/（mg/L）	—	1500
曝气量 /［L/（m³·d）］	416	416
水力负荷 /［L/（m³·d）］	13.8	13.8
羟胺投加量 /（mmol/L）	无添加	1（每周3次）

3.1.1.3　测试项目与方法

pH值、电导率（EC）、FA、NH_4^+-N、NO_2^--N、NO_3^--N、COD_{Cr}等常规水质指标的测定方法主要参照《水和废水监测分析方法（第四版）》。COD_{Cr}采用重铬酸钾法，NH_4^+-N采用纳氏试剂光度法，NO_2^--N采用N-（1-萘基）-乙二胺光度法，NO_3^--N采用紫外分光光度法，TN为NH_4^+-N、NO_2^--N、NO_3^--N三种无机氮之和，pH值与EC采用多功能参数仪（METTLER TOLEDO S470-B）。紫外-可见吸收光谱测定采用美国尤尼柯 UV 4802型紫外-可见光分光光度计，扫描波长范围为190～500nm，扫描间距为1nm，$SUVA_{254}$是根据单位浓度有机质在254nm下测得的吸光度乘以100计算所得[3]。E_2/E_3为250nm与365nm下吸光度的比值[4,5]。S_R为275～295nm处曲线与350～400nm处曲线斜率比值[6]。EEM光谱采用荧光光度计测定。激发光源为150W氙弧灯；PMT电压为700V；信噪比>110；激发波长E_x扫描范围为200～450nm，发射波长E_m扫描范围为280～550nm；狭缝宽带E_x=5nm、E_m=5nm；扫描速度为2400nm/min；响应时间设为自动。扫描堆肥有机质样品时用超纯水稀释样品，使DOC浓度调节至10mg/L，同时以纯水作为空白对照。三维荧光区域体积积分是利用MATLAB将三维荧光谱图中不同区域的体积进行积分计算，得到不同区域所代表的有机组分含量相对大小。

3.1.2 研究与分析

3.1.2.1 渗滤液中的物理化学指标变化

（1）AARLs反应器运行过程中pH值和EC的变化

垃圾渗滤液pH值的变化与堆体中生化反应过程密切相关，因此pH值是反映垃圾降解和稳定的重要参数。本研究过程中装填的垃圾属矿化垃圾，已经很难快速进一步降解，且运行过程中的原位垃圾取样会破坏反应器的运行条件，故选择渗滤液出水的pH值作为研究对象。

两组反应器中的pH值变化如图3-4与图3-5所示。经过阶段 I 的微生物激活稳定后，pH值也呈现稳定变化趋势，理论上硝化过程产生H^+，pH值降低，反硝化过程产生OH^-，导致pH值升高。从整体上来看，运行过程中两组反应器好氧段出水pH值均无较大波动，最终稳定在7.5左右，说明填埋场内矿化垃圾物理化学性质已经较为稳定，想进一步通过曝气和回灌进行污染物快速降解较难。同时我们发现相比于好氧段，厌氧段出水pH值从阶段 I 开始有缓慢上升的趋势，可能是由于厌氧段中反硝化过程持续发生，pH值随着硝酸盐浓度的降低而不断升高，同时反硝化过程产生的碱度能起到缓冲的作用，使pH值缓慢上升。Glass等提出反硝化的最佳pH值应该保持在6.5 ～ 7.5之间[7]。同时在这种运行模式下，好氧段中硝化过程消耗碱度，而渗滤液回灌至厌氧段时反硝化过程会产生CO_2补充碱度，所以渗滤液在好氧-厌氧循环过程中，便实现了碱度"自平衡"的现象，使pH值最终趋于稳定。一般来说，pH值在6.5 ～ 8.5之间为微生物最佳生理范

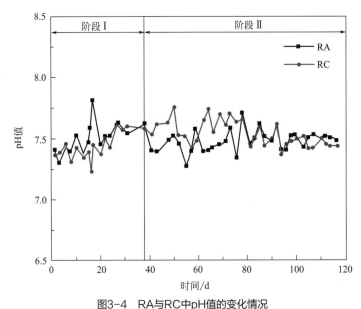

图3-4　RA与RC中pH值的变化情况

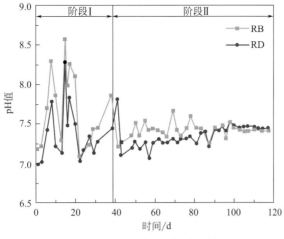

图3-5　RB与RD中pH值的变化情况

围[8]，所以从微生物适应性的角度来说，AARLs反应器中pH值条件比较适合脱氮微生物的生长。

　　EC的大小与渗滤液中DOM和无机离子浓度的高低有关，通过EC的变化有时能快速预测污染物的降解。但EC会受到离子种类、温度等环境因素的影响，所以在复杂环境中应用时需综合考虑。两组反应器中EC的变化如图3-6和图3-7所示。

　　两组反应器中的EC不同，可能是由填充的矿化垃圾本身性质导致，但总体变化规律和趋势一致。通过两组反应器的对比发现，在阶段Ⅱ中后段，EC基本保持稳定，可能是由于脱氮过程主要发生在前中期，在运行中后期碳源不足的条件下，反硝化活性的降低限制了AARLs反应器的脱氮速率。虽然整体变化趋势一致，但从变化速率角度分析，在阶段Ⅱ中RA、RC的EC分别在52d和69d时达到峰值，RA较RC提前达到峰值，这说明羟胺可能加速了RA中的氨氧化过程，使得RA中硝酸盐浓度更快达到峰值，这在后文

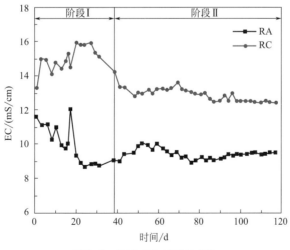

图3-6　RA与RC中EC的变化

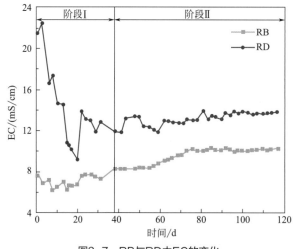

图3-7　RB与RD中EC的变化

中也得到了证实。EC在峰值之后便呈现下降的趋势，可能由于渗滤液中DOM的降解及反硝化活性的提高。而RA下降速率明显大于RC，可能是由RA中微生物活性高于RC引起的。

图3-7显示的是厌氧段（RB与RD）中EC的变化情况。同样当经过阶段Ⅰ微生物驯化稳定后EC变化幅度较小，均呈现缓慢上升的趋势。厌氧段中理论上应该是厌氧环境，但由于渗滤液经过好氧段后，厌氧段上层进水中含有少量DO，也可能会实现同步硝化反硝化过程。而且此时渗滤液经过好氧段不停地回流至厌氧段，造成NO_3^--N不断积累，反硝化能力低于进水NO_3^--N负荷，从而使EC呈现缓慢上升的现象。在第81～117天时，RB与RD中EC基本保持稳定，其平均值分别为10.2mS/cm和13.6mS/cm。

（2）AARLs反应器运行过程中FA的变化

目前，有许多关于快速启动短程硝化过程的方法和策略，这些方法主要根据硝化细菌AOB和NOB两者具有不同的DO半饱和系数、不同的活化能、不同的污泥停留时间（SRT）以及对抑制物不同的敏感度来使AOB快速生长并抑制NOB生长，这两种微生物的环境影响因素主要包括温度[9]、SRT[10]、DO浓度[11, 12]、pH值[13]及抑制物[14]等，所以实现短程硝化过程的本质在于AOB和NOB的微生物调控。

有研究者认为FA作为AOB的底物会对硝化过程产生抑制，高FA浓度会使AOB和NOB同时受抑制，但NOB对FA的敏感性较AOB更强，且会产生严重抑制性，NOB（0.1～1.0mg/L）的抑制范围较AOB（10～150mg/L）的小得多[15]。从图3-8和图3-9可看出，整个运行过程好氧段RA和RC中FA浓度基本上大于0.1mg/L，仅在运行后期（阶段Ⅱ）由于NH_4^+-N浓度降低导致FA浓度不断下降。且两个反应器中均在第38天（即阶段Ⅱ开始）时表现出FA浓度最大值，而此时渗滤液中NH_4^+-N浓度最高，且随着氨氧化过程的进行，NH_4^+-N浓度不断降低，FA浓度也随之减少，两者表现出极强的相关性。

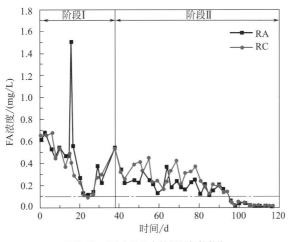

图3-8　RA与RC中的FA浓度变化

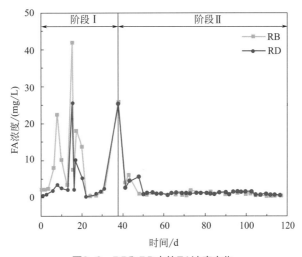

图3-9　RB和RD中的FA浓度变化

但RA与RC中FA浓度变化并未显示出明显差异，说明投加羟胺对于FA浓度影响并不明显，进一步说明在AARLs反应器中快速启动短程硝化过程不是通过FA浓度调节控制的。而RB与RD则在阶段Ⅰ中FA浓度变化波动较大，随着阶段Ⅱ启动，两个反应器中FA浓度先下降后保持在0.1mg/L以上。由此可知在AARLs反应器中好氧段和厌氧段中FA浓度均适合AOB生长，但FA浓度并不是唯一限制条件。

3.1.2.2　AARLs反应器运行过程中碳氮的变化规律

（1）三氮的变化规律

在阶段Ⅰ（驯化阶段）的开始，RA和RC中的NH_4^+-N浓度从500mg/L分别迅速降低到189mg/L和95mg/L。物理化学反应可能是阶段Ⅰ中NH_4^+-N去除的主要原因之一。据报道，在RA和RC早期，阳离子交换和吸附是快速去除NH_4^+-N的关键途径[16-18]。随着硝化作用的发生，NH_4^+-N的吸附位点再次被释放[19]。因此，随着硝化作用的发生不断有新的吸附位点产生，使得NH_4^+-N在初始运行阶段迅速下降。由于前期微生物活性较低，RA和RC中的NH_4^+-N去除效率呈现出波动的趋势，但从出水浓度可知，NH_4^+-N浓度呈现缓慢降低趋势（图3-10）。在0～38d的驯化阶段中，RA和RC在水力负荷（HLR）为13.8L/（$m^3 \cdot d$）的条件下，NH_4^+-N去除率已达到90%以上。Xie等在4L/（$m^3 \cdot d$）的HLR下，NH_4^+-N去除率为98%，但为了经济考虑，后续实验选择20L/（$m^3 \cdot d$）的HLR，NH_4^+-N去除率仍可达到90%[20]，这表明随着HLR的增大，NH_4^+-N去除率可能会出现降低[21]。

本实验的阶段Ⅱ（实际运行阶段39～117d）为实际渗滤液运行阶段，此阶段主要目的有两点：一是研究AARLs反应器对实际渗滤液脱氮的效率；二是对比研究羟胺对

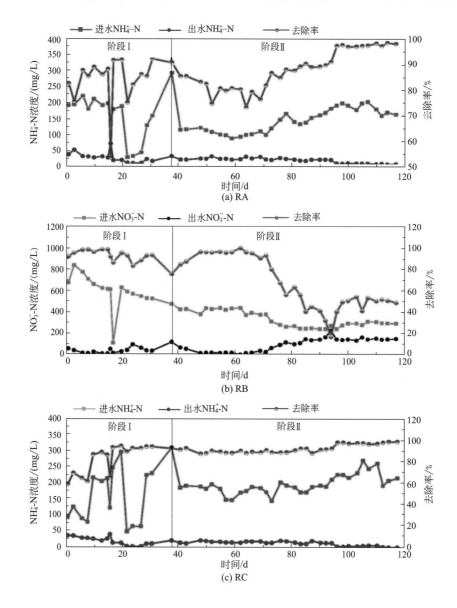

(a) RA

(b) RB

(c) RC

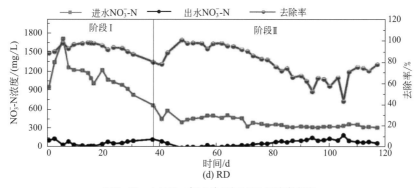

图3-10　AARLs中NH₄⁺-N与NO₃⁻-N浓度变化

AARLs反应器脱氮的影响。其中RA与RB为羟胺处理组，RC和RD为对照组。5mmol/L的羟胺与渗滤液均匀混合后回灌。在阶段Ⅱ的前期，厌氧柱RB和RD中NH₄⁺-N的浓度由初始的1500mg/L迅速降低至112mg/L和187mg/L，与阶段Ⅰ的现象一致。但随后开始缓慢升高，RB于第107天上升到200mg/L，RD于第109天上升至262mg/L。

值得注意的是，在阶段Ⅱ中RA和RC的NH₄⁺-N出水浓度基本上保持在25mg/L以下，符合《生活垃圾填埋场污染控制标准》（GB 16889—2008）规定的水质排放标准。RC中NH₄⁺-N去除率均稳定保持在90%。而RA的NH₄⁺-N去除率却在第64天下降至72%，随后NH₄⁺-N去除率呈现持续增长趋势并最终达到90%以上。这是由于羟胺处理组的NH₄⁺-N在RB中就有了较好的去除效果，这使得RA中的进水浓度较RC低，在不超过处理能力负荷条件下，前者进水浓度低而出水浓度相同时，前者的处理效率自然低于后者。就处理效果而言，RA与RC并无明显差异，出水浓度均满足相应排放标准。

RB与RD中NO₃⁻-N出水浓度在第38～96天内大致呈现先降低后逐渐上升的趋势。这说明RB和RD在前期发生了反硝化脱氮过程，但由于可生物降解的碳源的耗尽，剩余难降解碳源不利于反硝化脱氮，所以NO₃⁻-N出现积累导致浓度上升。而在第71天后（除去第105天）RB中的NO₃⁻-N浓度均高于RD。这可能是由过量的羟胺被羟胺氧化酶氧化为亚硝酸盐进而氧化为硝酸盐引起的[22]。

相比于NH₄⁺-N与NO₃⁻-N浓度的变化，NO₂⁻-N浓度的变化较低，在阶段Ⅰ的研究中，NO₂⁻-N在RA和RC中出现大幅波动（图3-11）。尤其是RC中，在第1天NO₂⁻-N浓度达到最大值95.07mg/L，但在第13天后便基本稳定在10mg/L以下。RA、RB、RC在阶段Ⅰ中NO₂⁻-N浓度均在5mg/L以下，变化较为稳定，好氧段（RA和RC）并没有检测到亚硝酸盐积累。可能在回灌过程中已被反硝化还原，也有可能是进一步被氧化成硝酸盐积累。

（2）羟胺促进脱氮效率研究

填埋场中的碳氮循环密不可分，大部分脱氮过程是异养脱氮，依赖于可利用碳源提供电子实现。而还有一部分脱氮过程是属于自养脱氮，该过程无需消耗大量碳源，无机碳就能提供电子。所以为了更好地研究羟胺在AARLs反应器运行过程中的影响，对于脱氮过程中碳源变化规律的研究十分重要。RA、RB、RC和RD中COD浓度变化如图3-12所示。

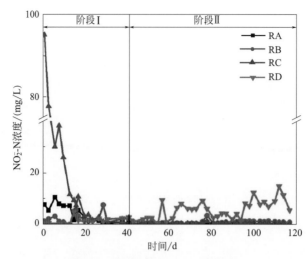

图3-11 各反应器中NO_2^--N浓度变化

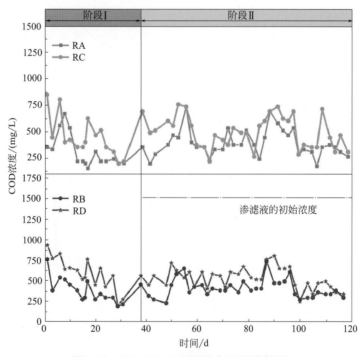

图3-12 RA、RB、RC和RD中COD浓度变化

　　阶段Ⅰ中（模拟渗滤液）并无碳源添加，但由于AARLs反应器中矿化垃圾随着渗滤液的回灌，部分可溶性的碳源引起了出水COD浓度的升高，RB和RD中的COD浓度分别迅速上升至754mg/L和921mg/L。在好氧/准好氧型填埋场反应器运行过程中COD浓度突然增加的现象并不少见，但目前对其机理解释还不够完善。紧接着RB和RD中COD浓度逐渐降低，在该阶段结束时浓度值较为接近，分别为212mg/L和268mg/L，说明两个反应器中的碳源已消耗至同一水平。该过程中NO_3^--N浓度呈下降趋势且随COD浓度的降低而降低，说明可能发生了异养反硝化作用。NO_3^--N的去除率超过80%。该结果表明，在处理

老龄垃圾渗滤液时，矿化垃圾作为载体的生物反应器具有良好的脱氮能力。但随着可生物降解碳源的不断消耗，垃圾渗滤液总有机碳（TOC）中难降解有机物的相对浓度增加，使得之后的反硝化效率受到一定的影响，RB和RD中NO_3^--N的去除率呈现逐渐下降的趋势。

实际渗滤液运行阶段COD的总体浓度变化较为稳定。其中RB中COD浓度在第3天迅速下降到500mg/L，并持续稳定在750mg/L以下。第38～48天中，RB与RD中的COD浓度仍呈现逐渐下降的趋势，并最终降低至224mg/L和445mg/L。第50～98天中，RB与RD中COD浓度出现连续波动，该过程中RB的平均值较RD低129mg/L，COD去除率提高8.6%。第100～117天中，两者COD浓度基本稳定，平均值分别为318.42mg/L和390.26mg/L。最终RB和RD的COD去除率分别为80.6%和77.7%。

总体来说，COD的浓度变化在两组处理中规律一致，驯化阶段消耗了大部分自身可降解碳源，随着该类碳源不断消耗，难降解碳源的相对增多导致反硝化效率降低。实际运行阶段中回灌的渗滤液为老龄垃圾渗滤液，虽然难降解有机物占比较高，但AARLs反应器对COD的降解仍表现出良好的效果，并使最终COD的去除率保持在75%以上。羟胺添加组与对照组中COD去除率并不存在明显差异，说明羟胺的添加对COD去除影响较小。

由图3-13可以看出TN在不同区域存在差异。第38～70天，RB中的NH_4^+-N浓度较RD中低。第70～117天，RA中的NO_3^--N浓度比RC中的NO_3^--N浓度低约100mg/L。这说明添加羟胺对填埋场不同区域中氮源的转化均有促进作用，在厌氧段前期促进氨氧化

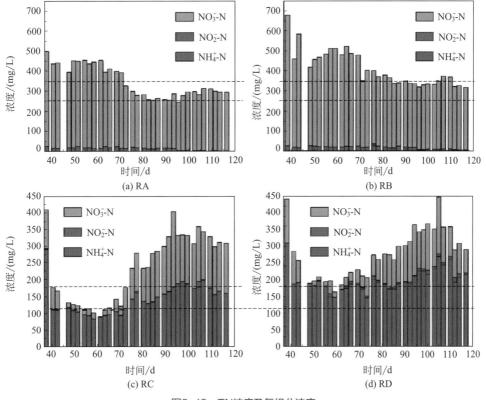

图3-13　TN浓度及氮组分浓度

过程，在好氧段中后期促进硝酸盐还原。好氧柱中的硝酸盐浓度和厌氧柱中的NH_4^+-N浓度在羟胺处理组和对照组之间均有显著性差异（$p < 0.01$）。

经过阶段 I 的运行，已将两组反应器的脱氮能力保持在相同的水平。两组反应器中回灌预先稀释好的渗滤液，此时RB中的NH_4^+-N浓度持续低于RD中的NH_4^+-N浓度，说明NH_4^+-N在RB中的同化或转化量大于RD，RA和RC中亚硝酸盐和硝酸盐的浓度相近。因此，NH_4^+-N的转移发生在羟胺处理组。这种情况可能存在以下两种途径：a.RA吸附了这部分多余的NH_4^+-N；b.这部分NH_4^+-N在RA中氧化后，过量的羟胺与生成的亚硝酸盐反应并以N_2O形式流失[23]。

同步硝化反硝化过程是在好氧厌氧环境并存时发生的一种常见脱氮现象。在我们的实验中，由于气体传输的限制，整个垃圾填埋场都没有完全充氧，使AARLs反应器可能存在一种外部好氧、内层厌氧结合的微环境。Berge和Reinhart评估填埋场中的原位硝化动力学的实验结果表明：在好氧填埋场存在厌氧/兼氧区域，即使渗滤液的生化性很差，硝化和反硝化反应仍可以同时进行。因此在模拟填埋场的好氧段（RA和RC）中很可能存在同步硝化反硝化过程。如图3-13(b)和(d)中NH_4^+-N达到峰值后快速降低是因为同步硝化反硝化作用的结果[24, 25]。在其他生物反应器研究中也观察到类似的同步硝化反硝化现象，且同步硝化反硝化效率越高代表脱氮能力越强[26-28]。在阶段 II（实际渗滤液运行阶段）中，同步硝化反硝化效率呈现出上升的波动趋势，除第71天外，羟胺处理组的同步硝化反硝化效率普遍高于对照组。这是因为羟胺的加入加速了氨氧化反应，进而促进了反硝化反应。在HLR在416L/($m^3 \cdot d$)时，羟胺处理组的同步硝化反硝化效率最高可达83.5%。这可能是由曝气率低所致。在低DO浓度条件下，扩散限制在絮凝颗粒内形成缺氧区，从而促进同步硝化反硝化[29]。减少曝气不仅有利于同步硝化反硝化工艺，而且降低了操作成本。但当同步硝化反硝化效率达到峰值后，由于碳源不足导致反硝化效率降低，同步硝化反硝化效率略有下降。如图3-14所示，在阶段 II 结束时，两个AARLs反应器中同步硝化反硝化效率逐渐接近。

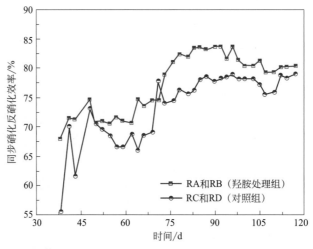

图3-14　羟胺处理组（RA和RB）与对照组（RC和RD）的同步硝化反硝化效率图

3.1.2.3　AARLs反应器运行过程中紫外-可见吸收光谱分析

　　废水中含共轭双键的有机物浓度、芳香性和复杂化程度往往决定了紫外可见光的吸收强度，所以紫外-可见吸收光谱可以检测废水中有机物浓度和分子结构的变化。填埋场中碳氮循环联系十分紧密，通过对羟胺处理组和对照组中好氧、厌氧段出水运行过程定期进行光谱分析，有助于我们更深入地探究AARLs反应器中不同微环境中碳组分的变化规律。

　　图3-15为阶段Ⅰ中RA、RB、RC、RD四个反应器出水紫外-可见吸收光谱图，由图可看出RA与RC中吸光度变化曲线总体呈现高度一致性，不过变化情况略有不同，对比好氧段RA与RC在254nm处吸光度可看出，RA中吸光度随运行时间呈现先下降再上升的趋势，而RC中却是随着运行时间持续缓慢上升，但变化幅度并不明显。这说明渗滤液中腐殖质类物质结构趋于复杂，紫外可见光吸收基团（C＝C、C＝O）与助色基团（C—OH、C＝NH$_2$）数量增加，结构趋于稳定[30]，而在好氧段中吸附作用可能为腐殖质类有机物的主要去除机制。再对比厌氧段在254nm处吸光度曲线的变化可知，RB中吸光度总体呈现先增高后降低的趋势，而在RD中却保持持续降低趋势。说明了在此阶段中好氧段可能存在芳香性有机物不断积累的现象，而厌氧段中微生物正在不断利用或者分解这类难降解有机物。

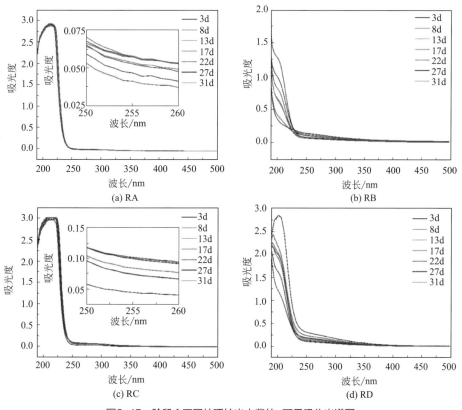

图3-15　阶段Ⅰ不同处理柱出水紫外-可见吸收光谱图

阶段Ⅱ为实际渗滤液运行阶段，此阶段的紫外-可见吸收光谱如图3-16所示。其中好氧段RA和RC中仍表现为无明显变化，RA在254nm处随运行时间呈现小范围上下波动，而RC则呈现持续降低的趋势。RA与RC均在220nm左右出现波峰，这可能是好氧段中高浓度硝酸盐引起的，同时由于该峰强度并没有随着硝酸盐浓度的降低而减弱，说明还可能存在部分共轭氮结构，这部分有机物较难降解。从变化幅度来说，本阶段与阶段Ⅰ中好氧段对渗滤液DOM中难降解有机物的去除机理相同，仍以吸附作用为主。厌氧段主要表现为在200~220nm处出现波峰，RB和RD中均呈现降-升-降的趋势。该阶段为实际老龄垃圾渗滤液运行阶段，其中渗滤液中含有大量的多环芳香族化合物和具有羧基和共轭双键的大分子有机物（共轭氮），而这些复杂的难降解有机物在好氧厌氧渗滤液循环回灌过程中逐渐被分解利用，同时该过程中小分子不断缩合，又有新的腐殖质类物质不断生成，从而紫外-可见吸收光谱随时间变化表现出波动的现象。

通过进一步计算分析，结果如图3-17~图3-20所示，其中$SUVA_{254}$表征有机物芳香性组分的多少，其值与芳香性呈正比。E_2/E_3值常用来表征有机质芳香性和分子量，该值越小，其芳香性组分越多且分子量越大。S_R值常用来表示填埋场中腐殖质分子量大小，该值与分子量大小呈反比[31]。

首先对比好氧段（RA和RC）结果可知（图3-17、图3-19），由于阶段Ⅰ中DOM不断溶出，RA和RC中$SUVA_{254}$表现为持续上升的趋势，说明好氧段中芳香性物质存在不

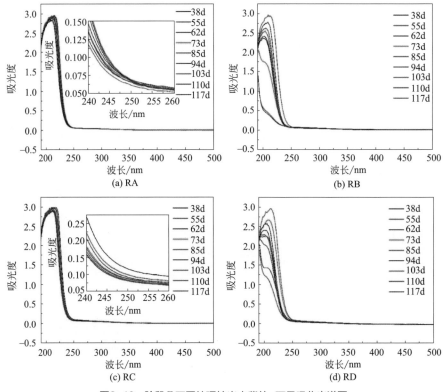

图3-16 阶段Ⅱ不同处理柱出水紫外-可见吸收光谱图

断积累的现象。在阶段Ⅱ RA 中 $SUVA_{254}$ 整体保持稳定趋势，而 RC 大致表现为第 38～70 天缓慢下降，第 71～117 天逐渐稳定，但最终 RA 与 RC 中 $SUVA_{254}$ 值较为接近，说明运行终点好氧段出水芳香性程度达到同一水平，且 RA 与 RC 中整体变化幅度较小，这也验证了好氧段中对难降解有机物的去除是以吸附过程为主。E_2/E_3 值和 S_R 值变化规律表明在阶段Ⅱ后期运行过程中芳香性有机物逐渐减少且分子量减小。但从 E_2/E_3 值变化趋势来看，

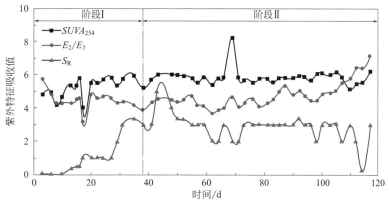

图3-17　RA中紫外特征吸收值变化情况

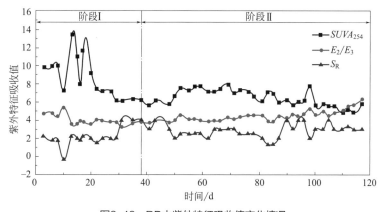

图3-18　RB中紫外特征吸收值变化情况

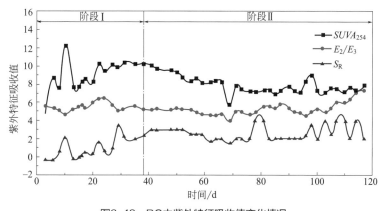

图3-19　RC中紫外特征吸收值变化情况

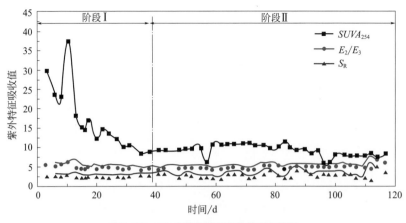

图3-20　RD中紫外特征吸收值变化情况

RA较RC变化更早，RA在第80天左右时开始逐渐上升，而RC在第100天左右才逐渐上升，说明羟胺的投加加速了RA中芳香性有机物的降解进程。

对比厌氧段（RB和RD）中$SUVA_{254}$可发现（图3-18和图3-20），两者表现出变化规律一致，在阶段Ⅰ中，$SUVA_{254}$持续降低，说明厌氧段中芳香性有机物组分正在不断减少，但E_2/E_3值和S_R值基本稳定，可能是芳香性有机物不断被微生物所利用，同时小分子有机物不断缩合形成大分子有机物（富里酸、胡敏酸）所引起的。阶段Ⅱ中$SUVA_{254}$值呈现先上升后下降的趋势，说明AARLs反应器运行中芳香性有机物组分可能正在不断被分解、利用、重新结合。同时发现仅有RB的E_2/E_3值在后期逐渐上升，RD中却持续保持稳定，这说明RB中有芳香性有机物的分子量正在逐渐减小，这可能归功于羟胺处理组中原生脱氮微生物活性得到提升，使得更多难降解有机物被利用，从而使得羟胺处理组中芳香性有机物的分子量不断减小。

3.1.2.4　AARLs反应器运行过程中EEM光谱分析

荧光光谱常被用来表征不同填埋场渗滤液中复杂有机物荧光组分变化，相比于紫外-可见吸收光谱，荧光光谱可以更为全面地反映填埋场中难降解有机物的组分变化，该方法操作简单、测试效果稳定，被广泛应用于DOM的结构演变分析和有机污染源解析。我们对阶段Ⅱ实际渗滤液运行阶段各反应柱中出水进行定期三维荧光监测。结果如图3-21～图3-24所示，RA、RB、RC、RD中主要荧光成分相似，在Ⅱ、Ⅲ、Ⅳ、Ⅴ区域交界处出现荧光峰，其中Ⅱ区域主要为类蛋白质组分，多为低激发波长色氨酸，Ⅳ区域多为一些微生物代谢产物，或者芳香族氨基酸及其代谢产物，Ⅲ和Ⅴ区域分别为类富里酸和类胡敏酸物质，该部分有机物具有结构相对稳定、分子量大、芳香性强的特点[32]。而在阶段Ⅱ初始各反应柱出水中，Ⅱ、Ⅲ、Ⅳ、Ⅴ四个区域均有荧光显色，说明老龄垃圾渗滤液中有机物组分较为复杂，其中主要在E_x/E_m=240～270nm/410～440nm范围下的紫外区富里酸荧光区出峰，该区域表示分子量相对较小、荧光效率较高的有机物。

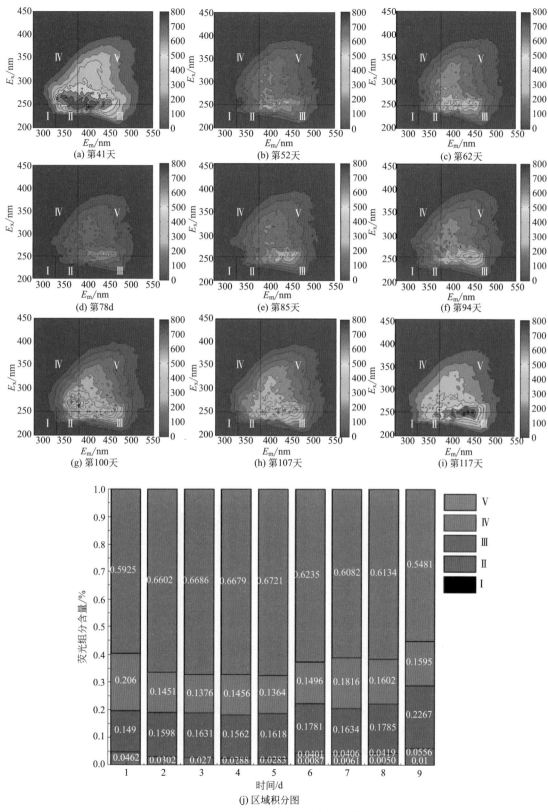

图3-21　RA出水中DOM三维荧光及区域积分图

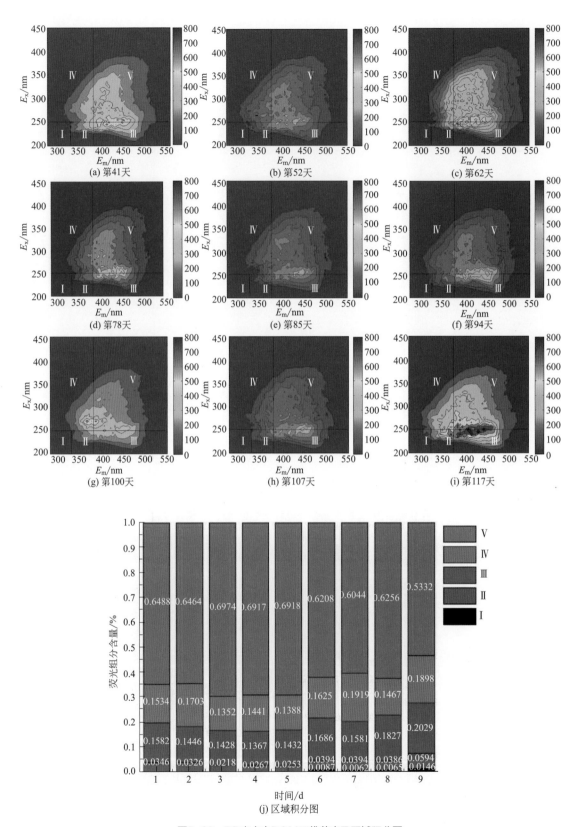

图3-22　RB出水中DOM三维荧光及区域积分图

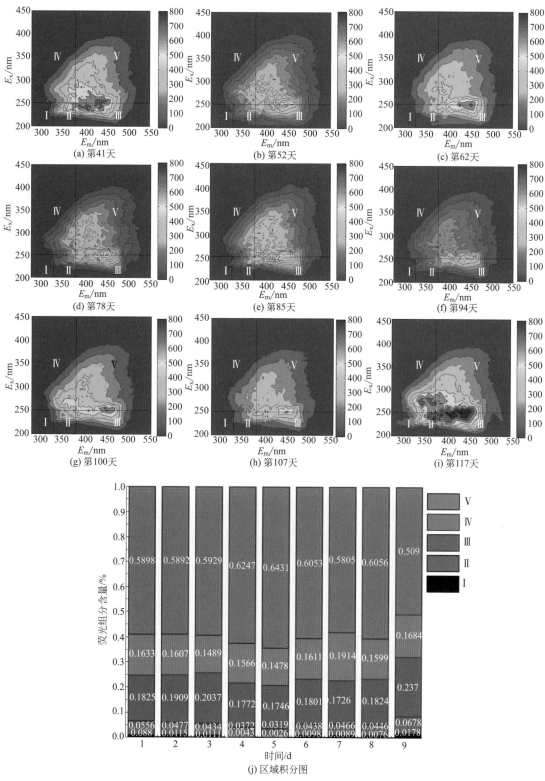

图3-23　RC出水中DOM三维荧光及区域积分图

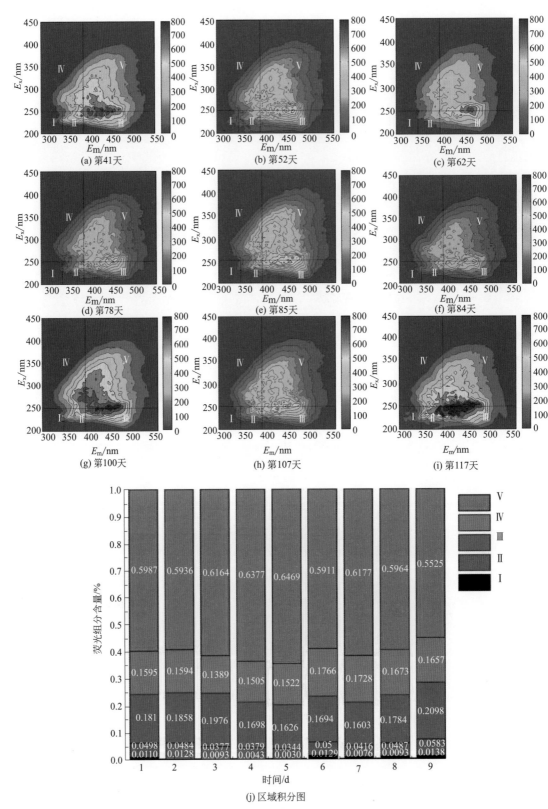

图3-24　RD出水中DOM三维荧光及区域积分图

首先从纵向比较好氧段与厌氧段中出水的荧光强度变化。结果显示，好氧段（RA和RC）中除第41天和第117天出水以外，其余天数的荧光强度均弱于厌氧段，说明在填埋场中好氧段对渗滤液中DOM有一定的去除效果，但第94天之后这一效果减弱，出现荧光增强的现象，这可能是由长期难降解腐殖质类物质积累，可微生物分解的碳源占比逐渐减小引起的。再从横向比较好氧段与厌氧段各自不同天数出水中的荧光强度变化。结果显示，两者的荧光强度都呈现先降低后升高的趋势，说明渗滤液在回灌的过程中好氧段与厌氧段均对渗滤液中DOM有去除效果。第52～94天的出水荧光组分基本相似，且强度变化也不大，看似进入了一个"平衡期"，这个期间不断有原有的芳香性有机物被降解，同时还有小分子碳源通过缩合作用形成更难降解的富里酸、胡敏酸类物质。

整个运行阶段仅有Ⅲ和Ⅴ区域交界处的紫外区富里酸荧光区域持续保持显色，说明该类物质在渗滤液中较难被吸附降解。结合荧光组分分布图可以看出，各反应器中Ⅱ、Ⅳ区域均显示出先下降后上升的趋势，类腐殖质的Ⅴ区域显示出先上升后下降的趋势。说明了渗滤液中原有Ⅱ区域中小分子可降解碳源在前期不断被利用，优先利用完小分子碳源后，便开始分解大分子腐殖质类物质作为碳源，Ⅴ区域中的腐殖质碳源部分分解并转化至Ⅱ、Ⅲ区域。比较厌氧段中渗滤液出水的荧光组分分布可知，RB和RD中Ⅴ区域分别占比50.9%和55.25%，RB中腐殖质类物质占比更低，说明了羟胺处理组最终渗滤液出水的可生化性较对照组更高。

3.1.3 结论

本节利用AARLs生物反应器原位处理老龄垃圾渗滤液，通过pH值、EC物理指标，NH_4^+-N、NO_2^--N、NO_3^--N、COD等化学指标和紫外、三维荧光等光学指标同步研究运行过程中影响AARLs反应器脱氮的关键因素，并通过设置羟胺处理组对比研究脱氮效率及相关影响，具体实验结论如下：

① 随着运行过程的进行，好氧段与厌氧段出水pH值和EC逐渐趋于稳定，同时发现羟胺处理组与对照组中FA浓度并未表现出明显差异，说明FA并不是影响填埋场中实现短程硝化脱氮的主要因素。

② 通过原位老龄垃圾渗滤液脱氮柱实验，可知在AARLs反应器中实现了碳氮同时去除。最优NH_4^+-N和COD去除率分别为95.3%和80.6%。其中在回灌过程中投加羟胺将有助于AARLs反应器中同步硝化反硝化进程及TN去除率的提升。

③ 通过紫外-可见吸收光谱、EEM光谱分析结果可知，渗滤液中含有大量FA类物质，同时好氧段及厌氧段的腐殖质类有机物在运行过程中会不断分解成小分子有机物，为反硝化过程提供碳源。

3.2 AARLs反应器脱氮机理及微生物群落结构变化研究

卫生填埋场作为处理城市固体废物（MSW）的一种有效手段，在全球范围内被广泛接受。大多数垃圾填埋场主要由厌氧区组成，其中有机物向CH_4和CO_2的厌氧分解是由具有不同代谢功能的微生物介导的。垃圾填埋场是一个重要的生物碳库，如木质素、一些非降解纤维素和半纤维素。据估计，全世界每年有$3 \times 10^7 \sim 7 \times 10^7 t$的$CH_4$气体从垃圾填埋场排放出来[33]。微生物在垃圾填埋场的生物降解过程中起着重要的作用，特别是当进行填埋场原位修复时，它们的微生物特性、生态多样性、功能多样性以及细菌群落与环境参数之间的联系仍然是一个很大的未知数。

目前许多微生物检测技术逐渐应用于环境污染过程研究中，如实时荧光定量聚合酶链式反应(qPCR)、荧光原位杂交（FISH）、16S rRNA检测技术等，这些方法都能帮助我们更加清晰地认识生物修复过程中关键微生物的变化、影响因素及其他微生物的协同作用，有助于进一步提升技术与优化工艺。同时，由于前期研究过程中NH_4^+-N的快速去除，考虑可能在运行前期存在大量的吸附作用，为此本节主要通过矿化垃圾材料的吸附特性及分子生物学研究AARLs反应器脱氮过程中物理和微生物脱氮现象，从吸附动力学及微生物群落结构变化的角度进一步完善脱氮机理。

3.2.1 材料与方法

3.2.1.1 微生物中试实验

微生物脱氮机理利用的填埋场反应器装置见3.1.1部分相关内容。

3.2.1.2 物理吸附小试实验的材料和方法

吸附实验中湿垃圾样品为模拟反应柱中的矿化垃圾，垃圾的基本理化性质见表3-3。原始干垃圾样品磨碎后过4mm筛，过筛后的矿化垃圾按照固液比1：5加入2mol/L KCl

溶液，并在振荡箱中以150r/min的转速振荡24h，静置完毕后倒掉上清液，将垃圾再次风干，备用。

表3-3　矿化垃圾理化性质

材料	矿化垃圾
pH值	7.3～7.6
有机质含量/%	2～4
含水率/%	25～34
堆填密度（湿重）/(t/m³)	1.15
C元素含量/%	2.901
H元素含量/%	0.351
N元素含量/%	0.085

（1）实验一：矿化垃圾吸附、解吸实验

为了确定吸附和解吸过程是如何参与矿化垃圾脱氨过程的，本实验采取静态吸附法，在吸附完全可逆的假设下，进行了吸附和解吸实验，通过溶解准确称量的氯化铵（NH_4Cl）样品制备原液加入蒸馏水中，使其浓度为1000mg/L，然后用蒸馏水稀释至所需浓度。所有吸附和解吸实验均为重复实验，均取平均值进一步得出结论。分别将20g与50g土装入含有150mL浓度为200mg/L NH_4^+-N的烧瓶中。将混合物用恒温摇床在100r/min和(25±1)℃下摇晃120min。在不同的时间间隔（5min、10min、15min、20min、30min、40min、60min、90min、120min）下，取样、离心和分析烧瓶中各5mL混合良好的混合溶液，计算1mg吸附NH_4^+-N的量C_s和最大NH_4^+-N吸附量$C_{s_{max}}$，$C_{s_{max}}$值计算为初始和给定时间1mg矿化垃圾中液相NH_4^+-N水平的差值。具体来说，给定的时间表示$C_{s_{max}}$的平衡时间。

基于上述情况进行了解吸实验分批吸附测试。每个烧瓶完全平衡后，倒出残留溶液，并用150mL去离子水代替溶液，按照吸附实验中的参数摇晃烧瓶。上清液样品在不同的时间间隔（0.5h、1h、2h、5h、24h、48h、120h）取样分析。1mg解吸的NH_4^+-N（C_d）和最大NH_4^+-N解吸容量（$C_{d_{max}}$）根据溶液中的NH_4^+-N浓度计算。

另外，将50g陈化垃圾与150mL NH_4Cl溶液混合于250mL锥形烧瓶中进行NH_4^+-N吸附等温线的测定，其中NH_4^+-N的初始浓度不同（分别为140mg/L、280mg/L、420mg/L、560mg/L、700mg/L）。上述分批吸附实验中对这些烧瓶进行了振荡。

（2）实验二：搭建模拟实验柱数根，按照小试柱实验的操作方式搭建并启动运行

分别取原始风干垃圾以及模拟柱实验结束时的矿化垃圾若干，实验前进行样品浸出实验检测（pH值、EC等），确定湿垃圾的含水率，实验前为干垃圾补充相应水分使其保持相同含水率。为屏蔽微生物的影响设置灭活处理，本实验中使用紫外灯灭活可保持矿化垃圾的物理化学基本特性。风干的矿化垃圾均匀散开，用紫外灯照射1h达到彻底灭菌

的效果。厌氧实验通过15min N_2注入实现厌氧环境，每次取样完毕后进行N_2吹扫，好氧实验为敞口进行。垃圾填充质量为200g，回灌使用去离子水配置的模拟渗滤液，NH_4^+-N浓度为200mg/L，回灌量为50mL/d，每日进行固相垃圾采集和浸出分析。

具体实验安排见表3-4。

表3-4　吸附小试实验不同处理组参数表

编号	干垃圾	湿垃圾	紫外灭活	NH_4^+-N浓度/（mg/L）	处理组
1		√		0	湿垃圾对照组
2		√	√	200	仅吸附
3		√		200	吸附+微生物
4	√			0	干垃圾对照组
5	√		√	200	仅吸附
6	√			200	吸附+微生物

3.2.1.3　运行方式及相关参数

相关参数同3.1.1.2部分相关内容。

3.2.1.4　常规水质指标测试

本节主要测试指标为NH_4^+-N、NO_2^--N和NO_3^--N，测试方法如3.1.1.3部分所述。

3.2.1.5　微生物测试

根据E.Z.N.A.® soil DNA kit（Omega Bio-tek, Norcross, GA, USA）说明书进行微生物群落总DNA抽提，使用1%琼脂糖凝胶电泳检测DNA的提取质量，利用Nano-Drop2000测定DNA浓度和纯度；使用两种引物338F（5′-ACTCCTACGGGAGGCAG-CAG-3′）和806R（5′-GGACTACHVGGGTWTCTAAT-3′）对16S rRNA基因V3～V4区进行PCR扩增。将同一样本的PCR产物混合后使用2%琼脂糖凝胶回收PCR产物，利用AxyPrep DNA凝胶提取试剂盒（Axygen Biosciences, Union City, CA, USA）进行回收产物纯化，2%琼脂糖凝胶电泳检测，并用Quantus™荧光计（Promega, USA）对回收产物进行检测、定量。使用NEXTFLEX快速DNA测序试剂盒进行建库。利用Illumina公司的MiseqPE300平台进行测序。

使用Fastp软件对原始测序序列进行质控，使用Flash软件进行拼接。使用的USEARCH软件（version 7.0, http://drive5.com/uparse/），根据97%的相似度对序列进行运算分类单元（OTU）聚类并剔除嵌合体。利用RDP classifier（http://rdp.cme.msu.edu/）

对每条序列与Silva数据库（SSU132）进行比对，设置比对阈值为70%，得到物种分类注释结果。

3.2.1.6　分析方法

采用SPSS 20.0（SPSS Inc.,Chicago, IL）中的最小显著差异（least significant difference, LSD）对各处理的数据进行差异显著性分析。所有分析过程中$p<0.01$为极显著性差异，$p<0.05$为显著性差异，否则均为非显著性差异。

3.2.2　研究与分析

3.2.2.1　AARLs反应器中矿化垃圾吸附特性研究

对于填埋龄5～10年的老龄垃圾填埋场，其中大部分DOM已在前期填埋过程中充分降解，因此后期经过微生物分解有机物产生的NH_4^+-N较少，大部分为矿化垃圾前期吸附的NH_4^+-N，它们经过物理或化学作用不断释放出来。吸附和解吸过程在原位垃圾填埋场修复过程中有着重要作用。在有渗滤液循环回灌的厌氧生物反应器填埋场中，矿化垃圾中NH_4^+-N的吸附和解吸过程可能将最终决定填埋场NH_4^+-N的储存、渗滤液NH_4^+-N的释放量和持续时间。根据3.1.2的研究结果显示，好氧反应器（RA和RC）在运行初期表现出高效的NH_4^+-N去除现象，可能是由矿化垃圾快速吸附引起的，紧接着矿化垃圾中的NH_4^+-N在循环回灌过程中逐渐被氧化为硝态氮溶入渗滤液，此时释放的吸附位点重新获得吸附能力。为验证吸附-微生物协同脱氮过程，采用静态吸附实验和小试模拟柱实验进行相关机理研究。

（1）吸附实验

动力学模型常被用来阐明吸附机理[34]。为了探讨NH_4^+-N在矿化垃圾中的吸附机理，探讨其潜在的传质或化学反应速率控制步骤，我们在实验一中分别考察了准一级和准二级动力学模型对吸附过程的模拟效果。模型所用的方程[35-37]如下：

$$q_t = q_1(1-e^{-K_1 t}) \tag{3-1}$$

$$q_t = \frac{bq_2^2 K_2 t}{1+q_2 K_2 t} \tag{3-2}$$

式中　　q_t——t时刻的吸附量；

　q_1，q_2——平衡时的吸附量；

　K_1，K_2——准一级方程和准二级方程的速率常数。

图3-25及表3-5为矿化垃圾对NH_4^+-N的吸附动力学曲线，分别用准一级和准二级动力学模型来拟合所得的结果。结果表明，准一级模型拟合实验数据较准二级模型拟合效果好，且相关系数较大，特别是添加了50g矿化垃圾（$R^2 > 0.99$）（图3-25），理论值q_1更接近实验值q_e（表3-5）。这一现象表明吸附速率可能与传质有关，但在不同固液比条件下，发现20g垃圾的单位体积吸附量更大，且最终都能使出水浓度低于5mg/L，说明矿化垃圾具有良好的吸附效果。

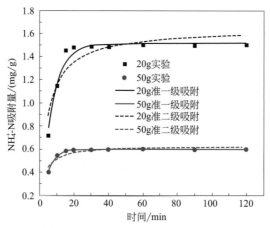

图3-25　AARLs反应器中矿化垃圾对NH_4^+-N的准一级和准二级吸附动力学曲线

表3-5　两种动力学方程的动力学参数和相关系数

矿化垃圾/g	实验值q_e/（mg/g）	准一级动力学			准二级动力学		
		q_1/（mg/g）	K_1/min^{-1}	R^2	q_2	K_2/[g/（mg·min）]	R^2
20	1.5	1.517	0.147	0.96	1.64	0.145	0.82
50	0.6	0.601	0.227	0.99	0.63	0.74	0.82

同时还发现，在10min时NH_4^+-N的吸附量在加入20g和50g矿化垃圾中分别为76%和92%，这说明矿化垃圾的吸附速率非常快，相比于天然沸石、生物炭等天然材料，在吸附速率上同样具有优势。这种利用矿化垃圾进行快速NH_4^+-N吸附的效果与其他研究者基本一致[38,39]。说明利用矿化垃圾原位修复渗滤液的过程中物理吸附作用可能在前期去除NH_4^+-N过程中发挥重要作用，这也能印证柱实验在两个阶段启动前期均出现NH_4^+-N浓度快速降低的现象。

（2）解吸试验

解吸研究有助于评价吸附材料的回收和再生能力，对吸附材料的实际应用具有重要意义。图3-26显示的是20g和50g矿化垃圾在120h内的解吸过程。

从图3-26中可看出，NH_4^+-N的解吸主要发生在前5h，且在0.5～2h的解吸速率较快。当48h后对NH_4^+-N的解吸基本上处于平衡状态。120h时在20g和50g矿化垃圾的解吸量分别为 0.081mg/g 和 0.023mg/g，仅占各自 $C_{s_{max}}$ 的 5.4% 和 3.8%。由解吸量占总吸附量的比例可看出矿化垃圾的解吸效果较差，如果没有别的解吸途径或许会限制矿化垃圾长期的吸附效果。但结合 3.1.2.2 中的 NH_4^+-N 持续去除及出水中 NO_3^--N 浓度升高可推测，系统中应该存在硝化过程，矿化垃圾中 NH_4^+-N 被氧化为 NO_3^--N，吸附位点被重新激活，这也使矿化垃圾持续保持吸附能力。

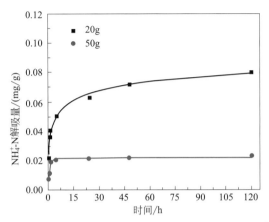

图3-26　AARLs反应器中矿化垃圾在120h内的解吸动力学曲线

（3）等温吸附实验

为了更好地理解 NH_4^+-N 在矿化垃圾介质中的吸附，本书采用了两种常用的等温线模型 Freundlich 和 Langmuir 来描述吸附平衡。

$$q_e = K_f C_e^n \tag{3-3}$$

$$q_e = \frac{b q_m C_e}{1 + b C_e} \tag{3-4}$$

式中　　q_e——不同浓度下的最大单位体积吸附量，mg/g；

　　　　C_e——吸附平衡后溶液中氨氮的浓度，mg/L；

　　K_f, n——Freundlich 公式中的两个常数，分别代表吸附能力和吸附材料与被吸附物质之间的关系；

　　　　q_m——理论最大吸附量，mg/g；

　　　　b——与吸附结合能有关的 Langmuir 吸附平衡常数，L/g。

AARLs 中矿化垃圾的等温吸附曲线如图 3-27 所示，相关参数详见表 3-6。通过图表可以看出 Freundlich 模型较 Langmuir 模型更适合模拟本实验中的数据，从两个公式的 R^2 值也能得到印证。Freundlich 等温线是基于吸附发生在具有非均匀分布级的非均质位点的假设。其中 n 值为 0.458，在 0.1 ~ 0.5 之间，说明了矿化垃圾对 NH_4^+-N 的吸附能力较强。这进一步表明矿化垃圾对老龄垃圾渗滤液中的 NH_4^+-N 具有快速、有效的吸附能力，是一种优良的吸附材料。

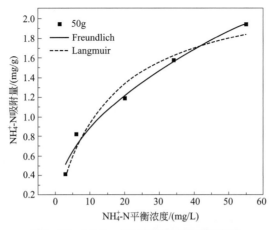

图3-27　AARLs中矿化垃圾的等温吸附曲线

表3-6　AARLs反应器中矿化垃圾的Freundlich和Langmuir等温吸附曲线相关参数

吸附物质	Freundlich			Langmuir		
	K_f	n	R^2	q_m	b	R^2
NH_4^+-N	0.31	0.458	0.97	2.32	0.069	0.94

（4）吸附小试柱实验

为了验证吸附过程中伴随着微生物作用，本实验设置了灭活组、不灭活组和空白对照组三种处理，每种处理分别用运行结束时矿化垃圾柱中的垃圾和原始矿化垃圾进行实验，结果如图3-28所示。各处理组中NH_4^+-N浓度均出现大幅下降，各处理组均对NH_4^+-N有较好的去除效果，说明了无论是干垃圾（原始矿化垃圾）还是湿垃圾（运行结束后的矿化垃圾）都对NH_4^+-N具有很强的吸附能力。对比灭活组与不灭活组中NH_4^+-N浓度的变化，可知灭活组中NH_4^+-N浓度在第1天快速吸附后浓度基本稳定，这可能是由于湿垃圾已经快速吸附饱和，没有多余吸附位点可用。而不灭活组中NH_4^+-N浓度从第1天的63.9mg/L下降至第3天的31mg/L，这说明湿垃圾不灭活组中可能不仅仅存在吸附过程，可能还伴随微生物硝化过程。在干垃圾灭活与不灭活组中NH_4^+-N浓度均持续下降，并在第3天时NH_4^+-N浓度接近。由图3-28（b）和（c）可看出，干、湿垃圾不灭活组均呈现出NO_2^--N、NO_3^--N浓度不断积累且高于对照组现象，但该现象并未在灭活组中发生，这说明不灭活条件下存在NH_4^+-N到NO_3^--N的转化过程，且NH_4^+-N到NO_2^--N、NO_3^--N的转化过程较大可能是微生物作用的结果。由图3-28（d）可看出，干垃圾组在第1天时NH_4^+-N浓度明显高于湿垃圾中的浓度。可能是由于NH_4^+-N直接被微生物转化成NO_2^--N、NO_3^--N进入渗滤液中。而干垃圾中由于硝化功能微生物活性不足，导致NH_4^+-N持续吸附在矿化垃圾上。该小试实验结果进一步验证了矿化垃圾在前期可对NH_4^+-N进行快速吸附去除，这部分被吸附的NH_4^+-N同时会被硝化菌转化为NO_2^--N或NO_3^--N，这种微生物作用可使得已经吸附饱和的矿化垃圾重新释放NH_4^+-N的吸附位点，从而实现循环吸附的效果。

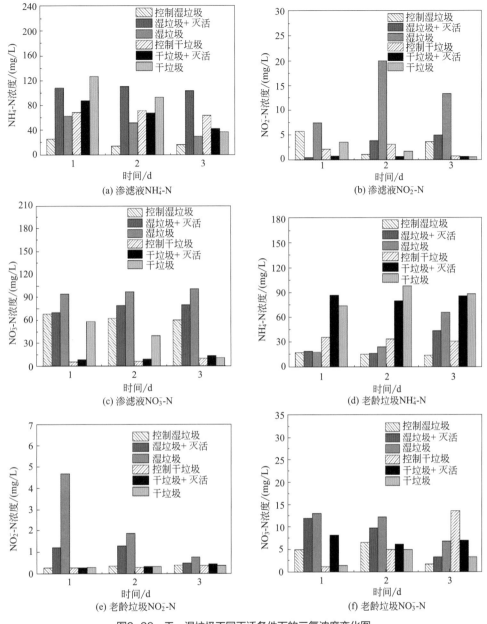

图3-28　干、湿垃圾不同灭活条件下的三氮浓度变化图

3.2.2.2　AARLs反应器中脱氮功能微生物及其多样性研究

在前期快速吸附完成之后，AARLs反应器中微生物逐渐被激活，系统中开始了微生物修复过程。由于填埋场生物反应器中主要还是微生物修复，为了更加深入地了解反应器的脱氮过程并进一步优化反应器，对整个运行过程中的微生物群落组成变化及其矿化垃圾中氮、碳循环功能微生物的相关研究至关重要。

（1）物种相似性及多样性分析

Venn图可用于统计多组或多样品中独有和共有的物种数目，通过Venn（图3-29）可清晰地看出RA、RB、RC、RD中物种数目组成的相似性及重叠情况。

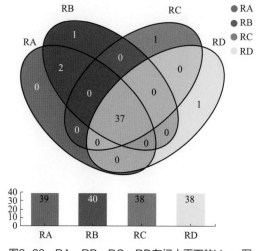

图3-29　RA、RB、RC、RD在门水平下的Venn图

由图3-29可知，RA、RB、RC、RD的菌门个数分别为39、40、38和38，表明AARLs均具有较高的微生物多样性；4个反应器中共有的菌门数为37，除RA以外，RB、RC、RD各自有1个独有菌门。说明总体上AARLs反应器中好氧、厌氧段的菌门相似，且仅通过好氧曝气及添加羟胺的处理并不会对整体菌群数量及结构产生较大影响。

通过等级丰度（rank-adundance）分析可以从OTU的层面总体地反映出物种的分布情况（丰度和均匀度），其中X轴反映的是各物种的丰度，物种丰度越高，样本落在X轴上的区间越大，Y轴反映的是物种的均匀程度，下降得越平缓说明物种分布得越均匀。由图3-30可看出，RA、RB、RC、RD初始时的X轴均没有运行结束时长，说明了通过

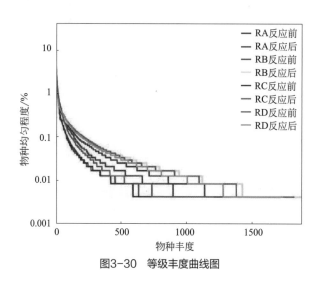

图3-30　等级丰度曲线图

AARLs反应器修复后物种丰度得到一定提升。从Y轴下降趋势来分析，可知运行结束时较运行前的微生物分布更加均匀，但RA、RB、RC、RD中均有多段垂直下降，说明各反应器中均有优势物种存在。

关于不同AARLs反应器中的微生物多样性指数见表3-7。这些指标的变化表明AARLs反应器中除了RA中多样性在降低外，其余各反应器中微生物多样性均增加，这是因为它的复杂性和多样性生态环境的演替，有助于微生物的功能互补和协同，而RA中的多样性下降可能由于长期投加羟胺的作用下，促进硝化细菌的相对丰度提升从而使得微生物功能更加专一。

表3-7 微生物多样性指数表

反应器名称及指数指标	Sobs	Simpson	Ace	PD
RA反应前	1538	0.036319	1938.602	131.4149
RA反应后	1756	0.075344	2199.733	155.5455
RB反应前	1053	0.104306	1570.655	98.17459
RB反应后	1891	0.023193	2202.466	162.5853
RC反应前	1048	0.067796	1570.654	95.76992
RC反应后	1896	0.016944	2194.241	163.0226
RD反应前	1256	0.028523	1802.519	115.3383
RD反应后	1831	0.022109	2182.184	158.3103

注：Sobs表示丰富度实际观测值；Simpson表示多样性指数；Ace表示物种丰富度指数；PD全称为phylogenetic diversity，表示谱系多样性。

（2）微生物多样性及群落结构

高通量测序用于测定好氧（RA和RC）和厌氧（RB和RD）段中的微生物群落结构分布情况。微生物群落的平均相对分类学丰度（占总序列的%）在门和属水平上进行了表征（图3-31和图3-32）。

通过对比实验前后AARLs生物反应器中微生物群落组成，观察到变形杆菌在长时间的好氧和厌氧阶段的富集情况，结果显示在不同区段微生物在门水平上比较相似，这与其他研究是一致的[40, 41]。根据Bergey的《系统细菌学手册》，将AOB分为亚硝化单胞菌（*Nitrosomonas*）、亚硝化球菌（*Nitrosococcus*）和亚硝化吡喃菌（*Nitrosospira*）三属。硝基细菌分为四类，即硝化杆菌属、硝化球菌属、硝化脊椎骨属和硝化螺旋体属。在属水平上，以亚硝化单胞菌（*Nitrosomonas*）为优势的AOB，RA中亚硝化单胞菌（*Nitrosomonas*）的相对丰度（2.75%）高于RC的相对丰度（0.62%）。这是因为长期投入羟胺促进了AOB的富集，据报道称，AOB数量的增加将有助于加速NH_4^+-N的氧化。同时在属水平上硝化杆菌（*Nitrobacter*）为NOB的优势菌种，RA中硝化杆菌（*Nitrobacter*）

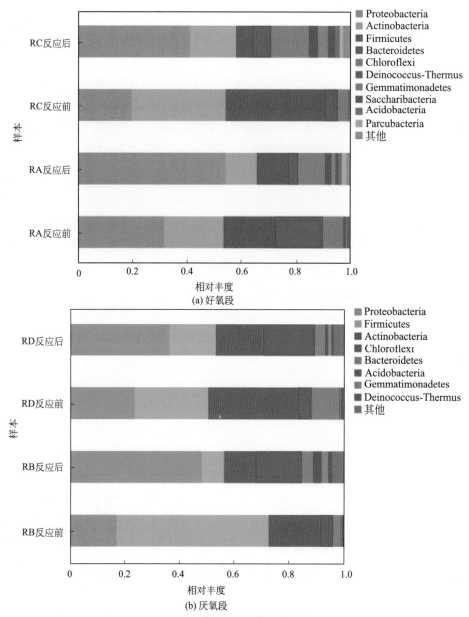

图3-31　在门水平上AARLs反应器中微生物群落结构的变化（相对丰度＞1%）

的相对丰度（0.81%）低于RC中的相对丰度（0.86%），这可能是由于羟胺对RA中的NOB有化学抑制作用，但效果并不显著。

厌氧柱（RB和RD）在门水平下的优势菌群包括变形菌（Proteobacteria）、厚壁菌（Firmicutes）、放线菌（Actinobacteria）和绿弯菌（Chloroflexi）四门。变形菌门和绿弯菌门的相对丰度在门水平上呈上升趋势，而厚壁菌门和放线菌门的相对丰度呈下降趋势。如图3-33所示 *Methylocaldum* 和 *Anaerolineaceae* 的丰度升高，而 *Paeniglutamicibacter*、*Planococcus* 和 *Pseudomonas* 的丰度呈下降趋势。

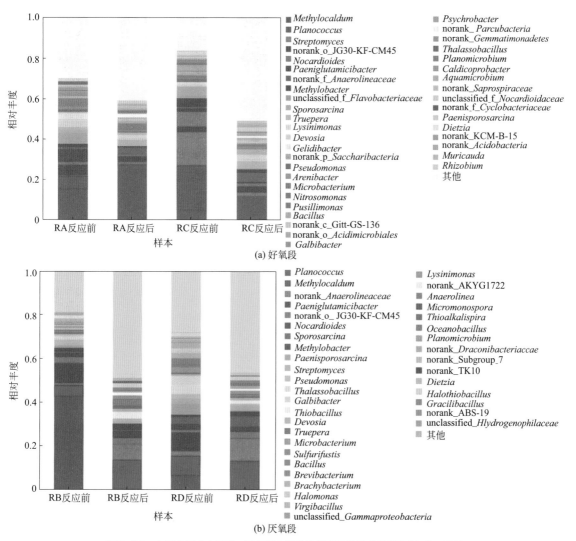

图3-32　在属水平上AARLs反应器中微生物群落结构的变化(相对丰度＞1%)

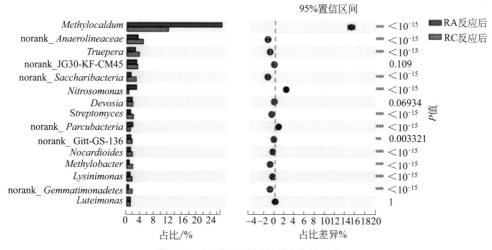

图3-33　RA与RC样本间微生物差异图

分别在好氧段及厌氧段发现了 *Methylocaldum* 的存在，其中占比分别为RA中26.94%、RC中11.61%、RB中13.65%、RD中13.08%。结果显示 *Methylocaldum* 为AARLs反应器运行过程中的优势菌种。*Methylobacter* 作为一种MOB同样出现在每个反应器中。*Methylocaldum* 和 *Methylobacter* 两种菌分别属于X型和 I 型MOB，这两种类型MOB的区别在于其核酸合成糖途径的不同。同时这两种菌在好氧柱和厌氧柱中表现出不同的相对丰度变化，在RA和RC中 *Methylobacter* 的相对丰度分别从1.73%和4.22%下降到0.73%和1.74%，在RB和RD中 *Methylobacter* 的相对丰度分别从1.65%和1.13%增加到2.82%和2.34%。这是因为 *Methylobacter* 菌是一种对 CH_4 更具有亲和性的菌[42]。好氧段（RA/RC）中间歇性地曝气不利于 CH_4 的产生和储存。CH_4 浓度的变化是影响AARLs反应器中 *Methylobacter* 菌相对丰度的重要因素之一。

通过对比RA和RC运行结束后主要微生物的差异性，由图3-33所示可以看出，除了norank_JG30-KF-CM45、*Devosla* 和 *Luteimonas* 这三种菌无明显统计学差异外，其他菌均存在显著性差异。其中 *Methylocaldum* 和 *Nitrosomonas* 分别是MOB和AOB的优势菌属，它们的相对丰度表现出明显差异，说明在RA中这两种菌有显著性的富集，这很可能是RA中长期投加羟胺引起的。

（3）AARLs反应器中的功能微生物

硝化反应是AARLs反应器中好氧段的主要功能。在硝化过程中，NH_4^+-N首先被AOB氧化为 NO_2^--N，再被NOB氧化为 NO_3^--N。在本节中，我们观察到三种硝化细菌，分别是亚硝化单胞菌（*Nitrosomonas*）、硝化杆菌（*Nitrobacter*）和亚硝化螺旋菌（*Nitrospira*）。结果显示，AARLs反应器中硝化细菌的优势菌群相似。AOB优势菌为亚硝化单胞菌（*Nitrosomonas*），而NOB优势菌为硝化杆菌（*Nitrobacter*）。AOB和NOB在RA和RC中呈上升趋势，尤其是在羟胺处理组。虽然RA中的AOB相对丰度是NOB的3.4倍，但RA中没有 NO_2^--N的积累。硝化产物与AOB和NOB的相对数量以及微生物的代谢特性相关[39]。研究表明，维持稳定的部分硝化过程需要抑制NOB的生长，促进AOB的生长[43]。在本节中，运行结束时RA中AOB/NOB的相对丰度比值较RC中高，但尽管如此，部分硝化过程仍未检测到，这可能是因为NOB的亚硝酸盐氧化效率高于AOB的氨氧化效率。

厚壁菌门（Firmicutes）和拟杆菌门（Bacteroidetes）在垃圾填埋场的主要功能是水解纤维素和分解淀粉多糖，而变形菌门（Proteobacteria）将可溶性糖分解为单糖和短链脂肪酸。此外，在不考虑地理位置的情况下[40]，厚壁菌门是垃圾填埋场的主导菌门[44,45]，并被认为在垃圾填埋场中发挥重要作用。在目前的研究中，渗滤液中的碳多为难降解物质，导致厚壁菌门相对丰度降低。变形菌门和拟杆菌门被认为在有机质降解和碳循环中发挥重要作用[46]。

Methylocaldum 是一种以 CH_4 为唯一能源，将 CH_4 氧化为 CO_2 的细菌。该菌的富集有利于 CH_4 的减少，从而降低温室效应。在水处理中，*Methylocaldum* 等一类MOB可与反

硝化菌耦合进行反硝化过程（AME-D），且 *Methylocaldum* 的富集提高了 AME-D 的脱氮效率。MOB 在 AARLs 反应器中主要扮演两个潜在的角色：a. 反应器中存在少量的 CH_4，MOB 将其氧化成有机物（中间产物），如甲醇、甲醛和甲酸等，用于反硝化；b. *pmo*A 基因和 *amo*A 基因分别属于 MOB 和 AOB 两类微生物，*pmo*A 基因的遗传序列与 *amo*A 基因（编码 AMO）具有相似的进化连锁关系[42, 47]，赋予大多数需氧 CH_4 营养体通过颗粒性甲烷单加氧酶（pMMO）氨氧化的能力。好氧型 MOB（特别是 I 型 MOB）氧化 NH_4^+-N 及中间产物（羟胺、NO 和亚硝酸盐），由于这些特性使得更多的 N_2O 在氨氧化过程中排放，这种情况是一种填埋场中潜在的脱氮途径。

好氧段和厌氧段中均含有 *Truepera* 和 norank_*Anaerolineaceae* 这两种菌，它们具有降解类腐殖质等难降解有机物的能力。*Truepera* 多见于碱性、中盐分和高温的生境[48]，在农业废弃物中较为丰富[49]。与水解酸化有关的厌氧绳菌科（Anaerolineaceae）（在 RB 中占 0.98% ～ 7.12%，在 RD 中占 2.20% ～ 10.20%）是 RA 的主要降解源。据报道，厌氧绳菌科（Anaerolineaceae）作为主要的细菌，在烷烃的发酵和氧化过程中发挥了重要作用，产生了甲酸、乙酸、H_2 和 CO_2 等小分子[50]。它们高效降解难降解 DOM 的能力也在前人的研究中被证实。

（4）AARLs 反应器中的运行参数与脱氮功能微生物之间相关性分析

利用冗余分析（RDA）方法对 AARLs 反应器中脱氮相关微生物与环境因子（进水水质）的关系进行了评价。其中物理化学指标包括 EC 值、pH 值、NH_4^+-N 浓度、NO_2^--N 浓度、NO_3^--N 浓度、COD 浓度。从图 3-34 可知，属水平下相对丰度排名前 10 位的细菌分布较为集中，多元约束梯度分析解释了假定的物种间相互作用、生物反应器性能以及好

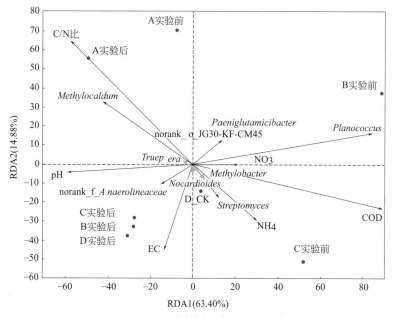

图3-34　RDA微生物与环境因子相关性图

氧和厌氧生物反应器样品。RDA结果表明，RDA1轴和RDA2轴分别占微生物群落总变异量的63.40%和14.88%。RDA图中的箭头长度表示各指标的显著性，箭头越长表示显著性越高。由图3-34可知，AARLs反应器中COD和C/N比这两项指标对微生物群落结构有显著影响。除 *Methylocaldum* 和 *Planococcus* 外，其余8个菌属均位于坐标原点附近。这些实验结果表明，在渗滤液回灌修复过程中，微生物群落演替方面也有类似"合作共赢"的现象。*Methylocaldum* 属于 I 型产甲烷菌，这种菌常存在于一些产甲烷体系，例如生物堆肥、垃圾填埋场等。该菌株与C/N比成正比，可利用 CH_4 氧化的中间产物（甲醇、甲酸等）促进反硝化脱氮，在填埋场中实现甲烷氧化耦合反硝化过程。*Planococcus* 作为一种反硝化细菌，无论是在好氧段还是厌氧段中相对丰度均大幅度降低，且COD浓度变化呈正相关。相反 norank_*Anaerolineaceae*、*Truepera* 和 norank_JG30-KF-CM45这三种菌与COD呈现负相关，说明了这三种反硝化菌在AARLs反应器中为主要的脱氮菌群。这些结果表明，并非所有的反硝化细菌都适合AARLs反应器中好氧-厌氧的运行条件，在微生物修复时应提供适当的环境条件，使关键微生物得以富集。

3.2.3 结论

本节从物理吸附和微生物分子学的角度深入研究了AARLs反应器中的脱氮机理。分别利用吸附动力学和16S rRNA高通量测序手段分析了AARLs反应器中好氧、厌氧两种环境中的脱氮机理，并通过羟胺对照实验，进一步研究了羟胺对AARLs反应器老龄垃圾渗滤液原位脱氮过程的影响，主要结论如下：

① 由矿化垃圾吸附小试实验结果可知，矿化垃圾对 NH_4^+-N 的吸附符合准一级吸附动力学曲线，且填埋场前期 NH_4^+-N 的快速去除是物理吸附与微生物硝化共同作用的结果。

② 羟胺处理组中MOB（*Methylocaldum*）及AOB的相对丰度较对照组得到显著提升（$P < 0.01$），而这种提升将有助于促进填埋场中碳氮循环。

③ 无论在好氧段还是厌氧段，MOB均为优势菌，*Methylocaldum* 和 *Methylobacter* 两种菌分别属于 X 型和 I 型MOB，其中填埋场中 *Methylobacter* 的相对丰度表现为在好氧段中降低、在厌氧段中升高的趋势，说明填埋场中缺氧或厌氧环境更适合 *Methylobacter* 的富集生存。

④ AARLs反应器中 norank_*Anaerolineaceae*、*Truepera* 和 norank_JG30-KF-CM45这三种反硝化菌为主要的脱氮微生物，这些微生物对老龄垃圾渗滤液中难降解有机物有一定的降解能力。

3.3 填埋场原位AME-D脱氮效率及微生物作用机理研究

城市生活垃圾填埋场产生的垃圾渗滤液和填埋气污染是阻碍填埋场技术发展的最严重问题。作为垃圾填埋场副产品的垃圾渗滤液，含有高浓度NH_4^+-N、有机废物和有毒物质[51]。利用好氧条件下的渗滤液再循环处理城市生活垃圾是一种处理渗滤液中氨和五日生化需氧量（BOD_5）的有效方法，可以加速垃圾填埋场的稳定[43]。尽管如此，硝酸盐还是通过氨氧化而积累。相反，BOD_5由于好氧和厌氧降解而迅速减少，从而导致了C/N比的不平衡。在全球范围内，来自垃圾填埋场的CH_4排放量估计约占人为CH_4排放量的8%，1970 ～ 2010年固体废物处理产生的CH_4排放量几乎增加了1倍[52]。因此，同时处理渗滤液和垃圾填埋场气体的组合系统将有利于解决垃圾填埋场二次污染的问题。

由3.2中的反应器中微生物群落结构的结果显示，在AARLs反应器中无论是好氧段还是厌氧段MOB都是优势菌种，但其中MOB的相对丰度不同。经研究发现CH_4氧化理论上的中间产物依次是甲醇、甲醛和甲酸，其中还有不少研究者发现CH_4氧化过程中还有类似乙酸、柠檬酸和乳酸等小分子酸存在，这些小分子酸均可作为碳源供给填埋场中微生物所利用。尤其在缺少反硝化碳源的微环境中，这无疑是一条原位提供反硝化碳源的途径。在渗滤液回灌稳定化过程中，CH_4氧化的中间产物可随渗滤液渗透至填埋场下层（厌氧环境）完成反硝化过程。这种现象在土壤、海洋中均存在，近几年在水处理技术中逐渐被人们所关注，水处理技术中称该脱氮过程为甲烷氧化耦合反硝化（AME-D）过程，但在填埋场修复的相关研究中大部分学者关注点在于温室气体减排及填埋场快速稳定化等方面，很少有人利用CH_4氧化过程进行填埋场原位脱氮研究。垃圾填埋场内部由于组分（宏观尺度上）分布不均或微生物絮凝体（微观尺度上）的形成而造成O_2梯度，利用多种末端电子受体（硝酸盐、硫酸盐等）是许多微生物在氧跃层生境中的一种策略。

本节主要以AARLs反应器中不同处理组作为研究对象，探究初始MOB相对丰度不同时矿化垃圾的CH_4氧化能力以及耦合反硝化脱氮能力。同时有研究表明，CH_4和O_2浓度对CH_4氧化过程有着重要影响。通过设置不同CH_4/O_2比进一步研究不同处理组中CH_4氧化效率和脱氮效率变化情况，并从微生物群落结构及相关功能基因变化的角

度阐述脱氮机理。

3.3.1 材料与方法

3.3.1.1 实验材料

本节实验所用的接种物来自 3.2 部分中 AARLs 反应器柱实验运行结束时的矿化垃圾。进行实验前在含有 NO_3^--N 的基质中和黑暗条件下室温培养 3d，以去除矿化垃圾中残余的有机碳。3d 后，3300g 矿化垃圾在离心机上离心 5min，倒掉上清液。再用 pH 值为 6.8 的磷酸缓冲液（phosphate buffer solution, PBS）清洗 3 遍，洗去残留有机碳。利用分析纯级别氯化铵、硝酸钠化学试剂（国药集团化学试剂有限公司）配制不同浓度的模拟渗滤液。CH_4、O_2 标准气于北京华通精科气体化工有限公司购买。

3.3.1.2 批次实验设置

批次实验一共设置 4 个处理组，分别命名为 A、B、C、D，接种物分别取自稳定运行的 AARLs 反应柱 RA、RB、RC、RD 中的矿化垃圾，同时取 C 处理组中矿化垃圾作为空白处理组（对照组）CK。其中 A、C 中为好氧层矿化垃圾，B、D 为厌氧层矿化垃圾。为了研究好氧、厌氧环境及不同 MOB 相对丰度条件下的脱氮效果，利用 600mL 厌氧瓶进行实验，其中厌氧瓶上方两个气管分别连接一个 T 形阀门，配合不同型号的一次性注射器进行液体和气体取样及控制。分别称取 80g 湿垃圾并装入各厌氧瓶中，再混入一定浓度的硝酸钠溶液作为模拟渗滤液，保持所有操作一致以减少误差。然后用纯 CH_4（99.999% CH_4 标准气）以 1L/min 的流量进行曝气 5min，置换瓶中空气，再利用注射器抽取 O_2（99.99% 的 O_2 标准气）以置换同等体积的 CH_4，使 CH_4/O_2 达到相应的比例，分别设置 CH_4/O_2=4（氧含量为 20%）、CH_4/O_2=9（氧含量为 10%）和 100%CH_4（氧含量为 0%）3 个运行阶段。整个过程在恒温（28℃）振荡（150r/min）条件下连续培养，本实验持续时间为 17d。

3.3.1.3 常规指标检测

每天进行液相及气相样品的采集。先进行气相样品采集，由于气体分子量不同，取样前用注射器反复进行原位反复抽提，使瓶中空气混合均匀。待气体混合均匀后，使用 1mL 一次性注射器在 T 型阀门准确采取 1mL 顶空气体，注入带有热导检测器的气相色谱（gas chromatograph, GC）中进行 CH_4、CO_2 和 H_2 测定。测定时的运行参数参照 Zhang 等的研究[53]。CH_4 的实际浓度根据顶空体积与百分比占比来计算。液相取样时同样需要将泥水混合均匀后取样，用力上下摇晃厌氧瓶后利用5mL注射器通过T形阀门进行样品抽提。

3.3.1.4 微生物指标测试

在反应器运行前后进行取样，将样品马上装入保藏袋中并放入−80℃冰箱中保存待测。微生物细菌多样性测序方法参考3.2.2.2。

功能基因的检测采用qPCR技术，为了全面分析CH_4氧化过程及脱氮基因数量的变化情况，对amoA、pmoA、nirK、nirS四种功能基因进行检测。具体qPCR扩增引物见表3-8。

表3-8 qPCR扩增引物详细信息表

目标基因	引物名称	片段大小/bp	反应程序	参考文献
amoA	amoA-1F amoA-2R	491	95℃，3min，1循环； 95℃，30s，56℃，30s， 72℃，40s，35循环	[54]
pmoA	A189F Mb661R	508	95℃，3min，1循环； 95℃，30s，56℃，30s， 72℃，40s，35循环	[55]
nirS	cd3AF R3cd	410	95℃，3min，1循环； 95℃，30s，56℃，30s， 72℃，40s，35循环	[56]
nirK	nirK-1F nirK-5R	515	95℃，3min，1循环； 95℃，30s，56℃，30s， 72℃，40s，35循环	[56]

为了确保数据的可靠准确，本实验每个样品做3个平行。一般在提取DNA过程中，提取样品中的含水率不均匀，为了使结果具有可比性，本实验采用copies/gDNA为最终的计量，从而使不同的功能基因可以进行严格意义上的差异比较。

3.3.1.5 分析方法

采用SPSS 20.0（SPSS Inc., Chicago, IL）中的LSD对各数据进行差异显著性分析。所有分析过程中$P<0.01$为极显著性差异，$P<0.05$为显著性差异，否则均为非显著性差异。通过单样本的多样性分析（Alpha多样性）可以反映微生物群落的多样性，包括一系列统计学分析Sob、Chao、Shannon、Simpsonace、Simpson、Coverage指数。基于物种组成及比较分析，进一步使用多组比较/两组比较分析、LEfSe差异判别分析等分析方法，筛选不同组别间具有显著差异的物种。基于前面的研究结果，使用了RDA分析和相关性热图（heatmap），将物种和环境因子、理化指标进行相关性分析，筛选与环境因子/理化指标显著相关的物种，初步阐释菌群与环境变化的关系，为后续生物修复实际工程应用奠定理论基础。

3.3.2 研究与分析

3.3.2.1 AME-D脱氮研究

批次实验每隔24h进行各厌氧瓶中CH_4、CO_2、H_2及液相中COD、NO_2^--N、NO_3^--N浓度变化情况分析。同时在实验前后进行微生物多样性和相关功能基因的检测。通过图3-35和图3-36可看出，在RA、RB、RC、RD四个反应器中均显示出CH_4与硝酸盐呈现同步降低趋势，而对照组CK中硝酸盐浓度基本上没有降低。说明了矿化垃圾中的剩余碳源不足以支持进一步反硝化脱氮，且在不同CH_4/O_2比环境下，矿化垃圾可同步实现甲烷氧化及反硝化过程，甚至在$CH_4/O_2=0$时，即未通O_2条件下仍能实现这种甲烷氧化脱氮过程。在该过程中可能发生了AME-D脱氮过程，已有前人验证了在微好氧和缺氧条件下填埋场中可实现AME-D脱氮过程[57]。Cuba等更是在其研究中发现缺氧条件下 *Methylomonas* 菌可将CH_4作为电子供体直接与NO_3^-发生反应[58]。Kits等在缺氧条件下以NO_3^-为电子受体培养条件下，在 *Methylomonas* 中发现了反硝化基因（*nar*G、*nir*K、*nor*B 和 *nor*C）[59]。但这些研究均为短期研究，是否能长时间进行ANME-D脱氮仍需进一步研究。在本书中，随着O_2浓度的降低，各反应器中CH_4氧化速率不断降低。

从图3-35可知，三个阶段中CH_4氧化速率的整体变化趋势为先升高后降低，各处理组均在$O_2=20\%$阶段表现出最高的CH_4消耗速率，其中处理组A、B、C均在前24h的CH_4氧化速率达到最高值，分别是3.12mmol/d、4.23mmol/d和4.94mmol/d；D处理组在第3天氧化速率最高，达到4.21mmol/d。这说明经过驯化的矿化垃圾具有良好的CH_4氧化能力，且在本实验中CH_4氧化过程在好氧条件下更易于CH_4氧化，在一定浓度下CH_4氧化速率随着O_2含量的增加而提高。但这种提高并不明显，Li等设置了不同O_2与CH_4

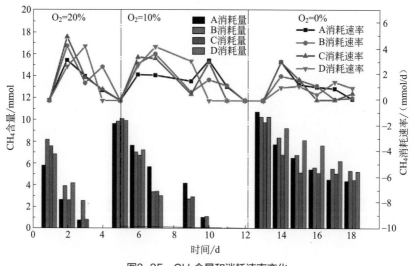

图3-35　CH_4含量和消耗速率变化

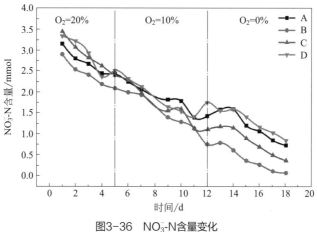

图3-36　NO$_3$-N含量变化

的组合，考察垃圾填埋场覆土中好氧MOB在不同O$_2$与CH$_4$组合中的CH$_4$氧化活性[60]。朱静[61]在研究不同O$_2$浓度对CH$_4$氧化活性影响时，发现当CH$_4$浓度保持不变，O$_2$浓度由5×10^4mg/g上升到2×10^5mg/g时，填埋覆土的CH$_4$氧化活性仅仅为原来的1.28倍。同时在缺氧阶段仍存在CH$_4$氧化现象，硝酸盐浓度也随之同步降低。可能发生了部分ANME-D过程。在厌氧条件下NO$_3^-$可作为电子受体直接与CH$_4$反应，实现脱氮过程。图3-36显示，各处理组中硝酸盐浓度均呈现逐渐下降的趋势，且脱氮速率随着O$_2$浓度的变化差异不明显。但从图3-36中可知，硝酸盐的大幅降低同样伴随着CH$_4$消耗量的提升，说明了硝酸盐的降低对CH$_4$的消耗有极强的相关性。这进一步说明了填埋场中AME-D的可行性。反硝化脱氮过程虽然受O$_2$条件限制，但CH$_4$氧化过程将有助于实现反硝化脱氮的厌氧环境。

通过图3-37可知，O$_2$=0%时的脱氮量甚至要高于O$_2$=20%阶段的脱氮量，这可能是

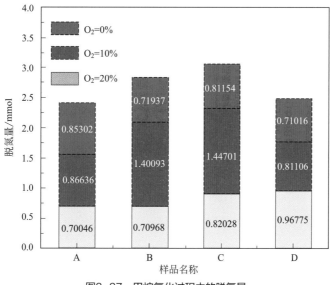

图3-37　甲烷氧化过程中的脱氮量

由于好氧环境不利于反硝化过程的发生。经过三阶段的培养实验，处理组C的脱氮总量最高，达到3.08mmol，脱氮量最低的处理组A共脱氮2.42mmol。在本实验中脱氮速率范围除处理组D以外，其他3组脱氮量均在O_2=10%时最高，A、B、C、D各处理组中脱氮量分别约为0.87mmol、1.40mmol、1.45mmol、0.81mmol。其中各处理组均显示出在O_2=20%阶段脱氮速率最高，其中处理组C在此阶段表现出最高脱氮速率，为0.21mmol/d，同阶段A处理组中脱氮速率最低，为0.14mmol/d。传统反硝化过程属于厌氧反应，而在本实验CH_4氧化体系中脱氮速率却随着氧浓度的升高而加快，这可能是由于大量MOB快速利用O_2，为反硝化过程提供良好的厌氧环境，同时各处理组中存在直接利用CH_4氧化中间产物的嗜甲基菌属（*Methylophilaceae*），这类微生物具有好氧反硝化脱氮能力，且常常伴随着CH_4氧化过程出现。从图3-37可知，无论是好氧段还是厌氧段均可实现一定程度的AME-D脱氮，进一步说明填埋场中不仅只有表层覆土能实现AME-D脱氮，在下层厌氧段中同样能实现，且脱氮能力不一定比好氧段弱。

对实验前后的样品利用qPCR技术进行了氨氧化基因*amo*A、CH_4氧化功能基因*pmo*A和两种反硝化功能基因*nir*K、*nir*S的定量测试，结果如图3-38所示。各反应器中*pmo*A基因呈现显著性增加。处理组A、B、C、D中分别由$2.2564×10^9$copies/g、$3.0339×10^9$copies/g、$1.1329×10^9$copies/g、$2.2496×10^9$copies/g上升至$4.6650×10^9$copies/g、$1.2176×10^{10}$copies/g、$6.3295×10^9$copies/g、$4.8767×10^9$copies/g，分别提升了2.07倍、4.04倍、5.59倍和2.17倍。其中处理组B中*pmo*A基因拷贝数绝对值最高，但处理组C中*pmo*A基因拷贝数增速最快，且*pmo*A基因数量与前人[62]实验结果中的*pmo*A数量在同一个数量级，说明CH_4氧化能力已达较高水平。

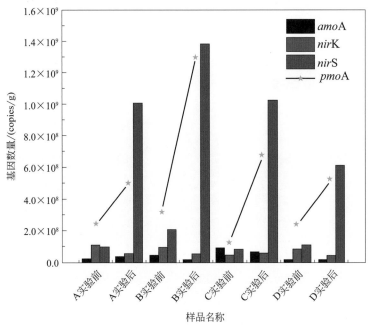

图3-38　不同功能基因变化情况

3.3.2.2　各处理组中微生物群落结构变化研究

选取不同氯代烯烃、不同浓度驯化后混合菌样品进行多样性测序，14个样品共获得275528条16S rRNA序列。在97%的对比度下共产生3543个OTU，OTU覆盖度高于99.9%，表明抽样完全。不同处理组AME-D实验前后的样品多样性指数（Ace指数）及其指数间差异检验如图3-39～图3-41所示。从图中可以看出经过CH_4氧化后，Ace、Shannon指数均呈现下降的趋势，且组间差异性均为显著性（$P < 0.01$）差异，说明种群丰度下降，多样性不断减少。通过图3-42可看出，反应前X轴长度均大于反应结束时的长度，且实验结束时的样品曲线出现多段陡降，说明CH_4氧化过程使各处理组中富集了大量优势菌种。

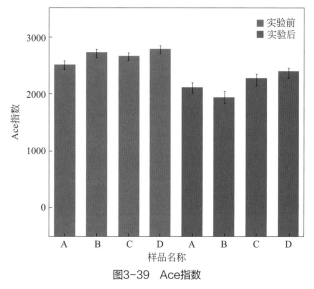

图3-39　Ace指数

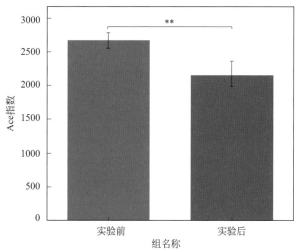

图3-40　Ace指数组间差异性图

（**表示显著性差异）

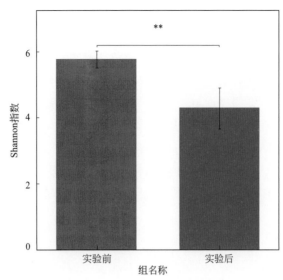

图3-41　Shannon指数组间的差异性

（**表示显著性差异）

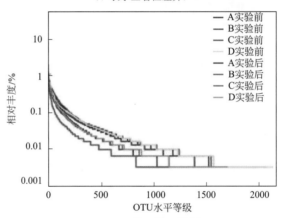

图3-42　水平等级和相对丰度曲线图

　　将矿化垃圾AME-D实验前后的样品进行了高通量测序，发现在所有被注释的OTU聚类结果中，细菌OTU分配为43个门，98个纲，897个属。实验结束后各处理组中纲分类水平下共有的微生物群落组成如图3-43所示，以γ-变形杆菌纲（Gammaproteobacteria）、α-变形杆菌纲（Alphaproteobacteria）、厌氧绳菌纲（Anaerolineae）、放线菌纲（Actinobacteria）和拟杆菌纲（Bacteroidia）为主要优势菌纲。其中γ-变形杆菌纲（Gammaproteobacteria）与α-变形杆菌纲（Alphaproteobacteria）占比高达46.36%，这与邢志林[63]在填埋场中CH_4氧化的研究结果一致，这可能与甲烷氧化菌为优势物种有关，大部分Ⅰ型甲烷氧化菌属于γ-变形杆菌纲（Gammaproteobacteria），Ⅱ型甲烷氧化菌属于α-变形杆菌纲（Alphaproteobacteria）。

　　不同处理组实验前后门水平微生物的群落结构分布图如图3-44所示。其中群落结构并未发生明显改变，优势菌门仍为变形杆菌门（Proteobacteria，51.4% ～ 80.6%）、绿弯

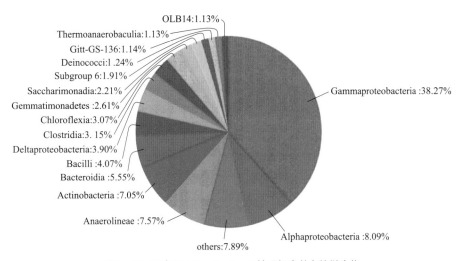

图3-43 纲水平下A、B、C、D处理组中共有的微生物

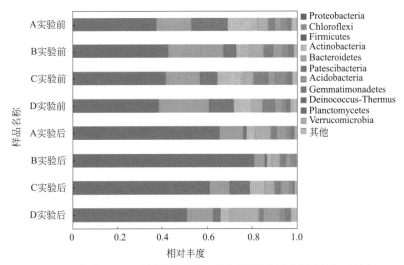

图3-44 门水平下不同处理组实验前后微生物群落组成（相对丰度＞1%）

菌门（Chloroflexi，4.5% ～ 11.4%）、厚壁菌门（Firmicutes，1.1% ～ 8.8%）、放线菌门（Actinobacteria，1.9% ～ 6.3%）、拟杆菌门（Bacteroidetes，3.7% ～ 12.6%）、酸杆菌门（Acidobacteria，2% ～ 7.5%），这些菌株均广泛存在于各种垃圾填埋场中[41, 64, 65]。且根据微生物分类学信息，绝大多数MOB是属于变形杆菌门（Proteobacteria），少数是属于疣微菌门（Verrucomicrobia，1.7%），这说明在实验过程中变形杆菌门（Proteobacteria）比疣微菌门（Verrucomicrobia）在CH_4氧化过程中具有更强的竞争性。且各处理组中均显示出变形杆菌门（Proteobacteria）的显著升高，同时伴随着绿弯菌门（Chloroflexi）、壁厚菌门（Firmicutes）和酸杆菌门（Acidobacteria）的相对丰度降低。整体比较各处理组实验前后门水平下的组间差异如图3-45所示，仅显示出绿弯菌门（Chloroflexi）、变形杆菌门（Proteobacteria）、衣原体门（Chlamydiae）和盐厌氧菌门（Halanaerobiaeota）有显著性降低。

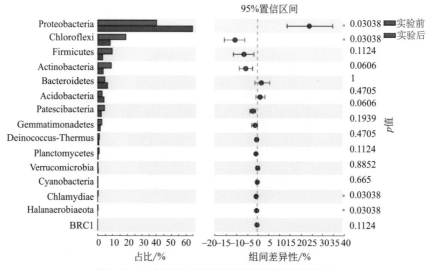

图3-45　门水平下不同处理组实验前后组间差异性图

实验前后不同处理组中属水平下微生物群落组成如图3-46所示。由图3-46可知，各处理组中初始优势菌为Ⅰ型甲烷氧化菌*Methylocaldum*，处理组A、B、C、D中*Methylocaldum*相对丰度分别为15.41%、17.93%、8.27%、15.05%，次生甲烷氧化菌为*Methylobacter*，同为Ⅰ型甲烷氧化菌，相对丰度却较低。当CH_4氧化过程中O_2浓度由高到低逐渐变化时，MOB群落结构发生了改变，原先作为次生甲烷氧化菌的*Methylobacter*变为优势菌。各处理组中相对丰度分别由1.87%、1.68%、3.24%和2.38%上升至25.37%、29.08%、37.12%和17.04%，其中处理组B相对丰度增加最快，变为了原来的17.31倍。且处理组B中还有另一种Ⅰ型甲烷氧化菌*Methylomicrobium*相对丰度占比较高，为20.24%。处理组B中MOB总量最高，这与3.3.2.1部分中处理组B的*pmo*A功能基因数量最多的事实相符。同时UBA6140相对丰度得到显著提升，说明了甲烷氧化过程对UBA6140具有促进作用，其中UBA6140占比最高的为

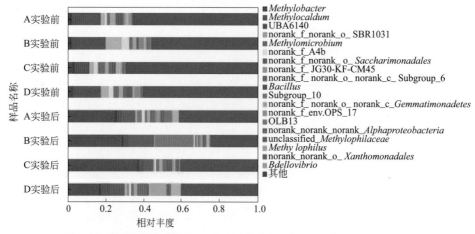

图3-46　属水平下实验前后不同处理组中微生物群落组成（相对丰度＞2%）

处理组B，相对丰度为13.52%。

通过实验前后属水平下的组间差异分析（图3-47）可看出，经CH₄氧化过后主要有*Methylobacter*、UBA6140、*Methylomicrobium*和norank_f_JG30-KF-CM45四种微生物丰度均有显著（$P < 0.05$）变化，前三者为显著升高，而norank_f_JG30-KF-CM45则表现为降低。其中*Methylobacter*和*Methylomicrobium*为两种Ⅰ型甲烷氧化菌，有趣的是，同为Ⅰ型甲烷氧化菌的*Methylocaldum*在高浓度CH₄氧化体系下相对丰度逐渐降低，而*Methylobacter*的相对丰度则不断上升，这可能是由*Methylobacter*更适应于高浓度CH₄生存环境引起的。研究结果表明*Methylobacter*为缺氧层的主要功能甲烷氧化菌，填埋场中反硝化菌同样需要厌氧环境，因此*Methylobacter*作为缺氧环境中的甲烷氧化优势菌能与其进行更好的耦合反应。

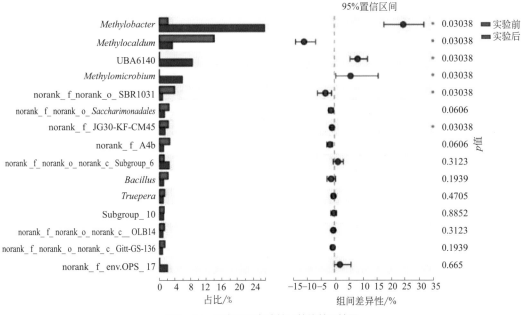

图3-47　属水平下实验前后整体差异性图

单独分析接种好氧段矿化垃圾的处理组A、C与接种厌氧段矿化垃圾的处理组B、D中属水平下微生物组间差异（图3-48），并未显示出组间的显著差异性，结果显示为好氧段（A、C）接种的矿化垃圾在*Methylobacter*相对丰度上占优，厌氧段（B、D）接种的矿化垃圾在*Methylomicrobium*、UBA6140和norank_f_JG30-KF-CM45相对丰度上占优，这可能是由处理组B中*Methylomicrobium*相对丰度偏高引起的。说明CH₄氧化过程对接种的好氧矿化垃圾、厌氧矿化垃圾中微生物群落结构变化的影响相似。其中UBA6140属于嗜甲基菌科（Methylophilaceae）甲醛、柠檬酸盐和乙酸盐等可溶性简单有机物可在微好氧条件下，为β-变形菌亚纲（Betaproteobacteria）嗜甲基菌科（Methylophilaceae）的好氧反硝化菌提供电子供体，进行硝酸盐或亚硝酸盐的好氧反硝化作用[66]。该种微生物在实验结束后的样品中占比分别为处理组A中7.43%、处理组B中13.54%、处理组C中5.1%和处理组D中8%。而在处理之前的反应器中UBA6140的相对丰度均小于0.1%。说明该物种受到甲烷氧化的影响较大，而它的出现可证明矿化垃圾具备AME-D脱氮的能力。同时实验过程中类似norank_f_JG30-KF-CM45和 *Truepera* 的传统反硝化菌在处理前后样品中均出现显著性差异（除处理组C中norank_f_JG30-KF-CM45外），处理后相对丰度均呈现下降的趋势。*Truepera* 多出现于老龄垃圾渗滤液处理的相关研究中[67, 68]，这可能与这类微生物的目标降解物多为难降解有机物有关。同时随着CH_4氧化过程的启动，许多小分子有机物（CH_4氧化中间产物）产生，使得嗜甲基菌科更具有竞争力，从而导致最终这类老龄垃圾填埋场中常见反硝化菌的相对丰度下降。

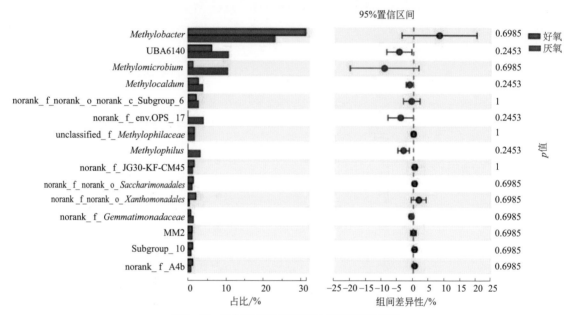

图3-48　属水平下好氧/厌氧段中组间差异性检验

样品中相对丰度前五的优势菌群与环境因子的相关分析如图3-49所示。其中实验前样品点位聚集在一起，说明微生物群落组成相似度较高；实验结束时，除了处理组B例外，另外三个处理组较接近，说明处理组B与其他三个处理组群落组成有所不同。从微生物与环境因子的相关性可看出，作为优势菌种的*Methylobacter*、UBA6140和*Methylomicrobium*与CH_4消耗量和COD呈现显著正相关性，同时反硝化基因中*nir*S与甲烷氧化基因*pmo*A均与*Methylobacter*、UBA6140和*Methylomicrobium*呈现正相关性，进一步验证了两种甲烷氧化菌与反硝化耦合脱氮的特征，*nir*S和*pmo*A两种功能基因的数量也分别随着UBA6140和两种甲烷氧化菌相对丰度的增加而增加。*amo*A基因与甲烷消耗量也呈现出正相关性，说明了氨氧化过程可能对CH_4氧化有一定的促进作用。有学者研究表明，在土壤及堆肥等环境中存在AOB协同CH_4氧化的现象[69-71]，说明在一定程度上增加AOB的丰度将有利于提升CH_4氧化效率，这也是进一步提升CH_4氧化效率的途径之一。

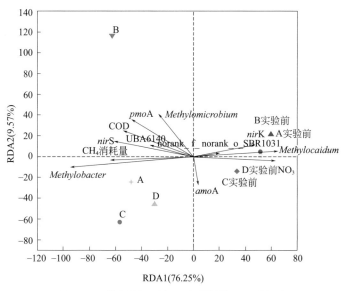

图3-49　微生物与环境因子相关性的RDA分析图

3.3.2.3　微生物功能预测研究

在本节中，对所有实验前后的样品利用PICRUSt分析进行了同源群（COG）的微生物功能特征、生化代谢途径和细菌代谢的检测，以探讨CH_4氧化及脱氮的机制。

将实验前后样品进行对比，结果显示实验结束后样品中微生物功能部分得到了提升，但在微生物代谢功能方面表现为下降趋势，其中一共检测到19个功能特征，分别是：能源生产和转换，氨基酸运输和代谢，核苷酸运输和代谢，糖类运输和代谢，辅酶运输和代谢，脂质运输和代谢，无机离子运输和代谢，次生代谢产物生物合成、运输和代谢，细胞周期控制、细胞分裂、染色体分区，防御机制，细胞内运输、分泌和囊泡运输，信号转导机制，翻译、核糖体结构和生物发生，转录，复制、重组、修复，细胞壁/膜/包膜生物发生，细胞运动，转译后修饰、蛋白质转换、伴随物。其中未知功能具有较高的丰度，并呈现上升的趋势（实验前9.39%，实验后10.34%），说明固体废物分解具有较大的未知功能。通过图3-50可以看到蓝色区域代表微生物代谢功能区，该区域中各项功能在实验结束后均呈现下降的趋势，可能是由人工培养基中缺少实际渗滤液中不同丰度的无机离子、不同种类的碳源等引起的。但在细胞过程与信号传递及信息储存和加工区域中，除了翻译、核糖体结构和生物发生、转录和防御机制这三种功能相对丰度分别由5.53%、5.49%、1.85%下降到5.4%、4.98%、1.74%以外，其余功能相对丰度均呈现上升趋势，说明了CH_4氧化过程可能会增强矿化垃圾中微生物的细胞内外信息及物质传递能力。

由于微生物氮循环在填埋场原位修复过程中起着十分重要的作用，所以对于每个样品进行单独预测分析时，我们考虑了硝化和反硝化两个过程，并对其中涉及的关键酶的相对丰度进行预测，如图3-51所示。硝化过程是NH_4^+-N氧化为亚硝酸盐和亚硝酸

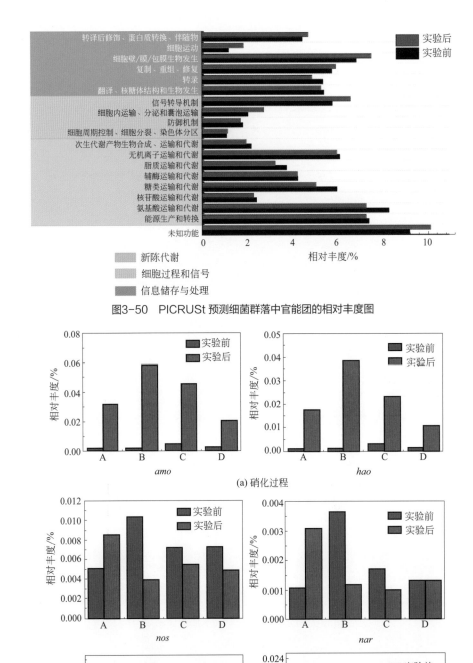

图3-50 PICRUSt 预测细菌群落中官能团的相对丰度图

(a) 硝化过程

(b) 反硝化过程

图3-51 PICRUSt 对实验前后样品中有关硝化和反硝化功能基因的预测

盐进一步氧化为硝酸盐的两步反应，其中第一步氨氧化过程是关键控速步骤［图3-51 （a）］。该过程的关键酶是 *amo* 基因编码的 AMO 和 *hao* 基因内源性的羟胺氧化酶，这两种关键酶的相对丰度在实验结束时均显著高于实验前。这说明了 CH_4 氧化过程有利于硝化过程的进行，加速氮循环的实现。我们还对传统反硝化过程涉及的四种功能酶（*nos*、*nar*、*nor*、*nir*）进行预测，仅有 NO 还原酶 *nor* 在实验后所有处理组的相对丰度都高于实验前，另外三种功能酶只有处理组A在实验后有增加的现象［图3-51 （b）］。这说明 CH_4 氧化过程可能会促进 NO 的还原过程，且由于处理组A是取自前文柱实验中好氧段羟胺处理组中的矿化垃圾，说明了羟胺的添加可能有利于后续 AME-D 过程中脱氮功能基因的富集。

3.3.3 结论

为了进一步研究如何提升填埋场的原位脱氮能力，本节利用 AARLs 模拟填埋场反应器中的矿化垃圾进行了 AME-D 脱氮可行性研究。在不同 CH_4/O_2 比条件下开展小试实验，并从微生物分子学角度进行机理阐述，通过对微生物群落多样性及其结构进行分析，深入探究 AME-D 脱氮的机理，并利用 PICRUSt 进行该群落结构下的微生物功能预测。主要结论总结如下：

① 通过 CH_4 氧化小试实验验证了矿化垃圾的 CH_4 氧化能力，并可同步实现 NO_3^--N 的降解，在 O_2 含量为20%时 CH_4 氧化速率最高可达4.94mmol/d，脱氮速率最高为0.21mmol/d。在 CH_4 氧化条件下，矿化垃圾中 CH_4 氧化 *pmo*A 与脱氮 *nir*S 功能基因得到显著提升，其中处理组B中最高分别为 $1.39×10^9$copies/g 和 $1.22×10^{10}$copies/g，而同为脱氮基因的 *nir*K 却呈现降低趋势。

② 矿化垃圾 AME-D 过程中优势菌门为变形杆菌门（Proteobacteria，51.4% ~ 80.6%），甲烷氧化过程主要是 Ⅰ 型甲烷氧化菌 *Methylobacter*、*Methylomicrobium* 发挥作用，且结果显示 *Methylobacter* 更适合在缺氧型填埋场中与反硝化菌耦合脱氮。由于 CH_4 氧化中间产物主要为甲基碳源，脱氮微生物由传统脱氮微生物 norank_f_JG30-KF-CM45、*Truepera* 转变为噬甲基菌属 UBA6140，并且 RDA 分析结果显示 UBA6140 对 NO_3^--N 降解有显著作用。据此推测，嗜甲基型反硝化菌的大量富集是填埋场中 AME-D 脱氮效率提升的主要原因。

③ 采用 PICRUSt 对各处理组中实验前后的样品进行预测分析，得到19个主要微生物功能特征，结果表明在填埋场矿化垃圾 CH_4 氧化过程中，微生物代谢功能整体呈现下降趋势，而细胞过程与信号传递及信息储存、加工功能得到提升。

3.4 填埋场AOB对AME-D脱氮效能的影响及微生物作用机制研究

尽管对CH_4氧化和氨氧化的生态和生物地球化学影响研究较多，特别是在农业和其他湿地土壤中[72,73]，但对这两种过程及其涉及的生物知识的了解仍然远远不够。有许多学者利用表层矿化垃圾进行CH_4氧化减排效率的研究[74-76]，但随着好氧渗滤液循环修复的不断发展，结合CH_4氧化中间产物可渗流至填埋场下层提供反硝化碳源的可能，使得填埋场原位AME-D在理论上存在可行性。另外，好氧填埋场生物反应器中含有大量的$pmoA$和$amoA$基因，同时不仅只有MOB具有CH_4氧化能力，氧化底物NH_4^+与CH_4的结构相似性使得AMO酶与MMO酶同样具有功能相似性，所以这两种微生物对NH_4^+-N及CH_4均有一定的氧化能力。有研究者指出，在NH_4^+-N存在时CH_4氧化过程可能会受到抑制，但NH_4^+-N浓度在一定范围内增大时，AOB介导的CH_4氧化过程将增强。同时有研究者提出在AOB介导的CH_4氧化制醇体系中，添加羟胺将有助于CH_4氧化及提高甲醇产率的效果[77,78]。

在本节研究中，我们采用厌氧瓶批次实验进行AOB在填埋场中AME-D过程的影响评价，并通过脱氮效能分析与微生物机理分析进一步解释AME-D脱氮机理。

3.4.1 材料与方法

3.4.1.1 实验材料

矿化垃圾取自AARLs反应器。CH_4、O_2标准气（纯度 > 99.999%）购买于北京华通精科气体化工有限公司。

3.4.1.2 批次实验设置

（1）小试实验一

利用厌氧瓶实验进行CH_4氧化贡献率研究。共设置4个处理组，分别记为处理组A、处理组B、处理组C和处理组D。每个处理组中称取80g湿垃圾（含水率为5%）接种到600mL厌氧瓶中，其中处理组A与处理组C未投加硝化抑制剂，处理组B与处理组D投加硝化抑制剂。其中硝化抑制剂选用传统土壤研究中使用的分析纯级双氰胺（国药集团化学试剂有限公司），投加量为100mg（双氰胺）/g（矿化垃圾）。处理组A和处理组B中底液为200mL浓度为300mg/L的NO_3^--N溶液；处理组C和处理组D中底液为200mL浓度为300mg/L的NH_4^+-N溶液。此时矿化垃圾与底液混合物体积约为340mL，顶空气体含量为260mL。首先用纯CH_4（纯度 > 99.999%）以0.5L/min的流速对厌氧瓶进行2min充气，置换瓶中原有的空气，用注射器从厌氧瓶上部抽出一定量的CH_4并用相同体积的纯O_2（纯度 > 99.99%）进行置换，使得CH_4/O_2比为4。保持各项操作一致性，减少人为干扰，并将厌氧瓶放置在避光的恒温振荡箱（28℃）中进行振荡实验，本阶段实验为期120h。

（2）小试实验二

利用厌氧瓶实验进行羟胺促进AOB介导的AME-D脱氮微生物机理研究。共建立了5个处理组，分别为处理组A（仅含CH_4）、处理组B（NH_2OH+CH_4）、处理组C［人为激活氨氧化菌（AA-AOB）+CH_4］、处理组D（AA-AOB+NH_2OH+CH_4）和对照组CK（无CH_4添加）。称取60g湿垃圾（含水率为5%）接种到600mL厌氧瓶中，加入200mL去离子水，25℃恒温振荡摇匀并培养7d，将储存在矿化垃圾中的可生物利用的碳源消耗光。为了避免生物量流失，静置2h后置换上清液，并测定TOC与NO_3^-含量，当浓度低于10mg/L时开始实验。为了维持正常的氨氧化活性，其中处理组C和处理组D的AOB提前在含有200mg/L的NH_4^+-N培养基中好氧驯化培养并每天监测NH_4^+-N浓度，当NH_4^+-N持续稳定降低时即成功人为激活AOB。羟胺投加量按照1mmol/L的浓度投加。正式运行时各培养基中加入200mL浓度为200mg/L的NO_3^--N溶液作为原始培养液，使矿化垃圾与溶液的体积为300mL，此时顶空气体体积为300mL。羟胺投加组中羟胺投加量为10mg/L，浓度参考Li等的研究结果[2]。首先用纯CH_4（纯度 > 99.999%）以0.5L/min的流速对厌氧瓶进行2min充气，置换瓶中原有的空气，用注射器从厌氧瓶上部抽出60mL的CH_4并用相同体积的纯O_2（纯度 > 99.999%）进行置换，使得CH_4/O_2比为4。保持各项操作一致性，减少人为干扰，并将厌氧瓶放置在避光的恒温振荡箱（28℃）中进行振荡实验，本阶段实验为期168h。

3.4.1.3 测试方法

每天采集气体和液体样品，用一次性注射器重复抽提，确保样品均匀（5mL液体和1mL气体）。液体样品首先通过超声波细胞破碎仪（DH92-IIN型）进行细胞破碎，然后冷冻离心后将上清液过0.45μm膜，剩余固体样品置于−80℃冰箱留样进行微生物测试，方法参考3.2.1.5部分相关内容。气相样品直接用GC（岛津GC-2010Plus型）测定CH_4、CO_2和H_2的含量。部分液体样品保存于4℃，用于测定NO_2、NO_3和TOC含量，AMO与

HAO酶活浓度采用ELISA酶活试剂盒进行测试。分析方法参考3.2.1.6中所述。

3.4.2 研究与分析

3.4.2.1 CH₄氧化贡献率研究

为了更好地研究AOB在填埋场中对CH_4氧化过程的影响，我们利用添加硝化抑制剂的方法实现定向抑制，从而对比研究AOB在CH_4氧化过程中的贡献率。

由图3-52和图3-53可知，经过硝化抑制剂处理的处理组B和处理组D中NH_4^+-N和

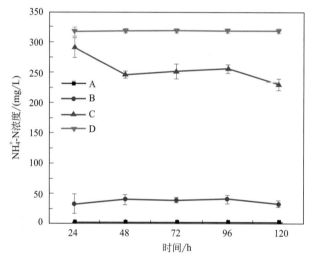

图3-52　不同处理组中NH_4^+-N浓度变化情况

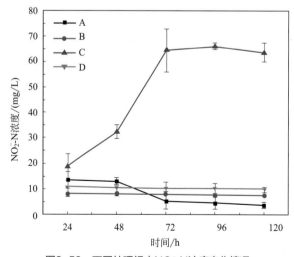

图3-53　不同处理组中NO_2^--N浓度变化情况

NO_2^--N浓度基本不变，同时处理组A中NH_4^+-N几乎未检出，处理组C中NH_4^+-N浓度由290.84mg/L下降至229.97mg/L，NO_2^--N由19.06mg/L增长至63.67mg/L，说明了处理组A和C均具有一定的氨氧化能力，且处理组B和D中氨氧化功能成功受到抑制，可进行AOB的CH_4氧化贡献率实验。

如图3-54和图3-55所示，在NO_3^--N为底物的处理组A和处理组B中，NO_3^--N浓度均有降低趋势，说明系统中存在反硝化过程，且不添加抑制剂的处理组A较添加抑制剂的处理组B氧化效率高，均在前24h CH_4氧化效率最高，CH_4分别下降了23.15%和10.84%。说明在两个处理组中均快速启动了CH_4氧化过程，在120h的培养结束时CH_4浓度分别为17.09%和37.00%。通过式（3-5）可计算出以NO_3^--N为底物培养时，AOB的CH_4氧化贡献率为45.16%。同时以NH_4^+-N为底物进行培养时，处理组C和处理组D中NO_3^--N浓度基本保持稳定，而同为未投加抑制剂的处理组C并没有像处理组A中NO_3^--N浓度降低，

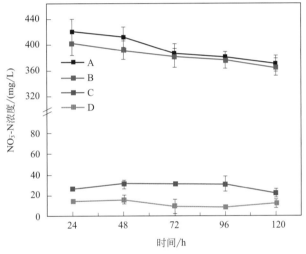

图3-54　不同处理组中NO_3^--N浓度变化情况

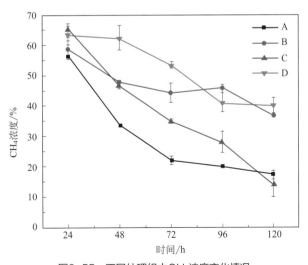

图3-55　不同处理组中CH_4浓度变化情况

这是由于处理组C中NO_2^--N浓度较高，可能存在以NO_2^--N为电子受体的反硝化过程。如图3-55所示，未投加抑制剂的处理组C同样比投加抑制剂的处理组D氧化效率高，此时利用贡献率公式（3-5）得出以NH_4^+-N为底液时AOB的CH_4氧化贡献率为54.27%。此时的贡献率较以NO_3^--N为底液时贡献率高，且从CH_4氧化总量来看，处理组C的氧化量较处理组A高，这说明以NH_4^+-N作为底液时可能会提高CH_4氧化效率。AOB的CH_4氧化贡献率在45.16% ~ 54.27%，由此可知AOB对填埋场中CH_4氧化过程影响较大。

$$AOB的CH_4氧化贡献率 = \frac{V_1 - V_2}{V_1} \times 100\% \tag{3-5}$$

式中　V_1 ——未投加抑制剂时的最终CH_4氧化量；

　　　V_2 ——投加抑制剂时的最终CH_4氧化量。

当对比不同底物条件下的CH_4氧化过程时发现，处理组A、B在24h后氧化速率降低，而在处理组C、D中速率并未出现明显降低。当影响CH_4氧化的温度、气体浓度等条件均保证相同的情况下，仅有底物条件影响CH_4氧化速率。有研究表明，NH_4^+对CH_4氧化有抑制作用，一般认为NH_4^+可与CH_4竞争MMO上的活性位点，从而抑制CH_4的氧化。NH_4^+对土壤中CH_4氧化的抑制机理主要有CH_4氧化过程向硝化过程的转移，MOB产生的MMO的竞争以及硝化过程NO_2^-对微生物有一定毒性。长期使用NH_4^+对土壤CH_4氧化能力有所抑制，但在腐殖土中NH_4^+的抑制效应并不明显，推测可能由于腐殖土具有极高的氨氧化速率，MOB被很好地保护起来，从而免受NH_4^+的影响。在本节中并未表现出NH_4^+的抑制，且较以硝酸盐为底物时氧化效率更高，推测是由于NH_4^+存在促进了矿化垃圾中部分AOB活性的提高，其分泌的AMO与MOB分泌的MMO实现联合，促进CH_4氧化过程，从而提升CH_4氧化能力，但具体促进机制仍需进一步研究。

3.4.2.2　CH_4氧化效率及耦合脱氮能力研究

（1）CH_4氧化过程中CH_4及TOC含量变化

在厌氧瓶实验中可以发现各处理组中CH_4浓度是随着培养时间的延长而持续下降的，说明各处理组中的矿化垃圾均具有CH_4氧化能力。由于均充入了O_2，反应器中有好氧和厌氧两种微环境，在O_2充足的初期，反应过程以CH_4氧化过程为主，同时可能存在部分微环境中的厌氧氧化，CH_4的厌氧氧化也在其他学者研究中被发现。除处理组D以外的处理组在24h后呈现CH_4氧化速率降低的趋势，而处理组D则在96 ~ 120h才出现氧化速率降低的现象。截至120h时，处理组A、C的CH_4消耗量相近，分别是2.067mmol和2.088mmol。处理组D的CH_4消耗量比处理组B高出1.585mmol（图3-56）。对比处理组A、C结果显示，人为驯化AOB对于CH_4氧化能力提升并不明显，结合处理组B、D对比结果显示，羟胺的投加显著提升了CH_4氧化能力，且由图3-56显示，处理组D似乎能够持续保持氧化活性。特别是在72h后，处理组D与其他处理组的CH_4消耗量有显著的差异。在120h时补充25mL O_2，在120～144h时处理组B、C的CH_4氧化速率得到明显的提升，氧化速率分别比前24h增加0.75mmol/d和0.91mmol/d。相对来说，O_2的补充对处理组A中CH_4氧化能力的提升较小，可能是受到了AMO活性或者还原当量的限制[78]。

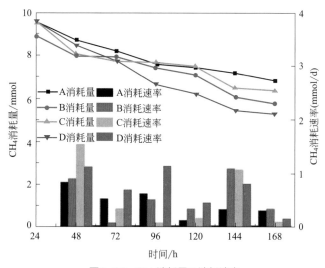

图3-56　CH_4消耗量及消耗速率

　　TOC浓度除了在对照组CK中无明显变化外，其余有CH_4投加的处理组中均在0～24h呈现显著提升的现象（图3-57），这是由于CH_4被氧化为了甲醇、甲醛、甲酸、柠檬酸等中间产物[79]，从而将CH_4成功转变为液相碳源。矿化垃圾中的异养反硝化菌会利用这类中间产物进行反硝化，使得TOC浓度呈现波动。但最终处理组D中的TOC浓度最高，同时脱氮量最高的也是处理组D，这说明处理组D中通过CH_4氧化过程产生了更多的碳源（中间产物）供给反硝化脱氮。

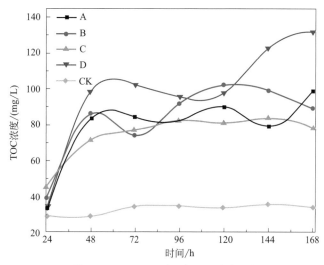

图3-57　AME-D过程中TOC浓度变化

（2）AME-D脱氮效果研究

充有CH_4的厌氧瓶中，CH_4持续被消耗的同时硝酸盐的含量也在不断降低，这似乎也验证了在该体系中成功发生了CH_4与硝酸盐的同步消耗，该现象在本章3.3研究中也予以证实。好氧修复填埋场中的确存在AME-D现象，且有中试实验验证了此观点。有研究表明填埋场中的CH_4/NO_3^--N的量远超AME-D的理论值，在实际填埋场中实现AME-D过程在理论上具有可行性。为了能更清楚地对比差异，我们选择对照组CK、处理组A和处理组D三组实验来进行对比。

如图3-58所示，处理组A、D中的NO_3^--N含量较初始时低，但对照组CK中的浓度并无明显变化，说明该系统中CH_4氧化有助于硝酸盐还原，且AA-AOB和羟胺的投加处理将进一步促进其还原。在与对照组CK进行对比时发现，当没有CH_4供给时NO_3^--N浓度基本不降低，这说明硝酸盐的同化作用在本实验过程中可忽略。处理组A、D分别在第3天和第4天出现NO_3^--N浓度升高的现象，可能是由矿化垃圾中吸附的NO_3^--N溶出引起的。可以看到处理组A、D均能降低NO_3^--N含量，但最终处理组D的NO_3^--N浓度较对照组CK和处理组A分别低出3.266mmol/L和1.291mmol/L，说明AA-AOB和羟胺的投加提升了处理组D的反硝化能力。且处理组D在96h后NO_3^--N浓度开始骤降，直到144h时才逐渐放缓。这可能是由于处理组D中CH_4能够持续被氧化成甲醇、甲酸、柠檬酸等微生物易利用的碳源，但随着这类碳源的不断被利用或进一步被氧化为CO_2，使反硝化速率受到了影响。

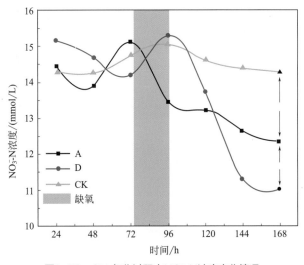

图3-58　CH_4氧化过程中NO_3^--N浓度变化情况

Cao等的研究中发现甲醇、甲醛、甲酸、柠檬酸等中间产物浓度较低，可能被反硝化菌快速利用或者被进一步氧化为CO_2[79]，这种CH_4氧化与反硝化共生的现象也被许多学者所证实[71, 80]。从图3-59中可看出，与实验前相比pH值均出现小幅降低，这可能是由CH_4氧化的中间产物（小分子酸）或CO_2溶于液体中引起的。

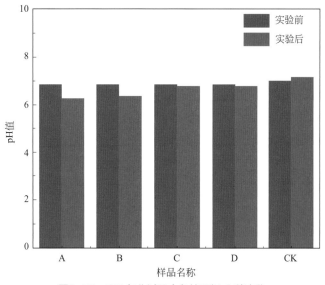

图3-59　CH₄氧化过程中各处理组pH值变化

（3）理论CH₄转化率及实际脱氮效能分析

利用批次实验前后测定的各处理组中CH₄和NO₂⁻-N、NO₃⁻-N的浓度，计算得表3-9中各处理组CH₄和氮源的消耗量。经过168h的振荡培养，空白对照组（CK）实验前后的NO₃⁻-N浓度基本保持不变，说明了原始矿化垃圾中基本无反硝化可利用碳源，可排除利用残留碳源进行反硝化脱氮的可能。另外，空白对照的结果也可以进一步说明，处理组中观察到的NO₃⁻-N浓度下降高度依赖CH₄氧化过程为反硝化过程提供碳源。具体来说处理组A、B、C、D中CH₄和NO₃⁻-N的总消耗量分别为2.692mmol、3.189mmol、3.226mmol、4.306mmol和0.640mmol、0.697mmol、0.661mmol、1.241mmol，同时并未出现显著的NO₂⁻-N和NH₄⁺-N积累现象。对比处理组A、D可发现，处理组D中CH₄消耗量及脱氮量均显著高于处理组A，CH₄消耗量提升了约60%，脱氮量提升约94%。而处理组B、C在脱氮量上并未出现明显差异，但在CH₄氧化总量上较处理组A分别提升了约18.5%和19.8%。由此可推测CH₄消耗量并不能直接影响脱氮总量，脱氮效率仍为关键限制因素。为此我们利用理论CH₄转化率及C/N比对不同处理组中的脱氮效能进行进一步评价。

表3-9　AME-D过程中CH₄和NO₃⁻-N的总量变化　　　　　　单位：mmol

参数	处理组A	处理组B	处理组C	处理组D
CH₄实际消耗量	2.692	3.189	3.226	4.306
NO₃⁻-N实际消耗量	0.640	0.697	0.661	1.241
C/N比①	4.206	4.575	4.881	3.469

① 使用CH₄和NO₃⁻-N的消耗量来计算C/N比。

（4）AME-D过程中理论CH₄转化率

基于前人[61]利用热力学方法在理想状态下对AME-D最佳中间产物的推算

结果，我们将甲醇视为CH_4氧化过程和反硝化过程的中间连接物，且假设该过程脱氮效率在最高水平，依据方程式（3-6）可知，理论上还原1mol NO_3^--N需要约0.83mol的甲醇，在实际应用中常用的比例是CH_3OH与NO_3^--N质量比为3∶1，C/N比为1.31∶1。

$$5CH_3OH+6NO_3^- \longrightarrow 3N_2+6OH^-+7H_2O+5CO_2 \qquad (3-6)$$

由表3-9可知各处理组的NO_3^--N实际消耗量，根据C/N比在0.83～1.31范围内时，依此进行计算得出各处理组的碳源理论值如表3-10所列。

表3-10　不同处理组中碳源含量及甲烷碳转化效率

参数	C/N比							
	处理组A		处理组B		处理组C		处理组D	
	0.83	1.31	0.83	1.31	0.83	1.31	0.83	1.31
反硝化所需甲醇/mmol	0.53	0.84	0.58	0.91	0.55	0.87	1.03	1.63
甲烷氧化后甲醇总量①/mmol	1.13	1.43	1.06	1.40	0.86	1.18	1.95	2.55
实际CH_4消耗量/mmol	2.69	2.69	3.19	3.19	3.23	3.23	4.31	4.31
甲烷碳转化效率/%	41.9	53.27	33.25	43.74	26.73	36.56	45.35	59.18

① 甲烷氧化后甲醇总量=理论所需甲醇量+实际甲醇增量［TOC增量/32（甲醇分子量）］。

其中处理组D中的整体甲烷碳转化率最高（45.35%～59.18%），这与Modin等提出的理论好氧甲烷氧化菌最多可以为反硝化菌提供65.5%的甲烷碳进行反硝化脱氮最为接近[81]。处理组B（33.25%～43.74%）和处理组C（26.73%～36.56%）的甲烷碳转化率均低于处理组A（41.86%～53.27%）。不做任何处理时CH_4碳转化率反而更高，说明了仅添加羟胺或仅经过人为激活AOB并不能将更多的CH_4转化为反硝化可利用碳源，相反可能造成未知途径的碳源流失。但同时进行人为激活AOB和添加羟胺时甲烷碳转化率将得到显著提升。原因可能是在AOB菌和羟胺的联合作用下CH_4氧化能力得到提升，从而能为反硝化过程持续提供碳源。

（5）AME-D脱氮过程中C/N比研究

由表3-10中的C/N比分析可知，处理组D的脱氮效率均高于其他三组，说明了AA-AOB存在下羟胺投加处理脱氮效率均高于其他三组。但相比于仅通CH_4的处理组A，单独进行AA-AOB和羟胺投加时脱氮效率较低，具体原因有待进一步研究。据报道，基于活性污泥反应器的AME-D过程的C/N比为4.0～16.1，基于膜反应器的AME-D过程的C/N比为2.7～5.56[82]。处理组D的脱氮效率已经达到了膜反应器污泥的脱氮水平。

由于批次实验中未监测反硝化过程中间产物及末端产物的产生情况，因而需要进一步区分通过同化作用和反硝化作用去除的NO_3^--N。由相关文献可知，当好氧MOB消耗1mol CH_4时，需要同化0.062～0.11mol NO_3^--N[81]。因此，当同化作用是硝态氮去除的主要途径时，C/N 比在 9.09 ～ 16.1 之间。由表 3-10 的 C/N 比分析可知，以上批次实验中原始污泥和膜反应器污泥的 C/N 比均小于 9.09。由此推断，在去除 NO_3^--N 过程中，除了同化硝酸盐路径外，还包括反硝化过程对硝酸盐去除的贡献。

量化反硝化过程对于 NO_3^--N 去除的贡献率可进一步了解反硝化过程的耦合效果。根据式（3-7）来计算反硝化贡献率（$P_{denitrification}$），方法参考 Modin 等的研究[81]。此时各组的贡献率如表 3-11 所列。其中处理组 D 中的反硝化脱氮贡献率最高为 61.8% ～ 78.5%，处理组 C 的贡献率最低为 46.3% ～ 69.7%。反硝化作用占比越高便会产生更多碱，这也能解释为什么处理组 D 中 pH 值最高。

$$P_{denitrification}=\frac{N_{total}-N_{assimilation}}{N_{total}}\times100\% \tag{3-7}$$

式中　　N_{total}——好氧 MOB 每氧化 1mol CH_4 时的 NO_3^--N 去除总量；

　　　　$N_{assimilation}$——好氧 MOB 每氧化 1mol CH_4 时通过同化作用去除的 NO_3^--N 的量，范围是 0.062 ～ 0.11mol。

表3-11　CH_4氧化脱氮贡献率

参数	处理组 A	处理组 B	处理组 C	处理组 D
反硝化贡献率（以 0.062 计算）/%	73.9	71.6	69.7	78.5
反硝化贡献率（以 0.11 计算）/%	53.7	49.7	46.3	61.8
甲烷氧化脱氮贡献率/%	10.6 ～ 14.7	9.0 ～ 13.0	7.9 ～ 11.9	14.9 ～ 18.9

进一步分析 CH_4 转化成反硝化碳源的效率可知，在处理组 D 中由反硝化引起的 NO_3^--N 消耗量为 0.767mmol 和 0.974mmol。CH_4 氧化过程不论是哪种中间产物作为反硝化碳源，甲醇都是必经产物。由甲醇作为最佳碳源的反硝化公式（3-5）可知，降低 1mol NO_3^--N 需要消耗 0.83mol 甲醇。这也符合每还原 1mol NO_3^--N 需要 5mol e^-，同时 1mol 甲醇含有 6mol e^-，按照式（3-8）计算可知，最终经过反硝化过程的甲醇有 14.8% ～ 18.9%。所以在处理组 D 中 MOB 将氧化的甲烷碳源（14.8% ～ 18.9%）提供给反硝化菌进行反硝化，剩余的碳源供自己所需。利用式（3-8）进行计算得出处理组 A、B、C 中甲烷碳（供给反硝化脱氮）占总甲烷氧化量的比例分别为 10.6% ～ 14.7%、9.0% ～ 13.0%、7.9% ～ 11.9%（表 3-11）。将 4 个处理组进行对比发现 AA-AOB 联合羟胺投加处理方式可以为反硝化菌提供更多的碳源供其进行反硝化过程，可能是由于 AOB 在甲烷氧化过程中缺少甲醇氧化基因，不能将甲醇进一步氧化为 CO_2，这将有助于更多的甲醇被反硝化菌所利用，使脱氮效能得到提高。

$$甲烷氧化脱氮贡献率=\frac{总NO_3^-\text{-}N消耗量\times反硝化脱氮贡献率}{1.2\times实际CH_4消耗量}\times100\% \tag{3-8}$$

式中　1.2——理论消耗 1mol CH_3OH 可还原的 NO_3^--N 的量。

CH_4 消耗量、NO_3^--N 去除量及 C/N 摩尔比如图 3-60 所示。

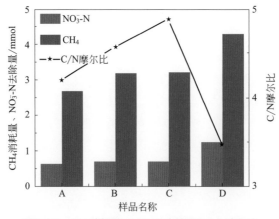

图3-60　CH₄消耗量、NO₃-N去除量及C/N摩尔比

（6）羟胺投加对AME-D效能影响机制研究

在填埋场CH₄氧化体系中默认MOB介导的甲烷氧化是主要途径，但由于AOB也有较强的CH₄氧化能力，不少学者研究了混合系统中AOB对CH₄氧化的贡献，发现AOB在CH₄氧化过程中起到重要作用，而在填埋场相关研究中发现，矿化垃圾是优良的微生物载体，其中含有大量硝化、反硝化微生物[83-85]。所以填埋场中的CH₄氧化过程势必要将AOB考虑进来。AMO和HAO是CH₄氧化过程中的关键酶，若想研究AOB在甲烷氧化过程中的影响，对两种硝化酶活性的研究至关重要。如图3-61所示，AMO活性随时间而变化，其中处理组D中AMO活性在初始阶段便呈现较高的趋势，这可以解释为什么处理组D的CH₄氧化能力最强。随着AMO活性的降低，处理组D中的CH₄氧化能力也随之降低，可能由于羟胺随着时间逐渐被氧化为NO₂-N，不能一直为AMO提供还原当量，同时没有NH₄⁺作为底物，最终使AMO活性不断降低，CH₄氧化能力也就随之降低。

而从图3-62可看出HAO活性只有在处理组D中有明显变化，处理组B也只有在72h时显示出升高的现象，其余时间均无明显差别。对比处理组A、C可看出AA-AOB仅在

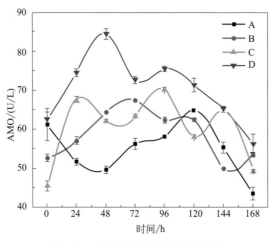

图3-61　AMO活性随运行时间的变化

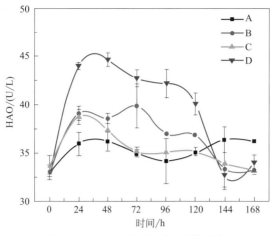

图3-62　HAO活性随运行时间的变化

前24h对HAO活性有所提升，说明AA-AOB对HAO活性不具有持续性影响。同时对比处理组A、B可知，仅投加羟胺对HAO活性有一定刺激作用，由于羟胺氧化需要HAO，当投加底物时使得HAO维持一定活性。但可能由于AOB活性本身不高导致HAO活性提升并不明显。再将处理组B、D进行对比，可看出在有AA-AOB的条件下添加羟胺能显著提升HAO活性，且在120h内活性显著高于其他处理组。处理组C、D的AMO分别在第2天、第3天与第5天出现峰值，且每当出现峰值时均对应CH_4含量呈现下降的趋势，说明AMO浓度的高低与CH_4氧化有着紧密的联系。且NO_3^--N含量在24～48h内出现下降的趋势，说明这部分CH_4成功氧化成反硝化所需的碳源。

HAO活性的提升意义在于加速羟胺的进一步氧化，且在此过程中产生$4mol\ e^-$，$2mol\ e^-$将补充给AMO，为AOB介导的CH_4氧化过程补充还原当量[78, 86]。所以在氨氧化介导的CH_4氧化过程中，AMO和HAO的作用是不同的，AMO能实现CH_4氧化功能，而HAO氧化NH_2OH后产生的电子能为氧化过程提供还原当量，维持AMO发挥功能，所以AMO和HAO在AOB介导的CH_4氧化过程中是必不可少的，填埋场中由AOB和MOB联合AME-D脱氮的机理如图3-63所示。

（7）微生物群落结构变化及功能基因分析

将原始样品与实验结束时的样品进行高通量测序，并进行对比，结果如图3-64所示。整体来说，各个多样性指数在实验前后均表现出差异性。

从实际OTU数目变化来看，Sobs指数由实验前的2713.25显著降低（$P < 0.01$）至1558.25。Simpson指数呈现显著上升（$P < 0.05$），Shannon指数显著降低（$P < 0.01$），Chao指数显著降低（$P < 0.05$）。这些指数的变化说明了实验后样品中微生物多样性降低，同时物种丰度、均匀性都呈现降低的趋势，这可能是由于该实验主要针对甲烷氧化与反硝化脱氮过程，微生物的功能性更加专一，导致微生物群落多样性降低，优势物种的出现使得部分微生物失去竞争性。

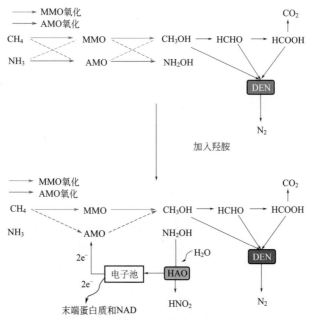

图3-63 羟胺投加前后AME-D脱氮机理示意

（DEN表示反硝化；HAO表示羟胺氧化还原酶；NAD表示烟酰胺腺嘌呤二核苷酸，简称辅酶Ⅰ）

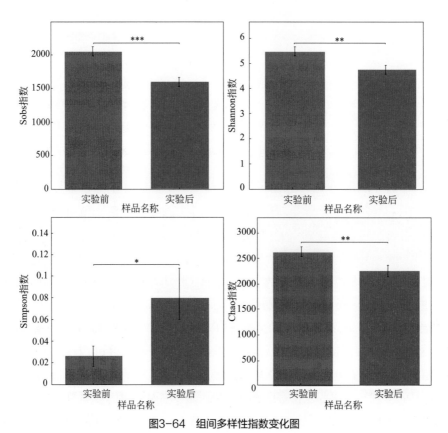

图3-64 组间多样性指数变化图

（*表示差异；**表示显著差异；***表示极显著差异）

不同处理组中门水平下微生物群落组成如图3-65所示，其中处理组A、B、C、D中相对丰度排名前六的优势菌群组成相似，分别为变形杆菌门（Proteobacteria）、绿弯菌门（Chloroflexi）、放线菌门（Actinobacteria）、厚壁菌门（Firmicutes）、酸杆菌门（Acidobacteria）、拟杆菌门（Bacteroidetes）。其中变形杆菌门（Proteobacteria）在所有处理组中均为占比最高的门，占总序列的46.9% ~ 60.4%。同时发现变形杆菌门（Proteobacteria）仅在有羟胺投加处理的处理组B、D中出现升高现象，这与MOB为主要的变形菌门中的物种有关，它的变化对变形杆菌门（Proteobacteria）占比起到主要作用。处理组A、B、C中绿弯菌门（Chloroflexi）相对丰度分别从12.9%、11.3%和8.1%上升至14.5%、12.7%和12.5%，处理组D中绿弯菌门（Chloroflexi）则从14.2%降低到10.9%，CK组中绿弯菌门（Chloroflexi）呈现上升趋势，相对丰度从8%上升至13.3%。各处理组中放线菌门（Actinobacteria）均出现降低趋势，降低幅度为0.4% ~ 2.7%，其中处理组D中降低幅度最大为2.7%，而对照组CK则呈现相反的趋势，放线菌门（Actinobacteria）相对丰度从8.3%上升到11%。酸杆菌门（Acidobacteria）、拟杆菌门（Bacteroidetes）均呈现上升趋势，变化最大的为处理组C，分别从2.7%和3.4%上升至9.1%和11.1%。这些结果表明绿弯菌门（Chloroflexi）、酸杆菌门（Acidobacteria）、拟杆菌门（Bacteroidetes）中的菌属与MOB可能具有共生或协同等关系，已有研究进行了相关报道[87,88]。

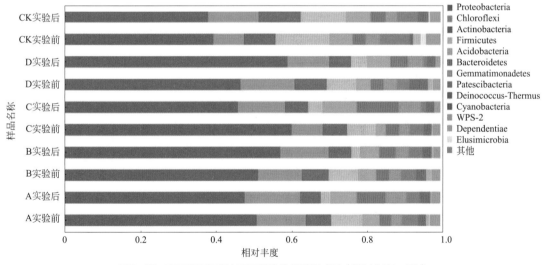

图3-65　不同处理组门水平下微生物群落组成图（相对丰度＞1%）

不同处理组属水平下微生物群落组成如图3-66所示，其中排名前三的分别是 *Methylomicrobium*、MM2、*Methylocaldum*。*Methylomicrobium* 和 *Methylocaldum* 分别属于 I 型甲烷氧化菌和 X 型甲烷氧化菌，MM2属于嗜甲基菌科（Methylophilaceae），甲醛、柠檬酸盐和乙酸盐等可溶性简单有机物可以在微好氧的条件下为β-变形菌亚纲（Betaproteobacteria）嗜甲基菌科（Methylophilaceae）的好氧反硝化菌提供电子供体，进行硝酸盐或亚硝酸盐的好氧反硝化作用。该物种在实验前占比为5.12%～22.1%，它与本章3.3.2.2中的UBA6140同属嗜甲基菌科（Methylophilaceae），均是CH_4氧化体系中重要的脱氮功能微生物。同时在各反应器中均存在嗜甲基菌属（Methylophaga），这类菌同样是以甲基有机物（如甲醇等）为底物生长的菌属，它的出现往往作为监测盐水中甲醇反硝化的目标菌属。但在CH_4氧化过程中这两者的相对丰度呈现下降趋势，可能因为前期主要功能为CH_4氧化，而MOB的快速富集竞争性影响了这类嗜甲基微生物的丰度。结合本章3.3中的微生物群落结构分析推测，可能在CH_4氧化前期以好氧MOB为主，当中后期O_2浓度降低、CH_4氧化中间产物积累时这类嗜甲基微生物才会逐渐富集。

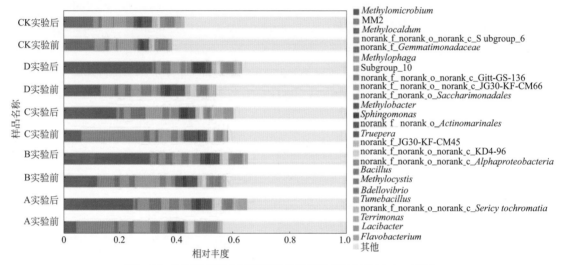

图3-66　不同处理组属水平下微生物群落组成图（相对丰度＞2%）

AOB在协同CH_4氧化过程中的重要作用是本书的重点。传统的AOB可分为亚硝酸菌属（Nitrosomonas）、亚硝化球菌属（Nitrosococcus）和亚硝化螺菌属（Nitrosospira）三种菌属。其中在本实验中只有亚硝酸菌属（Nitrosomonas）和亚硝化螺菌属（Nitrosospira）有检出，且在CH_4氧化过程中呈现相对丰度上升的趋势，亚硝酸菌属（Nitrosomonas）在处理组A、B、C、D中相对丰度分别增加了2.6倍、2.7倍、10.5倍、4.2倍，亚硝化螺菌属（Nitrosospira）在处理组A、B、C、D中相对丰度分别增加了2.0倍、1.4倍、4.4倍、4.9倍。运行结束时两种菌均在处理组D中相对丰度最高，分别为0.25%和0.24%。从相对丰度的增加速率分析，AA-AOB处理对两种菌的促进效果更强。而在对照组CK中两种菌的相对丰度基本不变，这说明在该研究中CH_4氧化过程将有利于AOB的富集，也进一步说明填埋场中存在AOB协同甲烷氧化过程。MND1属于亚硝化单胞菌科（Nitrosomonadaceae），是水处理中AOB的优势菌，但是相对丰度却在实验结束时呈现下降的趋势，这符合酶活性下降的现象。

值得注意的是，鞘氨醇单胞菌属（Spingomonas）作为一种具有异养氨氧化功能的微生物，其相对丰度同样呈现上升趋势，且相对丰度较高，最终各处理组中相对丰度为 1.84%、1.67%、2.34%、4.23%。由于此时体系中仅含有少量的NH_4^+-N，显然鞘氨醇单胞菌属（*Spingomonas*）在系统中主要发挥的并不是氨氧化功能，其相对丰度的增加更可能与参与CH_4氧化或进行难降解有机物的分解有关，但实际情况仍有待进一步研究。

通过对每个处理组中分类学水平总丰度前50的物种进行分析，并利用物种和样品聚类树的手段进行显示，如图3-67所示。其中，实验开始前处理组A和处理组C被聚为一

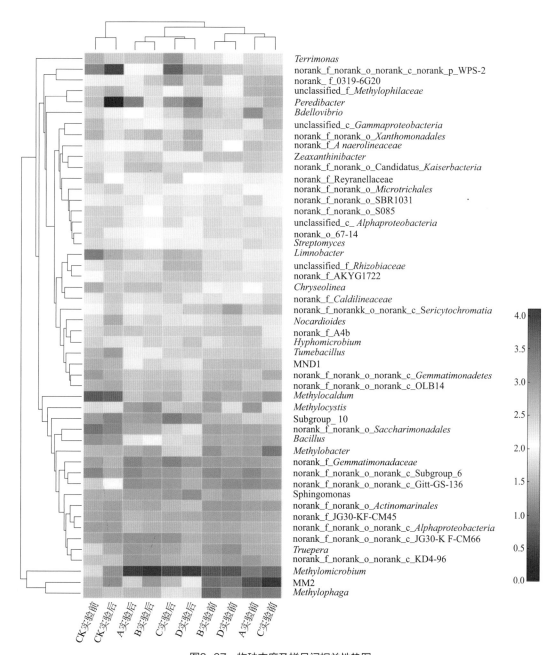

图3-67　物种丰度及样品间相关性热图

类，处理组B和处理组D被聚为一类，而实验结束时，进行人为激活AOB的处理组C和处理组D被聚为一类，而未进行人为激活AOB的处理组A和处理组B被聚为一类，说明在矿化垃圾CH₄氧化体系中是否进行人为激活AOB处理可能对微生物群落结构有一定影响。从图3-67左侧微生物聚类树上显示，MM2与嗜甲基菌属（*Methylophaga*）分为一类，且这两者均显示与*Methylomicrobium*有较强的相关性。其中MM2属于嗜甲基菌科（Methylophilaceae），嗜甲基菌科（Methylophilaceae）作为一种比较常见的反硝化菌存在于微好氧条件下，且有文献指出嗜甲基菌科（Methylophilaceae）已被证实是利用甲醇的反硝化菌，但与CH₄氧化有关的具体属尚未得到证实。同时通过热图颜色变化可以看到处理组C与处理组D中的Ⅱ型甲烷氧化菌属（*Methylocystis*）与其他处理组呈现出相反的趋势，可能是由于Ⅰ型甲烷氧化菌在高CH₄浓度时更具有竞争性。

CH₄氧化过程中代表氨氧化过程、CH₄氧化过程及反硝化过程的四种功能基因（*amo*A、*pmo*A、*nir*K和*nir*S）的绝对丰度变化如图3-68所示。由图可知，每种功能基因丰度均在实验结束后得到显著提升，说明了在矿化垃圾中的AME-D过程不仅促进了CH₄氧化能力的提升，且氨氧化与反硝化能力同样得到提升。*amo*A和*pmo*A功能基因均具有CH₄氧化功能。经过人为激活AOB的处理组C和处理组D中的*amo*A丰度高于未人为激活AOB的处理组A和处理组B。而对于*pmo*A基因来说，处理组D中绝对丰度最高，且投加羟胺组（处理组B与处理组D）高于未投加羟胺组（处理组A与处理组C）。虽然处理组C中两种功能基因丰度增长速度最快，但处理组D的丰度始终高于处理组C。综合分析*amo*A与*pmo*A两种功能基因数量变化与实验中控制变量的关系，*amo*A与*pmo*A基因数量之和与该系统CH₄氧化能力成正比，人为激活AOB及投加羟胺有利于*amo*A基因和*pmo*A基因丰度的提升。*nir*S与*nir*K是表现反硝化能力的两种功能基因。与*amo*A和

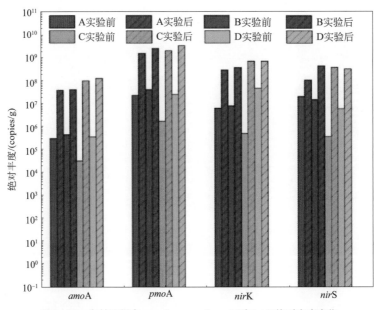

图3-68　各处理组中*amo*A、*pmo*A、*nir*S与*nir*K绝对丰度变化

*pmo*A 这两种功能基因一样，*nir*S 与 *nir*K 功能基因数量均得到显著提升，说明在该实验过程中反硝化菌得到大量富集，这将归功于系统中 CH_4 氧化产生了大量反硝化碳源，且由于该系统中嗜甲基反硝化菌为主要反硝化菌，所以其丰度的高低进一步影响了 *nir*S 与 *nir*K 功能基因的数量，而在各处理组中反硝化菌数量无显著性的差异导致各处理组中 *nir*S 与 *nir*K 功能基因数量比较接近。

3.4.3 结论

① 从 AOB 在矿化垃圾中 CH_4 氧化贡献率的结果可知，其 CH_4 氧化贡献率为 45.16% ～ 54.27%，说明 AOB 在填埋场 CH_4 氧化过程中起重要作用。

② 通过人为激活 AOB 及羟胺的投加可提升填埋场中 CH_4 氧化量及脱氮总量，其中通过 CH_4 利用效能模拟计算，CH_4 转化效率最高为处理组 D（AA-AOB+羟胺处理），高达 59.18%。

③ 通过对 CH_4 氧化过程中 AOB 关键酶（AMO 和 HAO）的进一步实验分析表明，AMO 和 HAO 在 AOB 介导的 CH_4 氧化过程中起关键作用，AMO 活性的提升促进了 CH_4 氧化过程的进行，且 HAO 在有羟胺的条件下持续释放电子为 CH_4 氧化过程补充还原当量。所以仅当 AOB 保持活性并有羟胺存在时，才能实现 AOB 介导的 CH_4 氧化效率的提升。

④ 通过对实验前后样品中微生物进行高通量测序可知 *Methylomicrobium* 为主要的 MOB，且亚硝酸菌属（*Nitrosomonas*）和亚硝化螺菌属（*Nitrosospira*）这两种 AOB 的相对丰度显著升高，其中人为激活 AOB 和投加羟胺处理显著提升了鞘氨醇单胞菌属（*Spingomonas*）的相对丰度，但该种微生物相对丰度的提升与 CH_4 氧化效率的相关性有待进一步研究。

参考文献

［1］ Joseph L P, Prasad R. Assessing the sustainable municipal solid waste (MSW) to electricity generation potentials in selected Pacific Small Island Developing States (PSIDS)［J］. Journal of Cleaner Production, 2020, 248: 119222.1-119222.19.

［2］ Li J, Zhang Q, Li X, et al. Rapid start-up and stable maintenance of domestic wastewater nitration through short-term hydroxylamine addition［J］. Bioresource Technology, 2019, 278: 468-472.

［3］ He X S, Xi B D, Wei Z M, et al. Physicochemical and spectroscopic characteristics of dissolved organic matter extracted from municipal solid waste (MSW) and their influence on the landfill biological stability［J］. Bioresource Technology, 2011, 102(3): 2322-2327.

［4］ Philippot L, Mirleau P, Mazurier S, et al. Characterization and transcriptional analysis of *Pseudomonas fluorescens* denitrifying clusters containing the nar, nir, nor and nos genes ［J］. Biochim Biophys Acta, 2001, 1517(3): 436-440.

［5］ Guo M, Chorover J. Transport and fractionation of dissolved organic matter in soil columns ［J］. Soil Science, 2003, 168(2): 108-118.

［6］ Loiselle S A, Bracchini L, Dattilo A M et al. The optical characterization of chromophoric dissolved organic matter using wavelength distribution of absorption spectral slopes ［J］. Limnology and Oceanography, 2009, 54(2): 590-597.

［7］ Glass C, Silverstein J A. Denitrification kinetics of high nitrate concentration water: pH effect on inhibition and nitrite accumulation ［J］. Water Research, 1998, 32(3): 831-839.

［8］ Yin Z, Santos C E D D, Vilaplana J G, et al. Importance of the combined effects of dissolved oxygen and pH on optimization of nitrogen removal in anammox-enriched granular sludge ［J］. Process Biochemistry, 2016, 51(9): 1274-1282.

［9］ Guo J H, Peng Y Z, Wang S Y, et al. Effective and robust partial nitrification to nitrite by real-time aeration duration control in an SBR treating domestic wastewater ［J］. Process Biochemistry, 2009, 44(9): 979-985.

［10］ Hellinga C, Schellen A , Mulder J W, et al. The sharon process: an innovative method for nitrogen removal from ammonium-rich waste water ［J］. Water Science & Technology, 1998, 37(9): 135-142.

［11］ Guo J, Peng Y, Wang S, et al. Long-term effect of dissolved oxygen on partial nitrification performance and microbial community structure ［J］. Bioresource Technology, 2009, 100(11): 2796-2802.

［12］ Chuang H P, Ohashi A, Imachi H, et al. Effective partial nitrification to nitrite by down-flow hanging sponge reactor under limited oxygen condition ［J］. Water Research, 2007, 41(2): 295-302.

［13］ Tokutomi T, Shibayama C, Soda S, et al. A novel control method for nitritation: the domination of ammonia-oxidizing bacteria by high concentrations of inorganic carbon in an airlift-fluidized bed reactor ［J］. Water Research, 2010, 44(14): 4195-4203.

［14］ Xu G, Xu X, Yang F, et al. Partial nitrification adjusted by hydroxylamine in aerobic granules under high DO and ambient temperature and subsequent Anammox for low C/N wastewater treatment ［J］. Chemical Engineering Journal, 2012, 213: 338-345.

［15］ Anthonisen A C, Loehr R C, Prakasam T B S, et al. Inhibition of nitrification by ammonia and nitrous acid ［J］. Waste Pollution Contol Federation, 1976, 48(5): 835-852.

［16］ Liao Y, Yang Y Q, Shen D S, et al. Effect of deposit age on adsorption and desorption behaviors of ammonia nitrogen on municipal solid waste ［J］. Environmental Science and Pollution Research International, 2013, 20(3): 1546-1555.

［17］ Xie H J, Wang S Y, Qiu Z H, et al. Adsorption of NH_4^+-N on Chinese loess: non-equilibrium and equilibrium investigations ［J］. Journal of Environmental Management, 2017, 202: 46-54.

［18］ Zeng D, Miao J, Wu G, et al. Nitrogen removal, microbial community and electron transport in an integrated nitrification and denitrification system for ammonium-rich wastewater treatment ［J］. International Biodeterioration & Biodegradation, 2018, 133: 202-209.

［19］ He Y, Li D, Zhao Y, et al. Assessment and analysis of aged refuse as ammonium-removal media for the treatment of landfill leachate ［J］. Waste Manag Res, 2017, 35(11): 1168-1174.

［20］ Xie B, Lv Z, Lv B Y, et al. Treatment of mature landfill leachate by biofilters and Fenton oxidation ［J］. Waste Management, 2010, 30(11): 2108-2112.

［21］ Hassan M, Xie B. Use of aged refuse-based bioreactor/biofilter for landfill leachate treatment ［J］. Applied Microbiology and Biotechnology, 2014, 98(15): 6543-6553.

［22］ Hooper A B, Terry K R. Hydroxylamine oxidoreductase of *Nitrosomonas*: production of nitric oxide from hydroxylamine ［J］. Biochimica et Biophysica Acta (BBA)—Enzymology, 1979, 571(1): 12-20.

［23］ Soler-Jofra A, Picioreanu C, Yu R, et al. Importance of hydroxylamine in abiotic N_2O production during transient anoxia in planktonic axenic *Nitrosomonas* cultures［J］. Chemical Engineering Journal, 2018, 335: 756-762.

［24］Ritzkowski M, Heyer K U, Stegmann R. Fundamental processes and implications during in situ aeration of old landfills［J］. Waste Management, 2006, 26(4): 356-372.

［25］Wu C, Shimaoka T, Nakayama H, et al. Influence of aeration modes on leachate characteristic of landfills that adopt the aerobic-anaerobic landfill method［J］. Waste Management, 2014, 34(1): 101-111.

［26］Berge N D, Reinhart D R, Dietz J, et al. In situ ammonia removal in bioreactor landfill leachate［J］. Waste Management, 2006, 26(4): 334-343.

［27］Han Z Y, Liu D, Li Q B, et al. A novel technique of semi-aerobic aged refuse biofilter for leachate treatment ［J］. Waste Management, 2011, 31(8): 1827-1832.

［28］Li W, Sun Y, Wang H, et al. Improving leachate quality and optimizing CH_4 and N_2O emissions from a pre-aerated semi-aerobic bioreactor landfill using different pre-aeration strategies［J］. Chemosphere, 2018, 209: 839-847.

［29］Holakoo L, Nakhla G, Bassi A S, et al. Long term performance of MBR for biological nitrogen removal from synthetic municipal wastewater［J］. Chemosphere, 2007, 66(5): 849-857.

［30］李鸣晓, 何小松, 刘骏, 等. 鸡粪堆肥水溶性有机物特征紫外吸收光谱研究［J］. 光谱学与光谱分析, 2010, 30(11): 3081-3085.

［31］肖骁, 何小松, 席北斗, 等. 生活垃圾填埋富里酸电子转移能力与影响因素［J］. 环境化学, 2018, 37(4): 679-688.

［32］He X S, Xi B D, Wei Z M, et al. Fluorescence excitation-emission matrix spectroscopy with regional integration analysis for characterizing composition and transformation of dissolved organic matter in landfill leachates［J］. Journal of Hazardous Materials, 2011, 190(1-3): 293-299.

［33］Johari A, Ahmed S I, Hashim H, et al. Economic and environmental benefits of landfill gas from municipal solid waste in Malaysia［J］. Renewable and Sustainable Energy Reviews, 2012, 16(5): 2907-2912.

［34］柴晓利, 郭强, 赵由才. 酚类化合物在矿化垃圾中的吸附性能与结构相关性研究［J］. 环境科学学报, 2007, 27(2): 247-251.

［35］Achak M, Hafidi A, Ouazzani N, et al. Low cost biosorbent "Banana Peel" for the removal of phenolic compounds from olive mill wastewater: kinetic and equilibrium studies［J］. Journal of Hazardous Materials, 2008, 166(1): 117-125.

［36］Gu D, Zhu X, Vongsay T, et al. Phosphorus and nitrogen removal using novel porous bricks incorporated with wastes and minerals［J］. Polish Journal of Environmental Studies, 2013, 22(5): 1349-1356.

［37］Song M, Wei Y, Yu L, et al. The application of prepared porous carbon materials: effect of different components on the heavy metal adsorption［J］. Waste Management & Research, 2016, 34(6): 534-541.

［38］Sun Y, Sun X, Zhao Y. Comparison of semi-aerobic and anaerobic degradation of refuse with recirculation after leachate treatment by aged refuse bioreactor［J］. Waste Management, 2011, 31(6): 1202-1209.

［39］Feng F, Liu Z G, Song Y X, et al. The application of aged refuse in nitrification biofilter: process performance and characterization［J］. Science of the Total Environment, 2019, 657: 1227-1236.

［40］Song L Y, Wang Y Q, Tang W, et al. Bacterial community diversity in municipal waste landfill sites［J］. Applied Microbiology & Biotechnology, 2015, 99(18): 7745-7756.

［41］Wang X, Cao A, Zhao G, et al. Microbial community structure and diversity in a municipal solid waste landfill ［J］. Waste Management, 2017, 66: 79-87.

［42］Hanson R S, Hanson T E. Methanotrophic bacteria［J］. Microbiological Reviews, 1996, 60(2): 439-471.

［43］Soliman M, Eldyasti A. Development of partial nitrification as a first step of nitrite shunt process in a Sequential Batch Reactor (SBR) using Ammonium Oxidizing Bacteria (AOB) controlled by mixing regime ［J］. Bioresource Technology, 2016, 221: 85-95.

［44］van Dyke M I, Mccarthy A J. Molecular biological detection and characterization of clostridium populations in municipal landfill sites ［J］. Applied & Environmental Microbiology, 2002, 68(4): 2049-2053.

［45］Krishnamurthi S , Chakrabarti T . Diversity of *Bacteria* and *Archaea* from a landfill in Chandigarh, India as revealed by culture-dependent and culture-independent molecular approaches ［J］. Systematic and Applied Microbiology, 2013, 36(1):56-68.

［46］Newton R J, Jones S E, Eiler A, et al. A guide to the natural history of freshwater lake bacteria ［J］. Microbiology & Molecular Biology Reviews: MMBR, 2011, 75(1): 14-49.

［47］Klotz M G, Norton J M. Multiple copies of ammonia monooxygenase (*amo*) operons have evolved under biased AT/GC mutational pressure in ammonia-oxidizing autotrophic bacteria ［J］. FEMS Microbiology Letters, 1998, 168(2): 303-311.

［48］Ivanova N, Rohde C, Munk C, et al. Complete genome sequence of *Truepera radiovictrix* type strain (RQ-24T) ［J］. Standards in Genomic Sciences, 2011, 4(1): 91-99.

［49］Covino S, Fabianová T, KřEsinová Z, et al. Polycyclic aromatic hydrocarbons degradation and microbial community shifts during co-composting of creosote-treated wood ［J］. Journal of Hazardous Materials, 2016, 301: 17-26.

［50］Liang B, Wang L Y, Mbadinga S M, et al. Anaerolineaceae and Methanosaeta turned to be the dominant microorganisms in alkanes-dependent methanogenic culture after long-term of incubation ［J］. AMB Express, 2015, 5(1): 37.

［51］Xiong J, Zheng Z, Yang X, et al. Recovery of NH_3-N from mature leachate via negative pressure steam-stripping pretreatment and its benefits on MBR systems: a pilot scale study ［J］. Journal of Cleaner Production, 2018, 203: 918-925.

［52］Monster J, Kjeldsen P, Scheutz C. Methodologies for measuring fugitive methane emissions from landfills—a review ［J］. Waste Management, 2019, 87: 835-859.

［53］Zhang X, Kong J Y, Xia F F, et al. Effects of ammonium on the activity and community of methanotrophs in landfill biocover soils ［J］. Systematic & Applied Microbiology, 2014, 37(4): 296-304.

［54］Witzel K P, Rotthauwe J H. The ammonia monooxygenase structural gene *amo*A as a functional marker: molecular fine-scale analysis of natural ammonia-oxidizing populations. ［J］. Applied & Environmental Microbiology, 1997, 63(12): 4704-4712.

［55］Liu J, Sun F, Wang L, et al. Molecular characterization of a microbial consortium involved in methane oxidation coupled to denitrification under micro-aerobic conditions ［J］. Microbial Biotechnology, 2014, 7(1): 64-76.

［56］Throback I N, Enwall K, Jarvis A, et al. Reassessing PCR primers targeting *nir*S, *nir*K and *nos*Z genes for community surveys of denitrifying bacteria with DGGE ［J］. FEMS Microbiology Ecology, 2004, 49(3): 401-417.

［57］Cao Q, Liu X, Ran Y, et al. Methane oxidation coupled to denitrification under microaerobic and hypoxic conditions in leach bed bioreactors ［J］. Science of The Total Environment, 2019, 649: 1-11.

［58］Cuba R M F, Duarte I C, Saavedra N K, et al. Denitrification coupled with methane anoxic oxidation and microbial community involved identification ［J］. Brazilian Archives of Biology & Technology, 2011, 54(1): 173-182.

［59］Kits K D, Klotz M G, Stein L Y. Methane oxidation coupled to nitrate reduction under hypoxia by the Gammaproteobacterium *Methylomonas denitrificans*, sp. nov. type strain FJG1 ［J］. Environmental Microbiology, 2015, 17(9): 3219-3232.

［60］Li H, Chi Z, Lu W, et al. Sensitivity of methanotrophic community structure, abundance, and gene expression to CH_4 and O_2 in simulated landfill biocover soil ［J］. Environmental Pollution, 2014, 184: 347-53.

［61］朱静. 低O_2/CH_4条件下好氧甲烷氧化耦合反硝化脱氮效能及其微生物机理初探 ［D］. 杭州：浙江大学，2018.

［62］Zhu J, Xu X K, Yuan M D, et al. Optimum O_2:CH_4 ratio promotes the synergy between aerobic methanotrophs and denitrifiers to enhance nitrogen removal ［J］. Frontiers in Microbiology, 2017, 8: 1112.

［63］ 邢志林. 填埋场覆盖层氯代烯烃沿程生物降解机制及微生物群落结构研究 ［D］. 重庆：重庆大学，2018.

［64］ Xu W Q, Wu D, Wang J, et al. Effects of oxygen and carbon content on nitrogen removal capacities in landfill bioreactors and response of microbial dynamics ［J］. Applied Microbiology and Biotechnology, 2016, 100(14): 6427-6434.

［65］ Liu S J, Xi B D, Qiu Z P, et al. Succession and diversity of microbial communities in landfills with depths and ages and its association with dissolved organic matter and heavy metals ［J］. Science of the Total Environment, 2019, 651: 909-916.

［66］ Rissanen A J, Ojala A, Fred T, et al. Methylophilaceae and Hyphomicrobium as target taxonomic groups in monitoring the function of methanol-fed denitrification biofilters in municipal wastewater treatment plants ［J］. Journal of Industrial Microbiology & Biotechnology, 2017, 44(1): 35-47.

［67］ Li Z , Kechen X , Yongzhen P . Composition characterization and transformation mechanism of refractory dissolved organic matter from an ANAMMOX reactor fed with mature landfill leachate ［J］. Bioresource Technology, 2017, 250: 413-421.

［68］ Song J, Zhang W, Gao J, et al. A pilot-scale study on the treatment of landfill leachate by a composite biological system under low dissolved oxygen conditions: performance and microbial community ［J］. Bioresource Technology, 2020, 296: 122344.

［69］ Pan J R, Wang X L, Cao A X, et al. Screening methane-oxidizing bacteria from municipal solid waste landfills and simulating their effects on methane and ammonia reduction ［J］. Environmental Science and Pollution Research, 2019, 26: 37082-37091

［70］ Zheng Y, Huang R, Wang B Z, et al. Competitive interactions between methane- and ammonia-oxidizing bacteria modulate carbon and nitrogen cycling in paddy soil ［J］. Biogeosciences, 2014, 11(12): 3353-3368.

［71］ Costa R B, Okada D Y, Delforno T P, et al. Methane-oxidizing archaea, aerobic methanotrophs and nitrifiers coexist with methane as the sole carbon source ［J］. International Biodeterioration & Biodegradation, 2019, 138: 57-62.

［72］ Alam M S, Xia W, Jia Z. Methane and ammonia oxidations interact in paddy soils ［J］. International Journal of Agriculture & Biology, 2014, 16(2): 365-370.

［73］ Dubey S K, Singh A, Watanabe T, et al. Methane production potential and methanogenic archaeal community structure in tropical irrigated Indian paddy soils ［J］. Biology & Fertility of Soils, 2014, 50(2): 369-379.

［74］ 岳波，林晔，黄泽春，等. 垃圾填埋场的甲烷减排及覆盖层甲烷氧化研究进展 ［J］. 生态环境学报，2010, 19(8): 2010-2016.

［75］ Yao Y, Su Y, Wu Y, et al. An analytical model for estimating the reduction of methane emission through landfill cover soils by methane oxidation ［J］. Journal of Hazardous Materials, 2015, 283: 871-879.

［76］ Hu L, Long Y. Effect of landfill cover layer modification on methane oxidation ［J］. Environmental Science & Pollution Research International, 2016, 23(24): 1-9.

［77］ Taher E, Chandran K. High-rate, high-yield production of methanol by ammonia-oxidizing bacteria ［J］. Environmental Science & Technology, 2013, 47(7): 3167-3173.

［78］ Su Y C, Sathyamoorthy S, Chandran K. Bioaugmented methanol production using ammonia oxidizing bacteria in a continuous flow process ［J］. Bioresource Technology, 2019, 279: 101-107.

［79］ Cao Q, Liu X, Li N, et al. Stable-isotopic analysis and high-throughput pyrosequencing reveal the coupling process and bacteria in microaerobic and hypoxic methane oxidation coupled to denitrification ［J］. Environmental Pollution, 2019, 250: 863-872.

［80］ Schalk T, Effenberger J, Jehmlich A, et al. Methane oxidation in vertical flow constructed wetlands and its effect on denitrification and COD removal ［J］. Ecological Engineering, 2019, 128: 77-88.

［81］ Modin O, Fukushi K, Nakajima F, et al. Nitrate removal and biofilm characteristics in methanotrophic membrane biofilm reactors with various gas supply regimes ［J］. Water Research, 2010, 44(1): 85-96.

［82］ Xu X, Zhu J, Thies J E, et al. Methanol-linked synergy between aerobic methanotrophs and denitrifiers enhanced nitrate removal efficiency in a membrane biofilm reactor under a low O₂:CH₄ ratio ［J］. Water Research, 2020, 174: 115595.

［83］ Sun X, Zhang H, Cheng Z, et al. Effect of low aeration rate on simultaneous nitrification and denitrification in an intermittent aeration aged refuse bioreactor treating leachate ［J］. Waste Management, 2017, 63: 410-416.

［84］ 龙焰. 生活垃圾快速降解并原位脱氮的生物反应器填埋技术及机理研究 ［D］. 杭州：浙江大学，2018.

［85］ Chen Y X , Wu S W , Wu W X , et al. Denitrification capacity of bioreactors filled with refuse at different landfill ages ［J］. Journal of Hazardous Materials, 2009, 172(1): 159-165.

［86］ Gonzalez-Cabaleiro R, Curtis T P, Ofiteru I D. Bioenergetics analysis of ammonia-oxidizing bacteria and the estimation of their maximum growth yield ［J］. Water Research, 2019, 154: 238-245.

［87］ Hatamoto M, Yamamoto H, Kindaichi T, et al. Biological oxidation of dissolved methane in effluents from anaerobic reactors using a down-flow hanging sponge reactor ［J］. Water Research, 2010, 44(5): 1409-1418.

［88］ Hery M, Singer A C, Kumaresan D, et al. Effect of earthworms on the community structure of active methanotrophic bacteria in a landfill cover soil ［J］. the ISME Journal, 2008, 2(1): 92-104.

第 4 章

基于赤铁矿（Fe^{3+}）生物还原的填埋场地下水氨氮、有机污染原位修复技术

4.1 赤铁矿生物还原对地下水氨氮、有机物的去除效能与评价

厌氧古菌介导的Fe^{3+}生物还原过程，在关键元素C、N、O的地球化学生物循环转化中扮演着重要角色，也是填埋场地下水中NH_4^+-N、有机物自然衰减的重要驱动力。目前关于赤铁矿（α-Fe_2O_3）生物还原的研究，大多数使用人工合成的微纳米状赤铁矿，这些矿物的合成本身就需要消耗一定的能量，且造价成本通常较高。本章首先以批次实验评价的方式，以天然赤铁矿颗粒为电子受体，富集培养Fe^{3+}异化还原功能微生物，考察天然赤铁矿Fe^{3+}厌氧生物氧化去除地下水中NH_4^+-N、有机物的效能，探究DOM性质的变化特征。评估天然赤铁矿Fe^{3+}的生物还原程度，考察不同配体（腐殖质、淀粉、生物炭、鼠李糖脂）改性后对赤铁矿Fe^{3+}生物可利用性的促进效果。此外，使用改性后的赤铁矿作为反应介质，中试柱实验评价地下水在流动状态下污染物的去除效果，以期为实现地下水中NH_4^+-N、有机物高效去除，推动赤铁矿在填埋场地下水修复领域的应用提供研究基础。

4.1.1 材料与方法

4.1.1.1 赤铁矿及改性流程

天然赤铁矿（α-Fe_2O_3）采购自河北灵寿，Fe元素含量在55%～70%之间，半金属至金属光泽，摩斯硬度为5.5～6.5，相对密度为4.9～5.3。将颗粒状赤铁矿筛分为粒径2～4mm，实验前需使用清水冲洗2～3遍，以去除表面杂质。考虑赤铁矿在地下水原位修复技术中的应用，以及实际污染场地地下水的流动状态，为保证反应介质的渗透性和使用寿命，本章分别将生物炭、淀粉、腐殖质、鼠李糖脂等配体与赤铁矿进行螯合，使这些物质可以负载至赤铁矿表面，从而保证赤铁矿的改性材料不易随着地下水流动而快速流失，延长了材料在地下水污染原位修复中的使用寿命。具体改性流程如下。

① 生物炭的制备：原料为小麦秸秆，制备仪器为厌氧管式马弗炉，实验室自制时间

为24h，制备温度为500℃，制备后的粒径为0.25～0.5mm。生物炭-赤铁矿配合物的制备：将5g生物炭与1L水进行混合制备生物炭储备液，将4g赤铁矿与120mL生物炭储备液进行混合，使用NaOH分别将储备液pH值调节至11、13。之后放入摇床中以150r/min转速振荡12h，离心12h后倾倒上部液体，底部固体在50℃风干6h，制备出两种生物炭-赤铁矿的配合物。

② 所用淀粉为糯玉米制得的高精度可溶性淀粉，购自北京索莱宝科技有限公司，其粒径为200目（0.074mm）左右。淀粉-赤铁矿配合物的制备：将5g淀粉与1L水进行混合制备淀粉储备液，将4g赤铁矿与120mL淀粉储备液进行混合，使用NaOH分别将混合液的pH值调节至11、13，其余步骤同上，制备出两种淀粉-赤铁矿的配合物。

③ 参照文献方法从土壤中提取腐殖酸[1]，土壤取自北京市某农田，使用0.5mol/L NaOH溶液溶解腐殖质，将5g腐殖质与1L NaOH溶液进行混合制成腐殖质储备液。将4g赤铁矿与120mL腐殖质储备液进行配制，使用NaOH分别将混合液的pH值调节至11、13，其余步骤同上，制备出两种腐殖质-赤铁矿的配合物。

④ 所用鼠李糖脂购买自西安瑞捷生物科技有限公司。将1g赤铁矿与100mL鼠李糖脂储备液进行混合，使用NaOH分别将混合液的pH值调节至11、13，其余步骤同上，制备出两种鼠李糖脂-赤铁矿的配合物。

4.1.1.2 实验用水及水质

使用稀释后的垃圾渗滤液模拟受污染地下水。渗滤液取自京津冀地区某生活垃圾填埋场，现场取样后立刻酸化，第一时间运回实验室4℃冷藏。使用0.45μm滤膜过滤。将水样有机物（以DOC计）浓度稀释至500mg/L，NH_4^+-N稀释至35mg/L（以N计），开展批次实验。

4.1.1.3 微生物驯化与培养

通过富集培养淹水稻田土中土著微生物——异化Fe³⁺还原菌作为功能微生物，并在实验室内进一步筛选以获得生长活性最优的混合菌株，开展后续试验。所选用淹水稻田土取自于江西省中部（N28°10′～28°45′，E116°1′～116°34′），所用培养基为改进的Widdel培养基[2]。

微生物培养具体步骤如下：将50mL去离子水置于100mL规格厌氧反应瓶中，通入5min N_2，进行厌氧处理。称取3g新鲜稻田土，加入50mL厌氧处理后的去离子水中，通入5min N_2，盖紧瓶塞，以120r/min的转速、25℃下恒温振荡2h。取振荡后的上层菌液2mL，转移至50mL规格的厌氧反应瓶中。瓶中装有20mL已厌氧（通入5min N_2）、高压蒸汽灭菌（120℃灭菌20min）处理的培养液，以及10g清洗去除杂质后的赤铁矿颗粒。通入5min N_2/CO_2［80/20（体积比）］的混合气体，于室温25℃

下避光培养1个月。以后每月更换1次培养基，取10%体积的培养液，接种至新鲜培养液中，共传代4次[2]。原代培养基中驯化后的赤铁矿应进行固液分离，加入新鲜培养基中，继续驯化备用。

培养液的配方为NH_4Cl（0.027g/L），KH_2PO_4（0.6g/L），$MgCl_2·6H_2O$（0.4g/L），$CaCl_2·2H_2O$（0.1g/L），CH_3COONa（0.82g/L），微量元素混合溶液（10mmol/L），Wolfes维生素混合溶液（10mmol/L），碳酸氢盐缓冲液（30mmol/L）。

其中，微量元素混合溶液的配方为$CoCl_2·6H_2O$（0.1g/L），$MnCl_2·4H_2O$（0.425g/L），$ZnCl_2$（0.05g/L），$NiCl_2·6H_2O$（0.01g/L），$CuSO_4·5H_2O$（0.015g/L），$Na_2MoO_4·2H_2O$（0.01g/L），$Na_2SeO_4·2H_2O$（0.01g/L）。

此外，Wolfes维生素溶液的配方为生物素（20.0mg/L），叶酸（20.0mg/L），盐酸吡哆辛（100.0mg/L），盐酸硫胺素（50.0mg/L），核黄素（50.0mg/L），烟酸（50.0mg/L），泛酸钙（50.0mg/L），氰钴胺素（维生素B_{12}，1.0mg/L），对甲基苯甲酸（50.0mg/L），硫辛酸（50.0mg/L）。上述培养基所用药品均采购自北京化学试剂公司。

4.1.1.4　实验方案设计

本部分批次实验均在厌氧反应血清瓶中进行，其容积规格为500mL，顶部装有2根硅胶管，其中长管伸入反应瓶底部，短管接在反应瓶顶部液面以上，取样时可通过长管通入N_2，短管出气，从而保持反应瓶内的厌氧环境。

（1）天然赤铁矿Fe^{3+}生物还原反应体系

向每个厌氧血清瓶中加入40g赤铁矿颗粒及480mL受污染地下水，其DOC浓度为500mg/L，NH_4^+-N浓度为35mg/L（以N计）。设置两个实验组：生物反应组（bioreactor）、非生物反应组（abiotic reactor），其区别在于非生物反应组内加入20mL无菌超纯水和0.50gNaN_3进行灭菌；生物反应组注入20mL预培养的微生物悬液。分别构建12批非生物反应组和12批生物反应组，其中3组用于定期采样分析Fe^{3+}、Fe^{2+}、DOC、NH_4^+-N、NO_3^--N、NO_2^--N的浓度；其余9组，分别在第0天、第21天和第50天用液体冷冻干燥并测定固相表面溶解性铁和有机物（以DOC计算）的浓度，以及进行三维荧光与紫外-可见吸收光谱分析。所有血清瓶用N_2清洗15min以创造缺氧条件，并在恒温槽振荡器中于35℃培养（DDHZ-300型太仓市实验设备厂）。

（2）改性后天然赤铁矿生物还原反应体系

向每个厌氧血清瓶中加入40g不同方式改性后的赤铁矿颗粒及480mL受污染地下水，其DOC浓度为500mg/L，NH_4^+-N浓度为35mg /L（以N计）。共构建1组未改性赤铁矿生物反应组、8组改性赤铁矿生物反应组，每组反应体系均注入20mL预培养的微生物悬液。8组改性赤铁矿生物反应组分别是pH值为11、pH值为13的生物炭改性赤铁矿；pH值为11、pH值为13的淀粉改性赤铁矿；pH值为11、pH值为13的腐殖质改性赤铁矿；pH值为11、pH值为13的鼠李糖脂改性赤铁矿。定期采样分析DOC、NH_4^+-N的浓度。所有血清瓶用N_2清洗15min以创造缺氧条件，并在恒温槽振荡器中于35℃培养（DDHZ-300型，太仓市实验设备厂）。

4.1.1.5　分析测试方法

（1）液相分析测定指标

使用总有机碳分析仪（Multi N/C UV HP型，德国耶拿分析仪器公司）测定DOC浓度。采用紫外-可见分光光度计（Shimadzu-UV 2450型，日本岛津公司）测定溶解性铁（邻菲罗啉分光光度法）、NO_3^--N（紫外分光光度法）、NO_2^--N[N-(1-萘基)-乙二胺分光光度法]、NH_4^+-N（纳氏试剂光度法）的浓度。其他指标具体测试方法见《水和废水监测方法（第四版）》。紫外-可见吸收光谱采用紫外-可见分光光度计（Shimadzu-UV2450型，日本岛津公司）分析，三维荧光光谱分析采用三维荧光光度计（Hitachi F-7000型，日立高新技术公司）分析。

（2）提取赤铁矿表面吸附的有机质总量方法[3]

取反应后的赤铁矿湿重颗粒40g，置于1000mL磨口锥形瓶中，加入900mL提取液($0.1mol/L Na_4P_2O_7$与$0.1mol/L NaOH$体积比为1:1)并充分混匀，用N_2持续吹脱30min。然后在60℃的恒温水浴中振荡15h（150r/min），随后室温静置2d后弃去下层沉淀物，依次用定量滤纸和0.45μm滤膜过滤所得上层清液，测定其DOC浓度，即为赤铁矿表面吸附的腐殖质总量。

（3）测定赤铁矿表面吸附的铁离子方法[4]

使用高速离心机对赤铁矿颗粒悬浮液（2g湿重赤铁矿+25mL滤液的混合液）进行离心（转速10000r/min，10 min），将赤铁矿表面吸附的溶解态铁全部分离。液相中铁浓度为C_1，之后按照1:1的体积比加入25mL盐酸溶液（0.5mol/L），稀释倍数为2倍，之后静置24h；使用0.22μm滤头过滤浸提液中的杂质，使用邻菲罗啉分光光度法测定浸提液中的铁，计算得浓度为C_2，此为悬浮液中溶解态铁和赤铁矿表面吸附态铁的总和。C_2与C_1的差值即为赤铁矿表面吸附铁的总和。

（4）紫外光谱学测定分析方法

紫外-可见吸收光谱测定采用日本岛津公司Shimadzu-UV2450型紫外-可见分光光度计，分析扫描波长范围设为190～700nm，扫描间距为1nm。分别测定地下水样品在204nm、254nm和355nm处的吸光度，计算样品在355nm处吸收系数$a(355)$[5]，计算公式如下：

$$a(355)=2.303 \times A(355)/l \tag{4-1}$$

式中　$A(355)$——355nm处吸光度；

l——光程路径，0.01m。

A（355）与DOM含量呈显著正相关。计算样品在254nm处吸光度乘以100，与DOC浓度的比值得$SUVA_{254}$。该值与DOM芳香性呈显著正相关，值越大DOM中苯环化合物越多[6,7]。

（5）荧光光谱学测定分析方法

荧光光谱测定采用日立Hitachi F-7000型，激发光源为150W氙弧灯，光电倍增管电压为700V，信噪比大于110。发射波长E_m设为280～520nm，激发波长E_x设为200～450nm，激发和发射光谱增量为5nm，扫描速度为1200nm/min，以超纯水为空白，将所有样品扣除空白后，导出数据进行平行因子分析。特定波长下荧光强度的比值被广泛用于分析DOM组分特征、来源[8]，固定激发波长E_x为310nm，计算发射波长E_m在380nm、430nm处的荧光强度比值（BIX），该值在0.8～1.0范围对应为微生物内源生成的DOM[9]。固定激发波长E_x为254nm，计算发射波长E_m在435～480nm与300～345nm处的峰面积比值（HIX），该值越大表示DOM腐殖化程度越高[10]，性质越稳定，越难降解[11]。

4.1.2 柱实验评价

4.1.2.1 柱实验装置构建

如图4-1所示，实验柱为有机玻璃材质，圆柱形，柱高60cm，底部和顶部直径均为10cm。使用1台多通道蠕动泵（BT100-2J/YZ1515x型）为两组实验柱自下而上供水，设

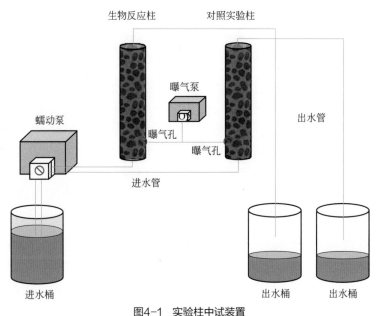

图4-1 实验柱中试装置

定进水恒定流量为 0.25mL/min，HRT 设定为 4d。实验柱侧向留有曝气孔，使用充氧泵以 0.5h/d 的曝气频率进行间歇性曝气。柱实验运行时出水管接入废水桶，取样时接入封口的干燥锥形瓶中。

为了评价填料的渗透性，通过监测水头管内水位高度，并根据达西定律（Darcy's law）对反应介质的渗透性进行换算，计算公式如下：

$$Q = \frac{KA\Delta h}{L} \tag{4-2}$$

式中　　Q ——单位时间渗流量；

　　　　K ——反应介质的渗透系数；

　　　　A ——过水断面面积；

　　　　L ——渗流路径长度；

　　　　Δh ——监测管水头差。

达西定律描述饱和土中水的渗流速度与水力坡降之间的线性关系。

4.1.2.2　实验用水及水质

柱实验用水取自某非正规生活垃圾填埋场受污染的地下水，主要特征污染物为 NH_4^+-N（重度污染）、有机物（轻度污染），NH_4^+-N 浓度范围为 16 ～ 18mg/L（本底值为 0.5mg/L，浓度值以 N 计）。COD 浓度为 100 ～ 120mg/L（本底值为 50mg/L），地下水 C/N 比失调，属于典型的低碳高氮型污染。体系内 NO_3^--N 浓度为 1.50mg/L（以 N 计），NO_2^--N 浓度低于检出限。

4.1.2.3　填充介质与微生物挂膜

本阶段柱实验采用淀粉改性后的赤铁矿螯合物（pH 值为 11 的改性淀粉），其粒径为 1 ～ 2cm，微生物的来源、驯化培养方法同 4.1.1.3 部分相关内容，其区别在于柱实验使用真实污染地下水作为培养基液体去培养功能微生物，从而微生物对实际污染地下水的耐受性更强。

将功能微生物负载至填充介质的挂膜方法为：将填充介质均匀装入实验柱中，使用 1 台多通道蠕动泵（BT100-2J/YZ1515x 型），将功能微生物菌液输入实验柱内，并使液面充满；之后将实验柱的进水口和出水口关闭，进行微生物的静态挂膜，为时 1 周。挂膜满 1 周后，打开实验柱出水口，排出实验柱内剩余培养液，之后使用蠕动泵将生理盐水（0.90% 氯化钠溶液）循环注入生物实验柱内，冲洗培养基内干扰性富营养离子，从而使 Fe^{3+} 还原菌负载至赤铁矿螯合物表面。针对实验过程中可能存在的碳源不足问题，本章选用葡萄糖、木屑作为备用碳源，均采购自北京化学试剂公司。其中葡萄糖为优级

纯，木屑通过筛分获得尺寸为2.5～10mm的碎屑。

4.1.2.4 实验方案设计

构建两根反应柱，一根为生物反应柱，另一根为非生物反应柱。使用相同水质的地下水进行供水。实验柱内装入的填料介质完全相同，区别在于生物反应柱负载Fe^{3+}还原微生物，非生物反应柱未负载Fe^{3+}还原微生物。每天定时开启曝气泵，以0.5h/d的频率分别向两组实验柱进行供氧，调控DO环境。

4.1.2.5 分析测试方法

两根实验柱出水通过0.45μm滤膜过滤，稀释后用于测定COD、Fe^{2+}、Fe^{3+}、NO_3^--N、NO_2^--N、NH_4^+-N的浓度，测试方法同4.1.1.5部分相关内容。

4.1.3 研究与分析

4.1.3.1 批次实验评价污染物去除效能

（1）有机物去除效能

由图4-2（a）可看出，整个反应周期内，非生物反应体系中液相DOC浓度整体下降趋势不大，初始时刻DOC浓度为511.80mg/L，反应50d后液相DOC浓度为434.00mg/L，去除率仅为15.20%。分别提取第0天、第21天、第50天的天然赤铁矿表面吸附的有机物（以DOC计算），测定其DOC浓度分别为0mg/L、26.30mg/L、18.20mg/L，这表明整

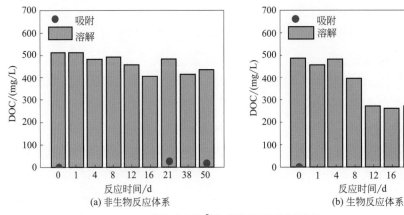

图4-2　Fe^{2+}生成量及DOC浓度变化

个反应进程内，对照反应体系内天然赤铁矿吸附有机物占比相对较小（5.14%），有机物的物理化学吸附能力有限。

由图4-2（b）可知，生物反应体系地下水初始DOC浓度为489.60mg/L，随着反应的进行液相DOC浓度呈现下降趋势，反应50d后DOC浓度为51.90mg/L，去除率达到89.40%。这表明在功能微生物的作用下天然赤铁矿Fe^{3+}生物还原过程对地下水中有机物具有较好的去除效果。分别提取第0天、第21天、第50天的天然赤铁矿表面吸附的有机物，其DOC浓度分别为0mg/L、32.30mg/L、28.50mg/L，通过对比非生物反应体系的数据，说明有微生物存在的条件下天然赤铁矿对有机物的吸附效果更好。整体来看，整个生物反应周期较长（50d）。因此，为提升天然赤铁矿Fe^{3+}在地下水有机污染修复中的应用前景，需寻求提升Fe^{3+}还原反应效率的方法。

DOM是垃圾渗滤液及受污染地下水中有机物的重要组成部分，DOM含有大量的有机官能团，可以与其他污染物（如无机离子）进行络合。DOM作为微生物活动必需的能量源，其组分和性质也强烈关系着地下水环境质量。此外，DOM的环境化学行为与其分子结构息息相关，阐明天然赤铁矿Fe^{3+}生物还原过程中DOM性质的演替规律尤为重要，能够为污染羽中物理、化学、生物反应过程的深入探究奠定一定基础。紫外-荧光光谱分析作为现代测试手段，具有分析快速、前处理步骤少、二次污染低、可重复性高、氯离子干扰小等优势[12]，近年来逐渐用于地下水DOM性质的分析。

取第0天、第1天、第4天、第8天、第12天、第16天、第21天、第38天、第50天地下水液相样品，进行三维荧光-平行因子（EEM-PARAFAC）分析，如图4-3所示，四种荧光主组分被鉴定出来[13]，其中C1为类富里酸物质（fulvic-like substances），其最大激发波长E_x为245nm、325nm，最大发射波长E_m为405nm；C2为类胡敏酸物质（humic-like substances），其最大激发波长E_x为265nm、365nm，最大发射波长E_m为445nm；C3为类富里酸物质，其最大激发波长E_x为250nm、305nm，最大发射波长E_m为460nm；C4为类蛋白物质（protein-like compounds），其最大激发波长E_x为225nm、275nm，最大发射波长E_m为345nm。相对于类蛋白物质，类胡敏酸和类富里酸物质的分子结构较为稳定，是渗滤液污染地下水中较为常见的大分子DOM。类蛋白物质分子结构更为简单、不稳定，更易被生物降解。

由图4-4（a）可知，非生物反应体系内地下水中四种荧光主组分的荧光强度变化均很小，这表明在没有微生物存在的条件下，天然赤铁矿Fe^{3+}还原程度十分有限，整个反应进程地下水中C1类富里酸物质、C2类胡敏酸物质、C3类富里酸物质的最大荧光强度（F_{max}）变化幅度很小，而C4类蛋白物质的F_{max}变化幅度相对较大。

由图4-4（b）可知，生物反应体系内，整个反应进程地下水中四种组分荧光强度均存在一定程度下降，这表明在功能微生物的作用下，天然赤铁矿Fe^{3+}生物还原对渗滤液污染的地下水中DOM的去除效果良好，反应50d后，C1类富里酸物质的F_{max}从4526.96降低至2228.97；C2类胡敏酸物质的F_{max}从3931.22降低至1111.01；C3类富里酸物质的F_{max}从3062.15降低至2328.57；C4类蛋白物质的F_{max}从2259.75降低至1542.69。从整个

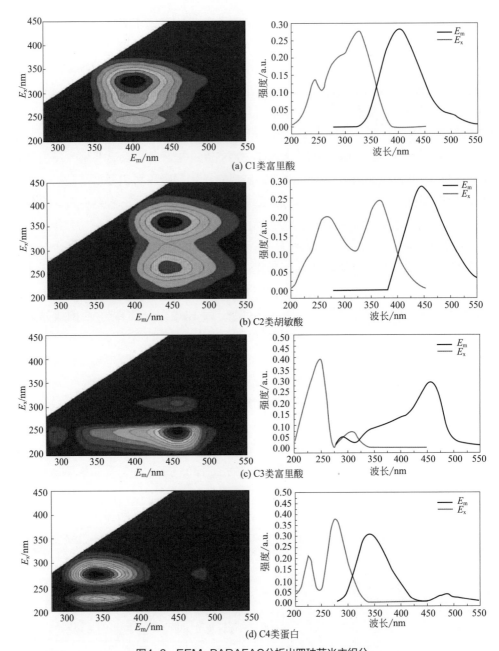

图4-3 EEM-PARAFAC分析出四种荧光主组分

反应进程来看，四种荧光组分的 F_{max} 并非一直下降，这表明在微生物的作用下，四种荧光组分之间存在着一定的相互转化关系。类腐殖质组分中C2类胡敏酸物质的去除率相对较大，反应50d后其荧光强度下降比率为71.74%，这是因为相比类富里酸物质，类胡敏酸物质的分子量更小、结构相对简单，更容易被微生物降解。

为了探究生物反应体系内，天然赤铁矿 Fe^{3+} 生物还原降解地下水有机物与四种荧光组分之间的关系，四种组分荧光强度的变化量（ΔF_{max}）与DOC的去除量（ΔDOC）被

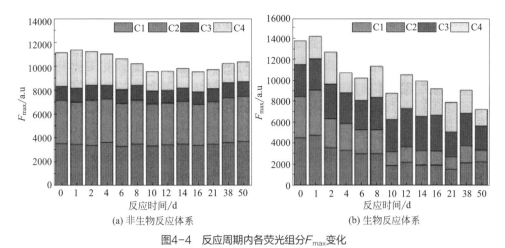

图4-4　反应周期内各荧光组分F_{max}变化

C1—类富里酸；C2—类胡敏酸；C3—类富里酸；C4—类蛋白

用来做线性回归分析。如图4-5所示，四种荧光组分ΔF_{max}均与ΔDOC具有较好的相关性，这表明天然赤铁矿Fe^{3+}生物还原对地下水DOM的厌氧去除效能较好。四种组分的相关系数R^2从大到小依次为C1、C3、C4、C2，其中C1和C3均为类富里酸物质，C4为类蛋白物质，它与DOC下降具有较好的相关性。天然赤铁矿Fe^{3+}生物还原过程，地下水中类富里酸和类蛋白物质更容易被有效地去除。

由表4-1可知，天然赤铁矿Fe^{3+}生物还原后地下水样品$a(355)$值整体呈现下降趋势，而$a(355)$值与溶解性有机质（DOM）含量呈显著正相关，这表明生物还原反应50d周期

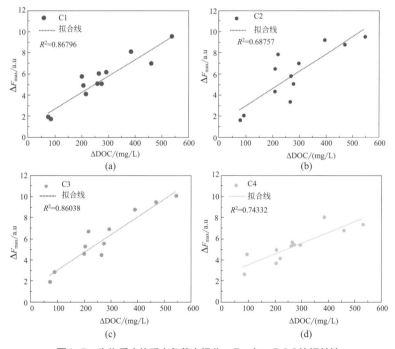

图4-5　生物反应体系内各荧光组分ΔF_{max}与ΔDOC的相关性

内，随着降解反应的进行，地下水中DOM含量逐渐下降。此外，由表4-1可知，$SUVA_{254}$值在反应周期内同样呈现下降趋势，这表明DOM芳香性下降趋势明显，即DOM中苯环化合物减少，这表明天然赤铁矿Fe^{3+}生物还原对芳香性化合物的去除效果良好，Fe^{3+}还原过程对苯甲酸、甲苯等有机物具有较好的去除效率[14]。此外，由HIX值逐渐下降可知，随着天然赤铁矿Fe^{3+}生物还原反应的进行，地下水DOM腐殖化程度逐渐下降，这也与上述研究结果一致。反应50d后，生物反应体系地下水中剩余的DOM，以小分子类蛋白类物质为主，其稳定性差、易被生物降解[15]。由BIX值可知，反应前期（0～12d）其值不在0.8～1.0范围内，这表明反应前期地下水中以天然DOM为主，反应后期（16～50d）BIX值在0.8～1.0范围内，这表明地下水以微生物内源生成的DOM为主。

表4-1 生物反应体系地下水样品的紫外和荧光光谱学参数

时间/d	$a(355)/m^{-1}$	$SUVA_{254}/[L/(mg \cdot m)]$	HIX	BIX
0	13.55	3.21	6.23	1.83
1	12.81	2.89	5.87	1.98
4	9.88	2.49	3.07	1.81
8	10.02	2.77	4.02	1.84
12	7.48	1.80	2.82	1.87
16	6.54	1.38	1.90	0.91
21	6.91	2.04	2.87	0.78
38	3.64	1.08	1.83	0.80
50	2.81	0.45	1.04	0.93

（2）NH_4^+-N去除效能

地下水中NH_4^+-N初始浓度为35mg/L（以N计）左右时，由图4-6～图4-8可知：天然赤铁矿Fe^{3+}对NH_4^+-N的厌氧氧化产物的生物还原主要产物为NO_2^--N，伴随少量的NO_3^--N产生。未添加微生物的非生物反应体系内，反应前10天NH_4^+-N呈现下降趋势，这表明

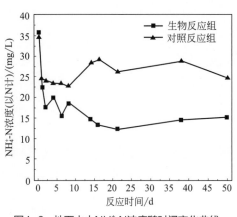

图4-6 地下水中NH_4^+-N浓度随时间变化曲线

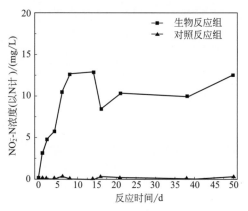

图4-7 地下水中NO_2^--N浓度随时间变化曲线

天然赤铁矿对 NH_4^+-N 具有一定的吸附作用，反应第 10～50 天，NH_4^+-N 浓度整体呈现上升趋势，这可能是 NH_4^+-N 的解吸过程。非生物反应体系整个反应周期内亚硝酸盐和硝酸盐的积累量很低。

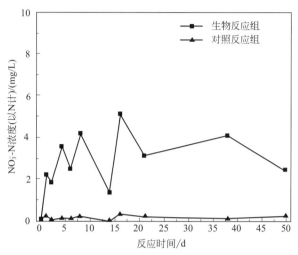

图 4-8　地下水中 NO_3^--N 浓度随时间变化曲线

厌氧铁氨氧化（Feammox）是指在厌氧条件下氨氧化过程耦合 Fe^{3+} 生物还原过程。近年来，一些研究报道了以弱晶型结构的水铁矿 $Fe(OH)_3$ 为电子受体，进行厌氧铁氨氧化反应[16, 17]，其产物可以是 N_2、NO_2^--N、NO_3^--N，以下 3 个方程式概括了厌氧铁氨氧化反应过程及反应吉布斯自由能（$\Delta G < 0$，该反应在热力学上是可行的，能够自发进行）。有研究利用同位素技术证实了厌氧铁氨氧化的偶联关系[18]，相对于产 NO_2^- 反应 [式（4-4）] 与产 NO_3^- 反应 [式（4-5）]，产 N_2 反应 [式（4-3）] 理论上更容易发生，且具有更宽泛的反应条件。

$$3Fe(OH)_3+5H^++NH_4^+ \longrightarrow 3Fe^{2+}+9H_2O+\frac{1}{2}N_2 \qquad \Delta_rG_m=-245kJ/mol \qquad (4-3)$$

$$6Fe(OH)_3+10H^++NH_4^+ \longrightarrow 6Fe^{2+}+16H_2O+NO_2^- \qquad \Delta_rG_m=-164kJ/mol \qquad (4-4)$$

$$8Fe(OH)_3+14H^++NH_4^+ \longrightarrow 8Fe^{2+}+21H_2O+NO_3^- \qquad \Delta_rG_m=-207kJ/mol \qquad (4-5)$$

对比前人研究结果，本书中晶型结构相对较强的天然赤铁矿，Fe^{3+} 生物还原的主要产物为 NO_2^- 和 NO_3^-。这可能是由于受污染地下水中有机物存在的条件下，NH_4^+-N 和有机物同时作为电子供体时可能存在竞争关系，另外厌氧铁氨氧化微生物的生长代谢受到不利影响[19]。而前人的研究，其反应条件下往往设置较为单一，并未过多地考虑有机物存在下氮素流失的反应途径。此外，O_2 浓度是微生物生产繁殖的主要影响因子，厌氧铁氨氧化菌是严格厌氧菌，DO 对其生长代谢活性影响较大，研究表明厌氧铁氨氧化具有被低浓度 O_2 可逆性抑制的特性[20]。本实验对 DO 的控制可能存在一定误差，从而导致 NO_2^- 和 NO_3^- 为主要产物 [式（4-6）]。

$$3Fe_2O_3+10H^++NH_4^+ \longrightarrow 6Fe^{2+}+7H_2O+NO_2^- \qquad (4-6)$$

（3）Fe^{3+}还原效能

如图4-9（a）所示，非生物反应体系地下水中Fe^{2+}浓度明显要低于生物反应组，非生物反应组地下水中溶解性Fe^{2+}浓度在反应第16天时，其浓度最高为0.11mmol/L。第0～16天地下水中溶解性Fe^{2+}浓度呈上升趋势，这表明在没有微生物存在的条件下，非生物反应体系内同样存在着物理化学反应，驱动着天然赤铁矿Fe^{3+}还原为Fe^{2+}；反应第16～50天，非生物反应体系内地下水中溶解性Fe^{2+}浓度逐渐呈现下降趋势，这表明随着反应进行，天然赤铁矿Fe^{3+}非生物还原的能力相当有限。提取并测定赤铁矿表面吸附的Fe^{2+}，可看出整个反应过程中Fe^{2+}附着量基本在检出限以下，这也证明了非生物反应体系中赤铁矿Fe^{3+}基本未发生还原。

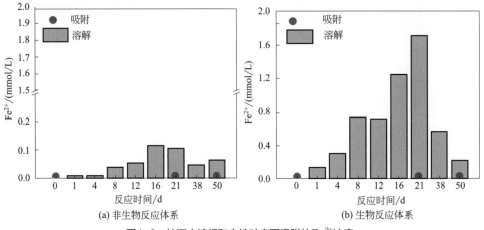

图4-9　地下水液相和赤铁矿表面吸附的Fe^{2+}浓度

由图4-9（b）可看出，生物反应体系中地下水中Fe^{3+}还原量显著多于非生物反应体系，溶解性Fe^{2+}浓度在第21天时浓度达到峰值，其浓度为1.70mmol/L，从整个反应进程来看，Fe^{2+}生成量同样呈现先上升后下降的趋势。据文献报道，溶解性Fe^{3+}易生成$Fe(OH)_3$沉淀，以及与Fe^{2+}结合形成Fe_3O_4等次生矿物[21]；反应50d后，生物反应组地下水中溶解性Fe^{2+}浓度为0.06mmol/L。通过测定第0天、第21天、第50天的天然赤铁矿表面吸附的Fe^{2+}，其浓度分别为0mmol/L、0.03mmol/L、0.02mmol/L，可知天然赤铁矿表面吸附了少量的Fe^{2+}，推测在异化Fe^{3+}还原功能微生物的作用下天然赤铁矿Fe^{3+}发生了一定程度的生物还原，随着反应的进行有机污染物逐渐被生物降解（结合DOC数据），天然赤铁矿Fe^{3+}生物还原能力逐渐下降。此外，部分Fe^{2+}吸附到天然赤铁矿表面阻碍了Fe^{3+}的生物还原位点，且由于Fe^{2+}具有一定的生物毒性，导致在有机基质被消耗的同时，生物反应体系内天然赤铁矿Fe^{3+}生物还原速率逐渐下降。

（4）Fe^{3+}生物可利用性的强化效能

根据4.1.3部分研究结果可知，天然赤铁矿Fe^{3+}生物还原反应周期较长（50d），为拓展天然赤铁矿在地下水修复中的应用前景，需提升天然赤铁矿Fe^{3+}的生物可利用性。本章选取生物炭、淀粉、腐殖质、鼠李糖脂四种物质，在pH值为11、13条件下，分别与天然赤铁矿进行螯合，探究改性后赤铁矿Fe^{3+}的生物可利用性及污染物去除速率。由图4-10可知，淀粉改性后的赤铁矿生物还原对有机物的去除率最高，且pH值为11的改性条件下，反应7d后地下水中DOC浓度由初始489mg/L下降至50mg/L左右，DOC去除率高达89.78%，可显著提升赤铁矿Fe^{3+}还原对有机物的降解速率。通过对比生物炭改性、腐殖质改性、鼠李糖脂改性效果，发现反应7d内这几组反应体系对DOC浓度去除率相对较低（最高去除率为40%）。

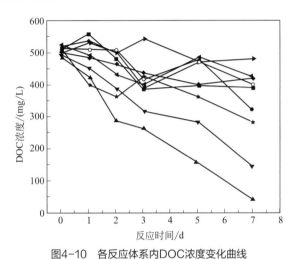

图4-10　各反应体系内DOC浓度变化曲线

■—pH11生物炭改性；●—pH13生物炭改性；▲—pH11淀粉改性；▼—pH13淀粉改性；◆—pH11腐殖质改性；
◀—pH13腐殖质改性；●—pH11鼠李糖脂改性；○—pH13鼠李糖脂改性；★—未改性

由图4-11可知，相比其他几种改性方式，淀粉改性后的赤铁矿生物还原对NH_4^+-N的去除率最高，且pH值为11的改性条件下，反应7d后地下水中NH_4^+-N浓度由初始35mg/L（以N计）下降至10mg/L（以N计）左右。但总体来看，改性赤铁矿Fe^{3+}生物还原过程对NH_4^+-N的厌氧氧化效能仍未明显提升，主要产物仍为NO_2^--N，仍未实现一步彻底脱氮。

目前绝大多数能够介导微生物还原Fe^{3+}的氧化还原活性物质都溶解于水相，但水溶性并非电子穿梭体的必要条件[22]。Kappler等率先研究了木屑制备生物炭对异化Fe^{3+}还原过程的影响[23]，结果表明水铁矿和生物炭同时存在且未将二者进行螯合时生物炭可以提高Fe^{3+}还原速率与还原程度。区别于Kappler等的实验体系，本章所用Fe^{3+}氧化物为天然赤铁矿，并非水热法制备得来的水铁矿，赤铁矿晶型结构更强，因此Fe^{3+}更难以被还原。此外，Kappler等研究发现，生物炭易与水铁矿颗粒团聚结合在一起，因此电子在细胞-生物炭-水铁矿之间可能经由多步跃迁传递，低浓度生物炭反而会对异化Fe^{3+}还原过程起抑制作用。综上所述，经过制备，当赤铁矿与生物炭螯合后生物炭与赤铁矿颗粒团聚结合，可能会导致赤铁矿表面活性位点与微生物接触通道受阻，因而生物炭改性并未明显提高赤铁矿Fe^{3+}还原速率。

近年来，大量研究围绕着溶解态腐殖质对异化Fe^{3+}还原过程的促进效果开展，而在天然土壤和沉积物中绝大多数有机质都是以非溶解态颗粒存在。考虑到在地下水污染修

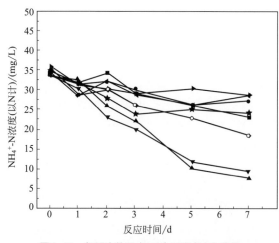

图4-11　各反应体系内NH_4^+-N浓度变化曲线

━■━ pH11生物炭改性；━●━ pH13生物炭改性；━▲━ pH11淀粉改性；━▼━ pH13淀粉改性；━◆━ pH11腐殖质改性；
━◀━ pH13腐殖质改性；━▶━ pH11鼠李糖脂改性；━○━ pH13鼠李糖脂改性；━★━ 未改性

复中的应用，并未选取造价相对高昂的腐殖酸标准物质，选择的是从天然土壤中提取得来腐殖酸，为非溶解态，其经济性更好。相比于溶解态的腐殖质在水相中"自由"穿梭于异化铁还原菌与铁氧化物之间[22]，固相非溶解态腐殖质的介导电子转移能力相对较弱，因而对强晶型赤铁矿Fe^{3+}生物还原的促进效果较差。

鼠李糖脂作为一种常见的生物表面活性剂，其本身也是化合物分子，尽管人们肯定其环境低毒性和可生物降解的环境友好性，但也有研究表明生物表面活性剂浓度会影响土著微生物的生存及活性[24]。生物表面活性剂由于其自身特性，往往具有抗菌活性，可通过溶解异源细胞膜对微生物造成伤害，因而本书中鼠李糖脂改性赤铁矿后对Fe^{3+}生物还原效能的促进效果并不明显。

综上所述，以天然赤铁矿为电子受体的Fe^{3+}生物还原过程对地下水中有机物具有较好的去除效果（DOC浓度为500mg/L时去除率可达89.40%），但是反应周期较长（50d）；而碱性条件下淀粉改性赤铁矿，可显著提升Fe^{3+}还原效率；此外，由于电子供体间存在竞争关系，这一过程只能将NH_4^+-N厌氧氧化为亚硝酸盐，如果实现一步脱氮至N_2是需要进一步解决的问题之一。

众所周知，人工曝气是氮污染水体中常见的治理技术之一，目前关于曝气对氮污染的研究主要集中在底泥中氮释放规律及氮形态转化等方面[25]，硝化反硝化是水体实现真正脱氮的主要过程，而对于如何通过反复间歇性曝气实现硝化反硝化提高氮去除效果的研究相对较少。有研究表明，间歇性曝气方式能够制造厌氧/好氧的交替环境，这种供氧模式可以在低碳源条件下节省能源、改善脱氮效果且用利于短程硝化过程的实现[26]。基于此，本书针对厌氧铁氨氧化产生的NO_2^--N（非彻底脱氮），通过间歇性曝气，构建厌氧/好氧环境。如图4-12所示，首先通过曝气创造好氧条件，实现NO_2^--N向NO_3^--N的转化、Fe^{2+}向Fe^{3+}的循环转化。随后停止曝气回归厌氧条件，在反硝化菌和铁还原菌的作用下调控DO浓度，一方面，能够强化有机物的氧化效能，促进大分子有机物的逐步降解；另一方面，可以实现Fe^{2+}向Fe^{3+}的转化，促使进一步还原。最后能够解决厌氧铁氨氧化产生的亚硝酸盐难题，完全彻底脱氮，进而实现地下水中NH_4^+-N和有机物的协同去除。

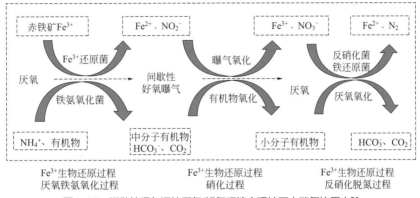

图4-12　间歇性曝气调控厌氧/好氧环境实现地下水碳氮协同去除

4.1.3.2　柱实验评价污染物去除效能

（1）NH_4^+-N去除效果

反应前10天未进行间歇性曝气。由图4-13可知，地下水NH_4^+-N进水浓度为16～18mg/L（以N计）时，反应至第10天，生物反应柱出水NH_4^+-N浓度由18.50mg/L（以N计）降至5.85mg/L（以N计），NH_4^+-N去除率为68.38%；与之相比，非生物反应柱出水NH_4^+-N浓度由16.05mg/L（以N计）降至13.60mg/L（以N计），NH_4^+-N去除率仅为15.26%。这说明未负载功能性微生物条件下，淀粉改性后的赤铁矿作为填充介质对NH_4^+-N的吸附截留去除效果一般；而负载微生物后，地下水流动状态下NH_4^+-N的厌氧生物氧化效能仍旧较好（68.38%）。由图4-14可知，反应前10天生物反应柱出水中NO_2^--N浓度高达10.50mg/L（以N计），出现了明显的NO_2^--N积累现象，这表明在微生物的作用下NH_4^+-N被氧化为亚硝酸盐，这一结论与批次实验研究结果相似。而非生物反应柱内，NO_2^--N浓度低于0.30mg/L（以N计）。此外，由图4-15可知，反应前10天两组实验柱出水NO_3^--N浓度均相对较低，在1mg/L（以N计）以下。

反应进行到第10天之后，每天定时打开增氧泵，定时调节两组实验柱内的DO条件（0.5h/d）。由图4-13可知，可以看出反应至第20天，两组实验柱出水NH_4^+-N浓度均呈现下降趋势，其中生物实验柱出水NH_4^+-N浓度下降至2mg/L（以N计）左右；非生物反应柱出水NH_4^+-N浓度下降至6mg/L（以N计）左右，这表明在调整DO环境后，NH_4^+-N的去除率均有所提升。由图4-14可看出，两组实验柱出水中NO_2^--N浓度均呈现较大幅度的下降趋势，结合图4-15可知，生物反应柱出水大部分NO_2^--N被氧化为NO_3^--N，从而反应

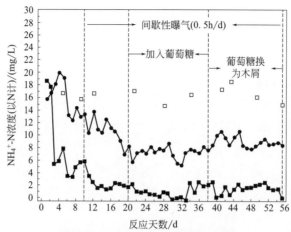

图4-13 柱实验NH₄⁺-N浓度变化曲线

—■— 生化处理；　—●— 吸附对照；　—□— 进水

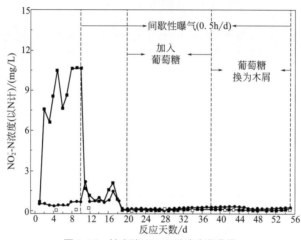

图4-14 柱实验NO₂⁻-N浓度变化曲线

—■— 生化处理；　—●— 吸附对照；　—□— 进水

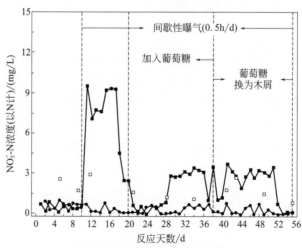

图4-15 柱实验NO₃⁻-N浓度变化

—■— 生化处理；　—●— 吸附对照；　—□— 进水

前期造成了一定程度的NO_3^--N积累现象；而非生物反应柱出水中NO_2^--N浓度较低［低于0.5mg /L（以N计）］。由于地下水中有机物浓度相对较低，推测地下水中碳源被微生物新陈代谢活动逐渐消耗之后，碳源不足现象开始出现，出现了反硝化过程受阻，因而生物反应柱出现了NO_3^--N积累的现象。

为解决生物反应柱出水NO_3^--N积累的现象，本实验通过添加碳源的方式改善反硝化进程，反应第20～38天，通过在进水中添加葡萄糖溶液（150mg/L）补充碳源，由图4-13可知，两组实验柱内NH_4^+-N浓度趋于稳定，其中生物反应柱出水NH_4^+-N浓度为0.05～2.08mg /L（以N计），非生物反应柱出水NH_4^+-N浓度为5.20～9.13mg/L（以N计），这表明外加碳源并未影响NH_4^+-N的厌氧氧化去除效能。由图4-14可知，反应第20～38天，两组实验柱NO_2^--N浓度均相对较低；而由图4-15可知，生物反应柱内NO_3^--N观察到反弹现象，第38天其浓度为3.80mg /L（以N计），这可能是由反应体系内反硝化细菌活性不高导致。

反应第38～55天，将反应体系内液相碳源葡萄糖替换为木屑，由图4-13、图4-14可知，两组实验柱NH_4^+-N和NO_2^--N浓度仍相对稳定。由图4-15可知，生物反应柱体系出水NO_3^--N浓度逐渐下降［第55天，NO_3^--N浓度为0.32mg/L（以N计）］。由图4-13可知，反应55d后，生物反应柱出水NH_4^+-N浓度为0.42mg /L（以N计），非生物反应柱出水NH_4^+-N浓度为9.51mg /L（以N计），这表明负载功能微生物的淀粉改性赤铁矿填料，地下水中NH_4^+-N能够被有效去除，去除率为93%。综上所述，随着反应的进行（前10d），地下水中天然有机碳逐步被消耗。反应至第20天，由于地下水碳源不足，导致生物反应体系出现了一定程度的NO_2^--N和NO_3^--N累积现象。当添加碳源后反应趋于稳定，积累现象消失，这表明NH_4^+-N的反硝化过程进行得较为彻底。

（2）有机物去除效能

由图4-16可知，在未曝气的前10d两组实验柱出水COD浓度整体均呈现先上升后下降的趋势，且两组差异性不大，反应至第10天，生物实验柱COD浓度下降至50mg/L，这表明在功能微生物新陈代谢活动下，地下水中有机质逐渐被消耗。反应第10天后反应体系内开始进行间歇性曝气；反应至第20天生物反应柱出水COD浓度为20mg/L，非生物反应柱出水COD浓度为140mg/L，进一步表明生物反应体系内有机质被逐渐消耗殆尽。如前所述，反应20d后两组实验柱的进水中均添加了葡萄糖，反应第20～38天，非生物反应柱出水COD浓度出现了一定的上升，而生物反应实验柱出水COD仍维持在40～60mg/L，这表明外加葡萄糖作为碳源时反应体系内微生物可以利用葡萄糖作为碳源，且并未出现有机碳积累现象，综合出水"三氮"数据（图4-13～图4-15），葡萄糖的外加很好地促进了反硝化过程的进行。反应第38～55天，两组实验柱内碳源均被替换为固相木屑，可看出两根实验柱出水COD浓度均有所上升，且非生物反应柱出水COD浓度明显要高于生物反应柱；随着反应的进行，固相碳源缓慢释放，反应体系内还原态有机质和NH_4^+-N逐步被氧化降解，出水COD浓度最终整体维持在60mg/L。

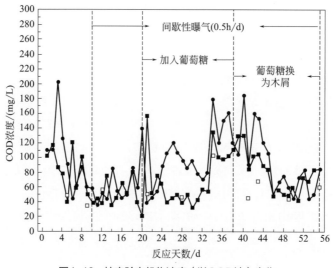

图4-16　柱实验有机物浓度（以COD计）变化
■—生化处理；●—吸附对照；□—进水

（3）Fe^{3+}还原效能

由图4-17可知，反应进程内，生物反应实验柱出水Fe^{3+}浓度整体要高于非生物反应柱，这表明地下水流动状态下，在Fe^{3+}还原微生物的作用下淀粉改性后的赤铁矿Fe^{3+}仍旧有较好的溶出效果。反应第10～20天，生物反应柱Fe^{3+}浓度最高为4.05mg/L。反应从第10天开始，实验柱内开始间歇性曝气，Fe^{2+}浓度呈现明显波动趋势，随着厌氧环境向好氧环境的转变，Fe^{2+}很快被氧化为Fe^{3+}（图4-18）。反应第20～38天，生物反应柱出水Fe^{3+}生成量要多于非生物反应柱，这表明葡萄糖碳的加入在一定程度上促进了赤铁矿Fe^{3+}的还原性溶解。反应第38～55天，外加碳源被替换为木屑之后并未影响Fe^{3+}的生成。

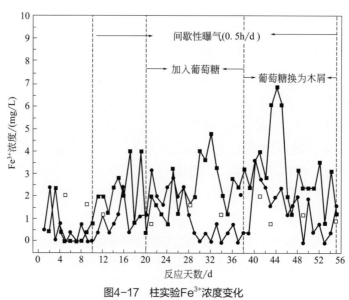

图4-17　柱实验Fe^{3+}浓度变化
■—生化处理；●—吸附对照；□—进水

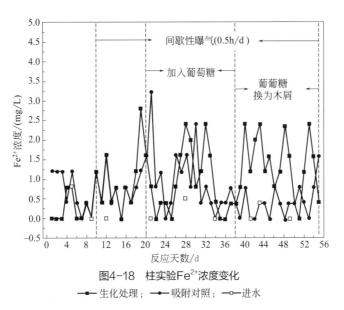

图4-18　柱实验Fe²⁺浓度变化

■■ 生化处理；　●● 吸附对照；　□□ 进水

由图4-18可知，反应前10天两组实验柱内均有一定量的Fe^{2+}生成，可看出非生物反应柱出水Fe^{2+}浓度明显要高于生物反应柱。反应第10～20天，生物反应柱Fe^{2+}浓度最高为2.75mg/L。反应第20～38天，随着葡萄糖碳源的加入，赤铁矿Fe^{3+}生物还原过程进行顺利，更多的Fe^{3+}被还原为Fe^{2+}，通过DO条件的调控，好氧条件下Fe^{2+}被氧化为Fe^{3+}。因此实验柱内Fe^{3+}浓度明显要大于Fe^{2+}浓度。从整个反应整体来看，生物反应柱Fe^{2+}浓度仍维持在2.75mg/L左右。

（4）反应介质渗透性效能

本阶段中试柱实验对淀粉改性赤铁矿反应介质的渗透系数进行了测定，即通过水头测定装置，根据达西公式计算渗透系数。如图4-19所示，两组柱实验整个运

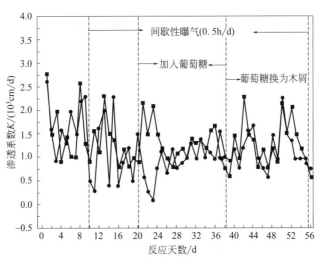

图4-19　柱实验反应介质的渗透系数K变化

■■ 生化处理；　●● 吸附对照

行周期内，淀粉改性赤铁矿填料的渗透系数 K 均比较稳定，K 值在（$0.11 \sim 2.85$）× 10^3 cm/d 范围内，这说明混合填料的渗透性较好。对比而言，两组实验柱内反应介质的渗透系数 K 值差异性不大，这说明负载微生物对淀粉改性赤铁矿填料的渗透系数影响并不大，地下水流动状态下并不会引起堵塞，具有较好的地下水污染修复应用前景。

4.1.4 结论

小试实验探究了天然赤铁矿 Fe^{3+} 生物还原过程对地下水中 NH_4^+-N、有机物的去除效能，同时探究了地下水 DOM 的特征变化与演替规律，对比了不同配体（腐殖质、淀粉、生物炭、鼠李糖脂）改性后对赤铁矿 Fe^{3+} 生物可利用性的促进效果。中试实验模拟地下水流动状态下 NH_4^+-N、有机物的去除效能，并评价了填充介质的渗透性。为实现地下水中有机物、NH_4^+-N 的高效去除，推动赤铁矿在填埋场地下水修复领域的应用提供研究基础。主要结论如下：

① 地下水有机物浓度（以 DOC 计）为 489.60mg/L 时，Fe^{3+} 还原菌介导的天然赤铁矿 Fe^{3+} 生物还原过程，反应 50d 后对有机物的去除率可达 89.40%。由于实际受污染地下水中 NH_4^+-N、有机物存在电子供体间竞争关系，NH_4^+-N 浓度为 35mg /L（以 N 计）时，仅有 57.14% 的 NH_4^+-N 被厌氧氧化，且主要产物为 NO_2^--N，未能实现一步彻底脱氮。

② 类富里酸、类胡敏酸、类蛋白物质是地下水 DOM 中最主要的组分。其中，类蛋白物质分子结构最为简单、性质较不稳定，天然赤铁矿 Fe^{3+} 生物还原过程对其去除效果最好。随着生物反应的进行，地下水 DOM 芳香性、腐殖化程度逐渐下降，地下水中 DOM 整体趋于小分子化。

③ 受限于天然赤铁矿的热力学稳定性，Fe^{3+} 生物还原过程反应周期较长（需要 50d）。对比不同配体改性后赤铁矿 Fe^{3+} 的生物还原效能，可知 pH 值为 11 时，NaOH 改性淀粉负载至赤铁矿后，其生物反应周期可缩短至 7d，有机物去除率可达 89.78%，但 NH_4^+-N 的厌氧氧化去除效果仍未明显提升，主要产物仍为 NO_2^--N。

④ 将 NaOH 改性后的淀粉负载赤铁矿表面，作为柱实验填充介质，体系内以 0.5h/d 进行间歇性曝气，结果表明：地下水 NH_4^+-N 进水浓度为 $16 \sim 18$mg /L（以 N 计）时，运行稳定后生物反应柱 NH_4^+-N 出水浓度为 0.4mg /L（以 N 计）。间歇性曝气调控 DO 环境，可以实现反硝化以及有机物的全量氧化，促进 Fe^{3+} 与 Fe^{2+} 的循环转化，进而实现地下水中 NH_4^+-N 和有机物的协同去除。淀粉改性后的赤铁矿填料渗透系数在（$0.11 \sim 2.85$）× 10^3 cm/d 范围内，渗透性较好，不会引起堵塞。

4.2 赤铁矿生物还原去除氨氮有机物的反应机制

上部分研究深入分析了天然赤铁矿 Fe^{3+} 生物还原过程对渗滤液污染地下水中有机物和 NH_4^+-N 的去除效果，并进行了中试评价。当前，关于以天然赤铁矿 Fe^{3+} 为电子受体的厌氧生物氧化过程的机理研究仍不够系统，且大多数采用合成的微纳米状赤铁矿作为电子受体进行机理研究，天然赤铁矿 Fe^{3+} 生物还原的矿物-污染物-微生物三界面微观机理仍不明确，且淀粉改性赤铁矿促进 Fe^{3+} 生物还原效率机制仍不得而知。本部分研究从赤铁矿-微生物之间的电子穿梭机制、固相材料表征、功能微生物群落结构演替规律等角度出发，探究天然赤铁矿 Fe^{3+} 生物还原去除污染物的微观反应机制；从微观形貌变化、特征官能团变化、Zeta 电位等角度阐明淀粉改性对赤铁矿 Fe^{3+} 生物还原的促进机制，为实现赤铁矿的工程化应用、拓宽赤铁矿在填埋场地下水污染修复中的应用前景提供理论支撑。

4.2.1 材料与方法

4.2.1.1 固相材料表征

（1）XRD

X 射线衍射（X-ray diffraction, XRD）利用 X 射线在固态物质中的衍射现象来表征固态物质的物相组成、结晶度、晶胞尺寸等结构特征。

粉末样品的制备过程：取 5g 天然赤铁矿颗粒、5g 反应 50d 后非生物反应体系中的湿重赤铁矿、5g 生物反应体系中的湿重赤铁矿，分别置于干燥箱中，在 50℃下干燥 20min。为满足上机要求，需根据样品颗粒的大小对干燥后的赤铁矿颗粒进行不同程度的研磨与筛分。研磨后样品粒径为 10 ～ 100μm，之后按照标准方法进行 XRD（D/max 2200PC 型，日本 Rigaku 公司）表征，每次上机用量约为 50μg。

（2）XPS

X射线光电子能谱分析（X-ray photoelectron spectroscopy, XPS）的基本原理是光电效应，主要用于分析反应前后赤铁矿表面元素化学价态（Fe^{3+}、Fe^{2+}）及其比例。粉末样品的制备过程同上，之后按标准方法进行XPS（PHI Quantera SXM型，日本ULVAC-PHI公司）表征。

（3）SEM-EDS

场发射扫描电子显微镜（scanning electron microscopy, SEM）主要用于观察反应前后赤铁矿颗粒的微观形貌及颗粒尺寸。本章所用冷场发射扫描电子显微镜的型号为Gemini Zeiss Supra 55型，工作电压为3～5kV。通常SEM与能谱仪（energy dispersive spectrometer, EDS）结合使用，用于对赤铁矿进行元素分析以及形貌表征。EDS用来分析元素种类，同时也可以粗略分析出每种元素的含量，主要是用电子枪打出样品元素的特征X射线，然后根据特征X射线的能量频率来分析出是何种元素，以及该种元素的含量。SEM-EDS型号为JSM-5310V型，日本JEOL公司生产。

（4）AFM

原子力显微镜（atomic force microscope, AFM）可确定细菌与矿物反应界面之间的表面形貌。粉末样品的制备流程如下：取赤铁矿固体颗粒100g，使用微纳米球磨机（PULVERISETTE 6型，德国Fritsch公司）进行研磨6h，研磨后样品粒径范围为0.1～1μm。微生物负载于纯云母片表面的操作过程：吸取0.01mL微生物菌液置于云母片上，自然风干10～15min后待测。微生物负载于赤铁矿表面的操作过程：取1mg赤铁矿粉末置于10mL离心管中，加入5mL的75%乙醇溶液制备赤铁矿粉末悬浮液。充分混匀后，吸取0.03mL赤铁矿粉末悬浮液置于云母片上，自然风干10～15min；之后滴入0.01mL培养基中的微生物菌液于云母片上，自然风干10～15min后待测。AFM（Bioscope Catalyst，美国布鲁克公司）上机测试操作按照标准方法进行。

（5）Zeta电位

利用JS94J型增强型电泳仪（POWEREACH，上海中晨）对赤铁矿表面电位进行测定，称取一定量的赤铁矿，研磨至10μm左右。配制相应pH值的溶液500mL。称取500mg试样置于500mL该pH值的溶液中，搅拌10min，使其均匀分散为悬浮液，以待备用。用移液管吸取50mL悬浮液置于烧杯中，加入相应量的淀粉溶液。将悬浮液超声分散5min后测定体系pH值。量取1mL待测液加入电泳杯，插入电极清洗2次，再取0.5mL待测液注入电泳杯进行测量，取3次测定值的平均值作为赤铁矿表面Zeta电位值。测定后采用去离子水清洗设备。

4.2.1.2　特征官能团表征

（1）冷冻干燥流程

分别取470mL第0天、第21天、第50天使用0.45μm滤膜过滤后的液体，分装于100mL离心管中，在-20℃冷冻成冰块后置于冷冻干燥机中，-54℃抽真空冷冻干燥72h得到固体粉末样品。

（2）红外和拉曼光谱

按照标准操作方法进行红外光谱（VERTEX 70型，美国布鲁克公司）与拉曼光谱（SENTERRA型，美国布鲁克公司）测定，每次上机用量为20μg左右。使用红外光谱、拉曼光谱，对反应体系液相腐殖质以及赤铁矿表面吸附腐殖质的有机官能团进行分析。红外光谱测定步骤如下：将滤液样品在-20℃冷冻成冰块后，-54℃抽真空冷冻干燥，得到固体粉末样品。以质量比1 ∶ 300将粉末样品与KBr（光谱纯）混合压片，在400 ～ 4000cm⁻¹进行红外光谱扫描，并结合拉曼光谱扫描，分析有机官能团信息。

4.2.1.3　微生物群落结构分析

（1）微生物生物膜提取

取100mL微生物培养基液体、500mL实验用地下水样品，使用0.22μm滤膜过滤后，所得生物膜样本进行微生物群落结构分析。轻轻刮取生物反应体系中赤铁矿颗粒表面的生物膜，存自封袋进行微生物群落结构分析。

（2）DNA提取和PCR扩增

根据E.Z.N.A.®soil试剂盒（OmegaBio-tek，Norcross，GA，USA）说明书进行总DNA抽提，DNA浓度和纯度利用NanoDrop2000进行检测，利用1%琼脂糖凝胶电泳检测DNA提取质量。PCR扩增程序为：95℃预变性3min，27个循环（95℃变性30s，55℃退火30s，72℃延伸30s）后72℃延伸10min，最后10℃保持（PCR仪：ABIGeneAmp®9700型）。

（3）IlluminaMiseq测序

使用2%琼脂糖凝胶回收PCR产物，利用AxyPrepDNAGelExtractionKit（AxygenBiosciences，UnionCity，CA，USA）进行纯化，Tris-HCl洗脱，2%琼脂糖电泳检测，利用QuantiFluor™-ST（Promega，USA）进行检测定量。根据IlluminaMiSeq平台（Illumina，SanDiego，USA）标准操作规程将纯化后的扩增片段构建PE2*300的文库。构建文库步骤：a.连接"Y"字形接头；b.使用磁珠筛选去除接头自连片段；c.利用PCR扩增进行文库模板的富集；d.NaOH变性，产生单链DNA片段。

4.2.2 研究与分析

4.2.2.1 天然赤铁矿Fe^{3+}生物还原的反应机制

（1）本底腐殖质在赤铁矿还原性溶解中的作用

由4.1.1.1部分研究结果可知，非生物反应体系整个反应周期内液相Fe^{2+}的生成量均低于0.1mmol/L，显著低于生物反应体系。有研究报道，外加腐殖质可促进Fe^{3+}还原是其发挥电子穿梭和络合Fe^{2+}两方面共同作用的结果[27]，但本底腐殖质在Fe^{3+}生物还原过程中发挥着何种作用仍不得而知。为探究微生物作用下，地下水中大分子腐殖质DOM在赤铁矿Fe^{3+}还原性溶解发挥的作用，依据4.1.1.3部分所得三维荧光光谱数据，我们将生物反应体系内液相中Fe^{3+}溶出速率、Fe^{2+}生成速率与腐殖质类有机物荧光强度下降速率进行线性拟合。

由图4-20可知，在微生物的作用下Fe^{3+}溶出速率、Fe^{2+}生成速率与腐殖质类有机物荧光强度下降速率均呈现线性极显著相关关系，其中Fe^{2+}生成速率与腐殖质类有机物荧光强度下降速率拟合R^2值为0.687、$P < 0.01$（极显著相关）；Fe^{3+}溶出速率与腐殖质类有机物荧光强度下降速率拟合R^2值为0.668、$P < 0.01$（极显著相关）。这表明受污染地下水本底腐殖质类DOM的消耗，在微生物的作用下促进了赤铁矿Fe^{3+}的还原性溶解，以及Fe^{3+}向Fe^{2+}的转变[28]，即强晶型结构Fe^{3+}向溶解性或微生物可利用的形态转变[29]，Fe^{2+}的增加与赤铁矿Fe^{3+}的生物还原有关。

由表4-2可知，赤铁矿固相表面吸附了一定量的Fe^{3+}、Fe^{2+}以及有机质。有研究报道，Fe^{2+}可与腐殖质类有机物形成配位体[30]，与Fe^{3+}沉积形成次生矿物[31]，这可能导致反应21d后，液相里Fe^{3+}、Fe^{2+}浓度下降，液相中大量生成的Fe^{2+}抑制了晶型结构Fe^{3+}和溶解性Fe^{3+}的还原反应。

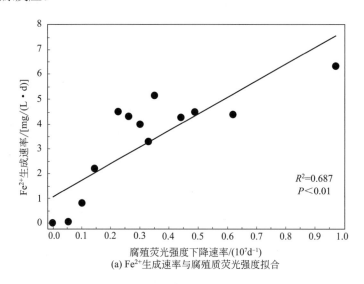

(a) Fe^{2+}生成速率与腐殖质荧光强度拟合

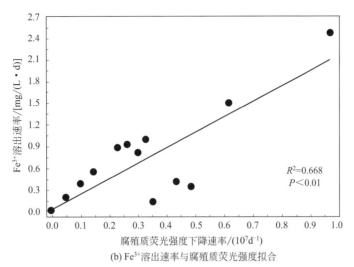

(b) Fe³⁺溶出速率与腐殖质荧光强度拟合

图4-20　生物反应体系内溶解性铁生成/溶出速率与腐殖质荧光强度拟合

表4-2　赤铁矿表面吸附的Fe³⁺、Fe²⁺、DOC浓度以及腐殖质类荧光强度

时间/d	非生物反应体系				生物反应体系			
	Fe^{3+} /(mg/L)	Fe^{2+} /(mg/L)	DOC /(mg/L)	F_{max} /(10^5)	Fe^{3+} /(mg/L)	Fe^{2+} /(mg/L)	DOC /(mg/L)	F_{max} /(10^5)
0	未检出				未检出			
21	0.84	0.20	4.80	237.83	2.41	1.62	7.30	243.76
50	1.41	0.01	7.90	16.12	6.24	1.12	10.90	26.13

据文献报道，在微生物作用下Fe^{3+}被还原为Fe^{2+}进入液相中会抑制Fe^{3+}铁氧化物进一步的还原性溶解[32]，而Fe^{2+}与腐殖质类有机物形成的配位体可以促进Fe^{3+}生物还原反应的进行[30]。有研究报道，腐殖质与Fe^{2+}形成的配位体吸附在Fe^{3+}氧化物表面，对于异化Fe^{3+}还原菌是一个重要的新陈代谢场所[29]；腐殖质上的酚羟基官能团能够失去电子，向醌基官能团进行转变，与此同时Fe^{3+}得到电子被还原为Fe^{2+}[27]。但这些研究所用的Fe^{3+}铁氧化物多为微纳米尺寸的人工合成矿物，晶型结构相对较弱，而对于强晶型结构的天然赤铁矿，腐殖质中哪些关键官能团在赤铁矿Fe^{3+}生物还原过程中扮演着电子穿梭体作用仍需进一步探究。因此本实验使用红外光谱、拉曼光谱，对反应过程中第0天、第21天、第50天的液相与赤铁矿固相表面的有机官能团进行了分析。

结果显示在红外波数分别为1375cm⁻¹、1647cm⁻¹处，其对应的有机物官能团分别为腐殖质上的酚羟基及醌基[33]。图4-21所示为有机物红外光谱图，其中图4-21（a）为非生物反应体系，图4-21（b）为生物反应体系。

由图4-21（a）可知：对照反应液相在第0天和第21天均明显检出酚羟基及醌基，但其官能团含量变化并不明显，而第50天时醌基官能团含量明显减少，且在1413cm⁻¹处出现了新型特征峰，这是酚羟基存在向醌基转化的趋势[34]。对照反应体系固相第0天、第21天、第50天均未检出酚羟基及醌基官能团。由图4-21（b）可知：生物反应液相体系在

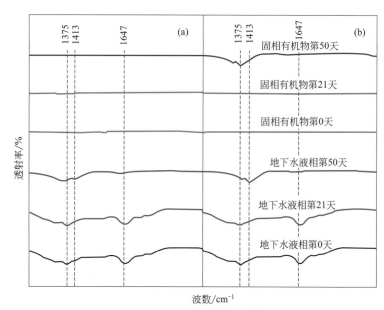

图4-21　有机物红外光谱

第0天、第21天羟基及醌基官能团有振动，但其官能团含量变化并不明显；而第50天时酚羟基及醌基官能团含量均呈现明显下降趋势，波数为1413cm^{-1}处同样出现了新的特征峰，这表明生物反应液相中酚羟基官能团逐渐趋向醌基转化。生物反应固相体系第0天、第21天均未检出酚羟基及醌基官能团，而第50天时液相体系中明显检出酚羟基官能团。分析可知，酚羟基失去电子能够转化为醌基，Fe^{3+}得电子被还原为Fe^{2+}。

拉曼位移为1359.93cm^{-1}处，其对对应的官能团为胡敏酸中芳香环CH_2和CH_3结构振动；拉曼位移为118.25cm^{-1}时，其对对应的官能团为可能为含H—C—H对称空间结构的有机官能团[35]。由图4-22（a）可知，拉曼位移为100~1600cm^{-1}处，非生物反应体系固相体系中第0天、第21天、第50天均未出现明显特征峰振动，即非生物反应体系内固相表面并未明显检出有机物官能团；而液相体系在拉曼位移为118.25cm^{-1}与1359.93cm^{-1}处第0天、第21天、第50天均有明显特征峰存在，且第0天、第21天特征峰峰高值逐渐呈现下降趋势，第21天、第50天特征峰峰高值差别不大。即液相体系中第0~21天，胡敏酸中芳香环CH_2和CH_3结构振动逐渐减弱，至第50天时变化不大。由图4-22（b）可知，生物反应体系固相体系第0天、第21天未出现明显特征峰，即未明显检出有机物官能团，而第50天时明显检出含C—C—C对称空间结构的有机官能团。液相体系在拉曼位移为118.25cm^{-1}与1359.93cm^{-1}处，第0天、第21天、第50天均有明显特征峰存在，且特征峰峰高值呈明显下降趋势，第50天时特征峰峰值已降低至检出限以下。

综上，结合红外与拉曼光谱数据，可知地下水中天然大分子腐殖质中酚羟基官能团可被转化为醌基官能团，同时腐殖质与赤铁矿所形成的配位体可促进Fe^{3+}还原性溶解。当前大部分研究关于腐殖质在Fe^{3+}生物还原过程中所发挥的电子穿梭作用，本章中生物反应体系内腐殖质中醌基官能团并未向酚羟基官能团转变。

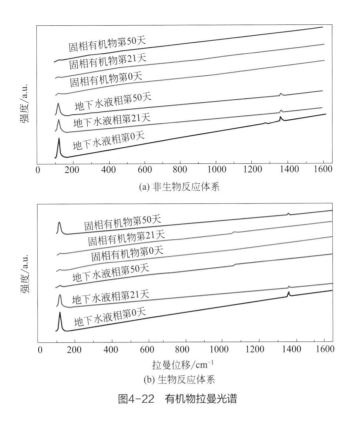

图4-22　有机物拉曼光谱

（2）赤铁矿Fe^{3+}生物还原前后形貌变化

由4.1.3.2部分相关内容研究结果可知，生物反应体系内Fe^{2+}浓度随着时间的延长呈上升趋势，这表明在微生物的作用下，Fe^{3+}逐步被还原为Fe^{2+}，Fe^{2+}浓度在第21天时达到峰值，又逐渐下降。这可能是因为液相中Fe^{2+}开始在赤铁矿颗粒表面沉积并与Fe^{3+}进行结合，反应生成不能被继续还原、生物可利用性较差的磁铁矿[36]。由图4-23可知，反应后对照体系中的赤铁矿与反应前的原始赤铁矿相比，SEM照片显示，其微观形貌并未出现明显变化；此外，可看出生物反应50d，赤铁矿还原后矿物表面生成并吸附了许多颗粒状物质，使用EDS确定其元素组成为O、Fe、C，其百分含量为66.4%、22.3%、11.3%。此外，对其进行XPS能谱分析确定其化学价态，发现这些颗粒状物质的主要成分为Fe$_3$O$_4$，可见异化铁还原菌可将赤铁矿中的Fe^{3+}还原为Fe^{2+}，在赤铁矿颗粒表面沉积并与其结合反应生成不能继续被还原的磁铁矿（Fe$_3$O$_4$），反应方程式如式（4-7）所示：

$$Fe^{2+}+2Fe^{3+}+8OH^- \longrightarrow Fe_3O_4+4H_2O \qquad (4-7)$$

随着反应的进行，越来越多的磁铁矿包围在赤铁矿颗粒的表面，阻止了异化铁还原菌接触并进一步还原赤铁矿，微生物可接触的反应面积逐渐减小，Fe^{3+}还原速率逐渐下降，由于天然赤铁矿Fe^{3+}生物可利用性相对较差，到细菌生长后期，由图4-23（c）可看出赤铁矿颗粒表面几乎完全被磁铁矿包围，这也是异化Fe^{3+}还原菌还原赤铁矿反应不完全的原因之一，同时也是反应周期较长（50d）、反应速率较慢的主要原因之一，得到的

(a) 原始赤铁矿　　　　　　　　　(b) 非生物反应50d赤铁矿　　　　　　(c) 生物反应50d赤铁矿

图4-23　SEM照片

这一结论也与前人研究结果互相佐证[31]。

使用Jade 5.0软件对XRD图谱进行固相检索以及寻峰标定，结果如图4-24所示：其衍射角2θ分别位于24.08°、33.1°、35.58°、49.4°、54.02°、62.36°、63.94°，对应的峰高值分别为3429.12、6724.8、4677.46、3308.94、4130.67、3127.15、3093.67，对应的晶粒尺寸分别为391、514、557、342、352、325、361。相对于非生物反应体系内的赤铁矿，生物反应体系中赤铁矿（α-Fe_2O_3）主要特征峰的峰高和晶粒尺寸均出现明显下降。这表明生物铁还原过程中，赤铁矿的结晶度下降，整体趋向无定形结构[37,38]。

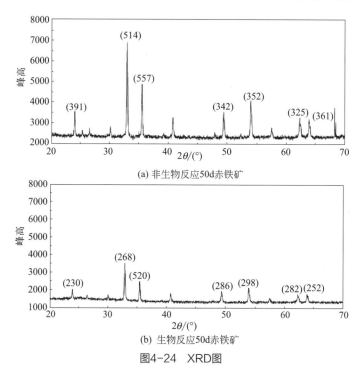

(a) 非生物反应50d赤铁矿

(b) 生物反应50d赤铁矿

图4-24　XRD图

图4-25为非生物反应体系50d后赤铁矿XPS谱图，可知Fe $2p_{3/2}$（主量子数、角量子数、内量子数）的显著峰位于710.5eV处、Fe $2p_{1/2}$的显著峰位于723.6eV处，此外Fe $2p_{3/2}$显著峰的随从峰位于719.0eV处，与Fe $2p_{3/2}$主峰的束缚能差值近似为8eV，根据Yamashita和Hayes的研究结果，这是α-Fe_2O_3中Fe^{3+}在Fe $2p_{3/2}$和Fe $2p_{1/2}$处的典型特征，且无Fe^{2+}生成[39]。

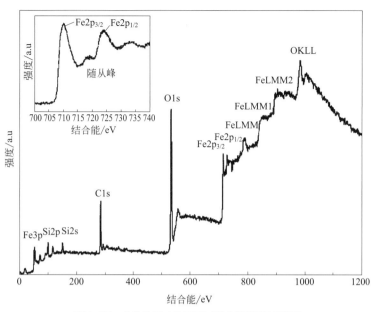

图4-25　非生物反应体系50d后赤铁矿XPS谱图

　　图4-26为生物反应体系50d后赤铁矿的XPS谱图，可见 Fe $2p_{3/2}$ 和 Fe $2p_{1/2}$ 的显著峰分别位于710.5eV和724.0eV处。先前的诸多研究报道[39, 40]，Fe_3O_4的 Fe $2p_{3/2}$ 不存在随从峰，另外通过检索XPS电子结合能对照表，710.5eV 处对应的 Fe $2p_{3/2}$ 结合态物质为Fe_3O_4，其化学式可写为 $FeO \cdot Fe_2O_3$，Fe^{2+}：Fe^{3+}为1：2。参照前人研究结果[39]，我们对生物反应体系赤铁矿的XPS谱图中Fe^{2+}与Fe^{3+}的相对峰面积进行了积分，计算结果显示：Fe^{2+}：Fe^{3+}为0.39：0.70。因此可推断，反应50d后赤铁矿生物还原生成的Fe^{2+}，与Fe^{3+}结合生成不能够继续被还原的Fe_3O_4黑色小颗粒，这与SEM得到的结果相吻合。

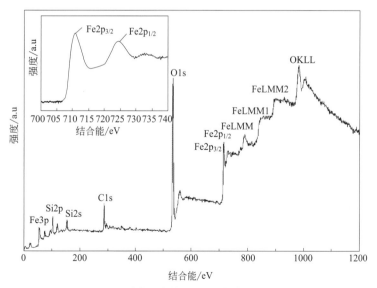

图4-26　生物反应体系50d后赤铁矿XPS谱图

（3）功能微生物在赤铁矿还原过程中的作用

由表4-3可知，在生物反应体系中观察到的所有细菌中，经过文献检索至少有17种能够还原Fe^{3+}同时降解有机物的微生物。此外，可看出原始地下水中微生物群落结构相对比较单调，17种微生物在地下水中的丰度相对较低，乳球菌属（*Lactococcus*）、嗜热脂肪地芽孢杆菌属（*Geobacillus stearothermophilus*）、假单胞菌属（*Pseudomonas*）有少量丰度，其OTU数量分别为66、26、53。培养基中具有Fe^{3+}生物还原功能的微生物种类与丰度明显要多于原始地下水样品，其中少动鞘脂单胞菌属（*Sphingomonas paucimobilis*）、乳球菌属（*Lactococcus*）、嗜热脂肪地芽孢杆菌属（*Geobacillus stearothermophilus*）、假单胞菌属（*Pseudomonas*）、噬氢菌属（*Hydrogenophaga*），其OTU数量分别为977、4706、2429、4005、11。而经过反应50d后生物反应体系内具备Fe还原功能的微生物种类和OTU数量明显增加，这是因为经过生化反应50d，功能微生物通过生长、新陈代谢、变异，利用受污染地下水中的NH_4^+-N、有机物作为营养物质和电子供体，Fe^{3+}在这一过程中被还原为Fe^{2+}，相关功能微生物菌株家族逐渐发展、壮大。

表4-3　基于高通量测序分析出的能够还原Fe^{3+}和/或降解有机物的细菌种类

原始地下水（OTU）	培养基（OTU）	生物反应组（OTU）	分类
0	4	497	鞘脂单胞菌目（Sphingomonadales）
0	0	319	鞘脂单胞菌科（Sphingomonadaceae）
2	977	311	少动鞘脂单胞菌属（*Sphingomonas paucimobilis*）
0	2	424	新鞘脂菌属（*Novosphingobium*）
66	4706	2642	乳球菌属（*Lactococcus*）
0	0	1185	固氮螺菌属（*Azospirillum*）
0	0	527	红蝽菌科（Coriobacteriaceae）
26	2429	1085	嗜热脂肪地芽孢杆菌属（*Geobacillus stearothermophilus*）
0	0	1040	陶厄氏菌属（*Thauera*）
0	0	2352	水小杆菌属（*Aquabacterium*）
53	4005	1648	假单胞菌属（*Pseudomonas*）
0	11	2651	嗜氢菌属（*Hydrogenophaga*）
0	0	789	动胶菌属（*Zoogloea*）
0	0	527	丛毛单胞菌科（Comamonadaceae）
0	0	344	细小棒状菌属（*Parvibaculum*）
0	0	361	拟杆菌属HA17（*Bacteroidetes*_vadin HA17）
0	0	609	地杆嗜氢菌属（*Geobacter hydrogenophilus*）

在鞘脂单胞菌目（Sphingomonadales）内，鞘脂单胞菌科（Sphingomonadaceae）的成员（总相对丰度为6％，包括少动鞘脂单胞菌（*Sphingomonas paucimobilis* spp.）和新鞘脂单胞菌（*Novosphingobium* sp.），能够还原Fe^{3+}并降解芳香族化合物或复杂的有机物。鞘脂单胞菌（*Sphingomonas* spp.）是亚热带稻田土壤沉积物中具备Fe^{3+}还原功能的主要微生物之一[41]，少动鞘脂单胞菌（*Sphingomonas paucimobilis* spp.）能够催化单环芳香族化合物和多环芳香族碳氢化合物的降解[42]。新鞘脂单胞菌（*Novosphingobium* sp.）能够用于2,4-二氯苯氧乙酸污染土壤的生物修复[43]，也可以将复杂大分子有机物降解为小分子有机酸[44]。乳球菌属（*Lactococcus*，相对丰度为11％）可以通过代谢将Fe^{3+}还原为Fe^{2+}，并伴随葡萄糖氧化[45]。而固氮螺菌属的成员（*Azospirillum*，相对丰度为5％）可以还原腐殖质类物质，利用腐殖质类电子穿梭进行细胞外电子转移，并降解2,4,6-三硝基甲苯[46]。

玉米固氮螺菌（*Azospirillum zeae*）可以利用电子穿梭进行胞外电子转移[47]，或者降解2,4,6-三硝基甲苯红水中的有机污染物[48]。红蝽菌科（Coriobacteriaceae，相对丰度为2％）的成员具有在厌氧条件下降解苯的能力[49]，而嗜热脂肪地芽孢杆菌（*Geobacillus stearothermophilus*，相对丰度为5％）属于兼性厌氧的革兰阳性细菌，是众所周知的能发酵糖类和甘油生产乳酸、乙酸、甲酸、乙醇的功能微生物[50]。陶厄氏菌属（*Thauera*，相对丰度为5％）能代谢各种芳香族化合物并还原腐殖质和Fe^{3+}[51]。水小杆菌属（*Aquabacterium*，相对丰度为10％）能够在有机物存在下同时氧化Fe^{2+}和还原硝酸盐[52]，是含水土层、烃类化合物污染的土壤和各种表面土壤微生物群落的主要成员之一[53]。

假单胞菌（*Pseudomonas* spp.，相对丰度为7％）能够在土壤中进行兼性厌氧生长，并能产生胞外电子穿梭物[54]；一些假单胞菌（*Pseudomonas* spp.）可以还原Fe^{3+}或氧化Fe^{2+}，同时还原硝酸盐[55]。嗜氢菌属（*Hydrogenophaga*，相对丰度为11％）可以与还原Fe^{3+}的细菌共存[56]，并且在厌氧条件下使PCBs脱氯[57]。动胶菌属（*Zoogloea*，相对丰度为2％）能够氧化土壤悬浮液中的Fe^{2+}[58]，而丛毛单胞菌科（Comamonadaceae，相对丰度为2％）的成员可以使用Fe^{3+}水合物作为电子受体来生物降解2,4-二氯苯氧乙酸[59]。*Parvibaculum lavamentivorans*（相对丰度为1％）可以部分氧化Fe^{2+}[60]；而*Bacteroidetes_vadinHA17*（相对丰度为2％）可以降解复杂的有机物[61]。地杆嗜氢菌属（*Geobacter hydrogenophilus*，相对丰度为3％），可在还原Fe^{3+}的同时氧化芳香族化合物[62]。

赤铁矿黏附细菌群落结构如图4-27所示。

从AFM照片中可看出（图4-28），细菌［密度为18.480细胞/μm²，直径为（93.849±54.625）nm］较好地附着在微纳米大小的赤铁矿上。细菌在赤铁矿上的密度和直径大于在云母上的密度和直径，这表明赤铁矿上微生物的黏附性和生长能力高于云母，主要是因为带负电荷的细菌可以被带正电的赤铁矿吸附，从而导致细菌-赤铁矿团簇的形成。

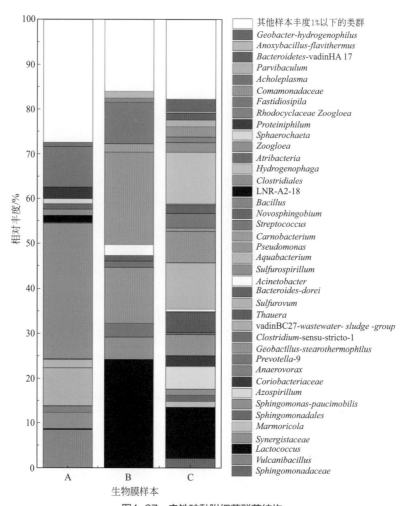

图4-27　赤铁矿黏附细菌群落结构

A—地下水；B—培养基；C—生物反应组

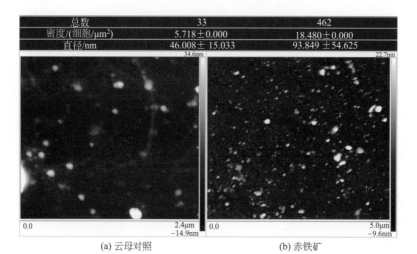

(a) 云母对照　　　　　(b) 赤铁矿

图4-28　AFM照片

4.2.2.2 淀粉改性赤铁矿促进Fe³⁺生物还原机制

（1）改性淀粉负载至赤铁矿后形貌变化

淀粉属于高分子化合物，具有来源广、无毒、易分解等特点，被广泛应用于微细粒矿物的絮凝中。为探究赤铁矿负载改性淀粉后微观形貌变化，我们对2μm、20μm尺度下赤铁矿的微观形貌进行了SEM扫描，如图4-29所示。图4-29（a）和图4-29（c）分别为20μm、2μm尺度下未改性原始天然赤铁矿，可看出矿物表面较为光滑。图4-29（b）和图4-29（d）分别为20μm、2μm尺度下，经淀粉改性的赤铁矿，可看出，相比负载前赤铁矿表面形貌变化较大，负载淀粉后赤铁矿表面新观察到众多的不规则絮状团聚体，经元素分析可知其元素组成分别为C、H、O、N，其元素组成含量为42.38%、8.17%、48.38%、1.07%。可推算其主要成为为淀粉$(C_6H_{10}O_5)_n$，这表明改性后淀粉成功负载至赤铁矿表面，且引起了赤铁矿微观形貌的变化，生成团聚体。

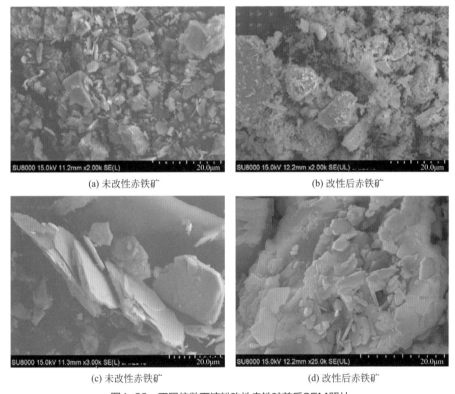

(a) 未改性赤铁矿　　　　　　　　　　　　(b) 改性后赤铁矿

(c) 未改性赤铁矿　　　　　　　　　　　　(d) 改性后赤铁矿

图4-29　不同倍数下淀粉改性赤铁矿前后SEM照片

（2）改性淀粉负载至赤铁矿后Zeta电位变化

外力作用下，矿物与溶液的接触面相对运动而产生的电位差，即Zeta电位。Zeta电位可以度量颗粒间相互排斥或吸引的强度，是表征胶体是处于分散还是团聚状态的重要指标。一般来说，Zeta电位绝对值代表体系稳定性大小，正负代表粒子带何种电荷。溶液中 H^+ 和 OH^- 作为大多数矿物的定位离子，pH值变化往往会影响矿物表面电荷的变化，从而对矿物颗粒间的表面行为产生影响。本实验使用 HCl 和 NaOH 调节体系 pH 值，对不同 pH 值条件下原始赤铁矿颗粒表面的 Zeta 电位进行测定，由图 4-30 可以看出，随着 pH 值的升高赤铁矿的 Zeta 电位呈现下降趋势；赤铁矿的零 Zeta 电位点 pH 值为 7.5，查阅相关资料可知[63]，赤铁矿的理论零 Zeta 电位点 pH 值为 7.8，与本结果相差不大。此外，可知当溶液 pH < 7.5 时赤铁矿表面 Zeta 电位为正值，随着溶液 pH 值的升高，赤铁矿的表面 Zeta 电位变为负值，且电位的绝对值逐渐增大。据文献报道[64]，赤铁矿表面 Zeta 电位绝对值的增大有助于赤铁矿在液相中的分散，增大矿物与微生物的有效接触面积，进而有助于赤铁矿 Fe^{3+} 生物还原反应的进行。随着赤铁矿溶液 pH 值的升高，体系内 OH^- 浓度逐渐增大，赤铁矿表面所带的负电荷也随之增多。

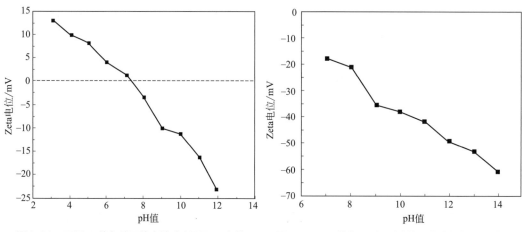

图4-30　不同pH值条件下纯赤铁矿表面Zeta电位　　图4-31　pH值为7~14时改性后的淀粉负载赤铁矿
表面Zeta电位

为探究 NaOH 改性后的淀粉负载至赤铁矿表面后 Zeta 电位的变化，本实验使用 NaOH 溶液对淀粉进行改性，使其负载至赤铁矿表面，探究 pH 值为 7 ~ 14 条件下赤铁矿表面的 Zeta 电位变化。由图 4-31 可知，负载淀粉后赤铁矿表面 Zeta 电位均为负值，且与纯赤铁矿表面 Zeta 电位相比，负载淀粉后其 Zeta 电位绝对值明显增大；此外，与未负载淀粉的原始赤铁矿体系 Zeta 电位数据对比可知，淀粉改性后的赤铁矿，其表面零 Zeta 电位点明显地向酸性发生了偏移，由此可说明，改性后淀粉在赤铁矿表面发生了物理化学吸附作用[63]。随着体系内 pH 值的升高，赤铁矿表面的 Zeta 电位绝对值也逐渐增大，矿物表面带负电荷，最后趋于平稳。同时也预示着随着赤铁矿表面 Zeta 电位的升高，赤铁矿颗粒间静电排斥力增大，淀粉分子在其表面趋于吸附饱和。

汪桂杰等研究表明，在 pH 值为 2 ~ 12 范围内淀粉和 NaOH 处理后的淀粉均可负载至赤铁矿表面，这是由淀粉分子中的羟基与氧化铁表面的铁元素发生了反应所致[65]。但就本小节而言，通过 Zeta 电位变化确定了淀粉与赤铁矿发生了物理化学吸附，但淀粉负载至赤铁矿后表面官能团、赤铁矿亲水性变化等机理仍有待进一步探究。

（3）改性淀粉负载至赤铁矿后表面官能团变化

根据4.1.3.2部分相关内容的研究结果，我们分别选取未改性的原始赤铁矿颗粒、原始淀粉、pH值为11条件下NaOH改性的淀粉、pH值为11条件下淀粉改性的赤铁矿，进行表面红外光谱分析。由图4-32可知，$0 \sim 4000cm^{-1}$处共有四处较为明显的吸收带，分别为$3401cm^{-1}$、$1092cm^{-1}$、$565cm^{-1}$、$462cm^{-1}$，其中$3401cm^{-1}$处吸收带较宽，此吸收带是H_2O的吸收峰；$1092cm^{-1}$和$462cm^{-1}$是Fe—O的弯曲振动吸收峰；$565cm^{-1}$是Fe—O的伸缩振动吸收峰。

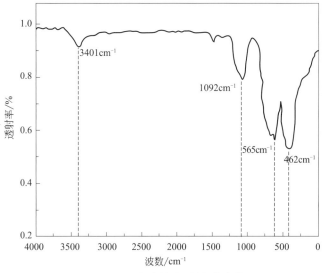

图4-32　原始赤铁矿颗粒红外光谱

为了探究NaOH改性对原始淀粉的结构组成或官能团等化学性质的影响，对原始淀粉与pH值为11条件下NaOH改性后的淀粉进行红外光谱分析，由图4-33可知，原始淀粉红外光谱中$1635cm^{-1}$处的吸收带是H_2O的变角振动吸收峰，$3429cm^{-1}$处有非常宽的吸收带，此吸收带是淀粉分子中的氢键缔合的羟基伸缩振动吸收带。$2934cm^{-1}$处是—CH_2—的反对称伸缩振动吸收峰，$1091cm^{-1}$和$1030cm^{-1}$是糖类中的C—OH的伸缩振动吸收峰，其中$1080cm^{-1}$是与仲醇相连的羟基C—OH的伸缩振动吸收峰，$1020cm^{-1}$是与伯醇相连的羟基C—OH的伸缩振动吸收峰。对比pH值为11条件下经NaOH改性后淀粉的红外光谱图可看出$3438cm^{-1}$处有非常宽的吸收带，此吸收带是淀粉分子中的氢键缔合的羟基伸缩振动吸收带，出现了一定幅度的位移，且在$1370cm^{-1}$处出现了新的吸收峰，为C—OH的对称伸缩振动吸收峰，且淀粉分子中的羟基吸收带的波峰位置变化较为明显，经NaOH处理后的淀粉分子结构发生了变化，C—OH的吸收峰位置发生了移动。

如图4-34所示，原始赤铁矿的红外波数在$3401cm^{-1}$处是H_2O的吸收峰，对比可知pH值为11条件下NaOH改性后淀粉负载至赤铁矿表面，此H_2O吸收峰从原来的$3401cm^{-1}$处位移至$3498cm^{-1}$处，位移了$97cm^{-1}$，吸收峰位移距离明显，文献报道淀粉分子中羟基可致使赤铁矿H_2O吸收峰发生偏移[66]。阮耀阳研究了淀粉与氧化铁矿物反应

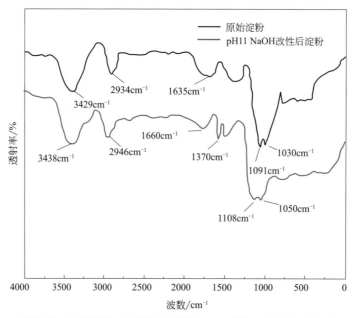

图4-33　原始淀粉与pH值为11条件下NaOH改性后淀粉的红外光谱

后的红外光谱，发现羟基吸收峰发生了一定程度的偏移，是淀粉与氧化铁发生了氢键吸附所致[67]。此外，可看出负载淀粉后的赤铁矿在1240cm⁻¹附近出现了一个新的吸收峰，此吸收峰对应的是淀粉分子中C—O—C的吸收峰，且Fe—O的弯曲振动和伸缩振动吸收峰都存在一定程度的偏移，表明淀粉分子与赤铁矿之间发生了化学吸附反应，其主要作用力为化学键中的配位键和氢键等[63]。其余吸收峰的位置变化不大，但是吸收峰的强度有所变化。

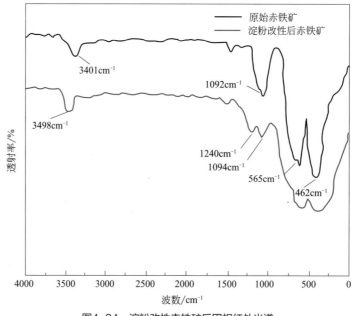

图4-34　淀粉改性赤铁矿后固相红外光谱

综上，淀粉及其衍生物的分子结构存在大量羟基，使其在Fe^{3+}氧化物表面具有较强的吸附能力。淀粉的分子中每个葡萄糖结构单元含有 3 个羟基，NaOH 改性后使淀粉分子结构变形，变形后的淀粉除羟基外，还含有羧基、氨基等亲水基团，氢键的作用能使其吸附在赤铁矿颗粒表面，从而使赤铁矿表面附着一层淀粉胶体，淀粉可通过氢键与水分子缔合，从而使得受淀粉改性后的赤铁矿亲水性大大增强，在功能微生物的作用下赤铁矿Fe^{3+}生物可利用、Fe^{3+}溶出量和还原量均增加，从而提高了对碳氮污染物的去除效率。

4.2.3 结论

本章节研究，从赤铁矿-微生物之间的电子穿梭机制、固相材料表征、功能微生物群落结构的分析等角度，探究了天然赤铁矿Fe^{3+}生物还原的反应机制；从特征官能团、微观形貌、Zeta 电位变化等角度，探究了淀粉改性赤铁矿促进Fe^{3+}生物还原的机制。为实现赤铁矿的工程化应用，拓宽赤铁矿在填埋场地下水污染修复中的应用前景提供理论支撑。主要结论如下：

① 地下水中本底腐殖质能够促进天然赤铁矿Fe^{3+}还原性溶解，腐殖质中酚羟基官能团可被转化为醌基官能团，在赤铁矿-微生物-污染物之间发挥电子穿梭作用。

② 天然赤铁矿Fe^{3+}生物还原后结晶度下降，整体趋向无定形结构。反应后期，液相中Fe^{2+}在天然赤铁矿颗粒表面沉积，并与Fe^{3+}进行络合，生成不能被继续还原、生物可利用性较差的磁铁矿（Fe_3O_4），微生物可接触反应面积逐渐丧失，Fe^{3+}还原速率逐渐下降。

③ 培养基中具有Fe^{3+}生物还原功能的微生物主要包括 4 种，生化反应 50d 后生物反应体系内功能微生物通过生长、新陈代谢、菌株壮大，发现具备Fe^{3+}生物还原功能的微生物增多为 17 种，主要为鞘脂单胞菌科（Sphingomonadaceae）、固氮螺菌属（*Azospirillum*）、地杆嗜氢菌属（*Geobacter hydrogenophilus*）等。此外，体系内存在可氧化Fe^{2+}同时还原硝酸盐的功能微生物，如假单胞菌属（*Pseudomonas*）、水小杆菌属（*Aquabacterium*）等。

④ NaOH 改性后的淀粉含有羟基、羧基等亲水性基团，通过氢键作用力吸附在赤铁矿表面，淀粉通过氢键与水分子缔合，从而大幅改善天然赤铁矿的亲水性，显著提高Fe^{3+}生物可利用性，在功能微生物的作用下Fe^{3+}溶出量和还原量均增加，从而增大对污染物的去除效率。

4.3 典型填埋场地下水碳氮污染特征和DOM变化规律

垃圾填埋场地下水污染具有隐蔽性、长期性和复杂性。地下水一旦污染修复难度极大，其污染特征识别更具挑战性。科学掌握填埋场地下水污染现状和趋势，精确识别和快速检测其污染范围、程度，是精准指导污染阻控与修复的先决条件。本节以某非正规生活垃圾填埋场为案例，基于场地水文地质调查和前期污染调查结果，从地下水水化学角度，探究填埋场地下水碳氮污染特征；从DOM分子动力学角度，探究地下水DOM组分、来源、空间分布特征，阐明水化学与DOM分子动力学的响应关系。以期为地下水污染系统防控、末端精准修复提供理论依据，为实现赤铁矿Fe^{3+}生物还原过程在地下水污染修复中的实际应用奠定研究基础。

4.3.1 材料与方法

4.3.1.1 填埋场场地基本特征描述

本非正规生活垃圾填埋场由废旧坑塘改建而来，2015年开始填埋垃圾，2017年封场。垃圾填埋深度为11～13m，其中主填埋区位于场区西南侧，主要填埋城市生活垃圾。垃圾堆体底部未采取任何防渗措施，地表简易覆土。由于未按国家卫生垃圾填埋场相关标准规范建设，该填埋场无防渗、渗滤液处理、填埋气体导排等环保设施，对周边环境造成较大安全隐患。2017年该简易垃圾填埋场被相关环保部门责令整治。场地历史影像如图4-35和图4-36所示。

场地填埋垃圾主要为生活垃圾，可分为橡塑类、砖瓦陶瓷类、纺织品类、金属类、木竹类、玻璃类、纸类、混合类及其他共9类，各填埋垃圾样品物理组成由物理组分检测结果可知，填埋垃圾中主要存在橡塑类以及成分较难区别的混合类物质，部分点位垃圾含有一定量的砖瓦陶瓷、纺织品、木竹、玻璃等物质，较少点位垃圾中存在金属类及纸类物品。

(a) 2011年8月   (b) 2017年8月

图4-35　场地历史影像

图4-36　垃圾填埋照片

　　基于前期水文地质调查结果：本场地地下水埋深较浅（−2.0～−1.5m），浅层地下水以低矿化盐水为主，整体流向为西北至东南，流速约0.043cm/d。潜水含水层介质主要为粉土，渗透性较差（$K < 10^{-7}$m/d）。第一微承压含水层岩性主要为粉土、粉砂甚至细砂，埋深约20～30m，部分偏南部场地此含水层顶板甚至能够达到16m左右。该层含水层以粉砂细砂为主，夹有部分粉土层。该层含水层下部分布有厚度不均的粉质黏土或黏土层，作为该层与第二微承压含水层之间的隔水层，第一层隔水层厚度为7.8m，具备基本防渗性能。第二微承压含水层埋深约为33～45m，岩性主要为不连续的粉砂、粉土层，厚度有一些变化，下部隔水层岩性主要为粉质黏土。

4.3.1.2　采样点布设与取样

　　场地位置及地下水监测井、土壤和垃圾渗滤液采样点布设如图4-37所示。考虑潜水含水层地下水的整体流向（西北向东南），共布设地下水监测井8口，井深为14～15m，其中NW-2、NW-1为填埋场上游背景点，下游最远点为SE-2，围绕场地另外布设SW-1、S-1、S-2、

SE-1、E-1等地下水监测井。地下水采样前需洗井，直到EC值和pH值变化不超过±5%方可停止，24h后进行地下水采样。在垃圾填埋区内布设6口渗滤液监测井，每口地下水和渗滤液监测井均采集3个平行样。在填埋场上游、下游共设置8个土壤样品采集点（1#～8#），土壤采样规则为0～3m每0.5m一个样，3～6m每1m一个样，6～15m每3m一个样。

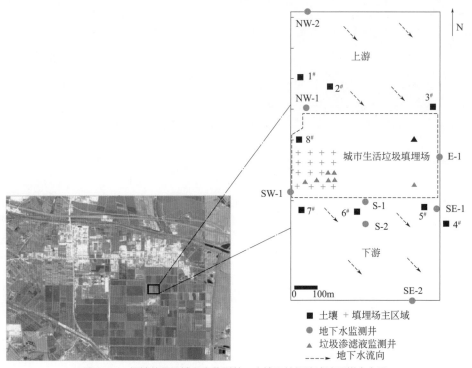

图4-37　场地位置及地下水监测井、土壤和垃圾渗滤液采样点布设

4.3.1.3　分析测试

（1）常规指标测试

pH值、EC、TDS（总溶解固体）值使用多参数测定仪（YSI ProPlus型，美国泰亚赛福公司）现场测定。渗滤液和地下水样品过0.45μm滤膜后，放至冰箱冷藏，24h内测定。使用紫外-可见分光光度计（UV-2802型，上海尤尼柯公司）测量NH_4^+-N、硝酸盐、亚硝酸盐浓度，使用离子色谱仪（ICS-2000型，美国戴安公司）测量Cl^-浓度，使用TOC分析仪（Multi N/C 2100型，德国耶拿公司）测定DOC含量。使用分光光度法测试土壤中NH_4^+-N、硝酸盐和亚硝酸盐含量；使用滴定法测试土壤有机质含量；采用乙酸铵交换法测定土壤阳离子交换量；采用达西定律测定土壤渗透系数。

（2）光谱学指标测试

紫外光谱学、荧光光谱学测定分析方法如4.1.1.5部分所述。计算样品在355nm处吸

收系数 $a(355)$ [5]，计算样品在254nm处吸光度乘以100，与DOC浓度的比值为 $SUVA_{254}$，该值与DOM芳香性呈显著正相关，值越大DOM中苯环化合物越多 [6,7]。计算吸收系数比值 E_{254}/E_{436}，能够指示DOM的来源（外源或微生物内源）[68]。固定激发波长 E_x 为310nm，计算发射波长 E_m 为380nm、430nm处的荧光强度比值（BIX），该值在0.8～1.0范围对应为微生物内源生成的DOM [9]。固定激发波长 E_x 为370nm，计算发射波长 E_m 为470nm、520nm处的荧光强度比值（FI），该值≤1.4时说明DOM为外源，该值≥1.9为微生物内源，FI值与DOM芳香性成反比 [69]。固定激发波长 E_x 为310nm，计算发射波长 E_m 为380nm与420～435nm处最大荧光强度（F_{max}）比值（$\beta:\alpha$），值越大代表DOM新生度越高，其中 β 代表新生DOM，α 表示高度分解后的DOM [70]。固定激发波长 E_x 为254nm，计算发射波长 E_m 在435～480nm与300～345nm处的峰面积比值（HIX），该值越大DOM腐殖化程度越高 [10]，性质越稳定，越难降解 [11]。

（3）数据分析

地下水和渗滤液样品三维荧光光谱数据，采用Barhram法消除瑞利散射 [5]，使用MATLAB 7.0b的DOM-Fluor toolbox软件包进行平行因子分析（PARAFAC）。根据一致性分析和对半检测确定荧光组分，以及每个样品在对应组分的相对浓度得分值 F_{max}。基于PARAFAC分析，计算类腐殖酸与类蛋白组分的 F_{max} 比值（hum：pro）。主成分迁移以及Spearman相关性分析采用SPSS 19.0软件进行。使用Surfer 11软件模拟地下水污染羽。绘图采用Origin 9.0软件。

4.3.2 研究与分析

4.3.2.1 地下水污染物分布特征

（1）NH₄⁺-N

由表4-4可知，该填埋场区域地下水为弱碱性水（pH值为7.27～8.35），这与场地含水层岩性有关。填埋区域渗滤液NH₄⁺-N浓度最高为（2770.00±320.47）mg/L，可知NH₄⁺-N是渗滤液中最主要的氮类污染物，有研究表明 [71]，垃圾渗滤液中高浓度的NH₄⁺-N会在一定程度抑制土壤中的硝化作用，在自然条件下垃圾中蛋白质等含氮的物质经过生物降解释放出大量NH₄⁺-N；随着垃圾厌氧填埋时间的延长，垃圾渗滤液中NH₄⁺-N含量也相对增加。大量研究表明，NH₄⁺-N是垃圾填埋场中重要的长期污染物，特别是非正规垃圾填埋场，NH₄⁺-N是最主要的污染因子之一，且随着填埋场场龄的增大而增加，NH₄⁺-N浓度可高达几千毫克每升。

填埋场周边下游地下水NH₄⁺-N浓度最高为10.35mg/L（S-1点），是地下水质量标

准 (GB/T 14848—2017) Ⅴ类标准的 7 倍，随着与填埋区域距离增加，NH_4^+-N 浓度逐渐减小。可推断 NH_4^+-N 污染羽主要分布在垃圾填埋场东南方向距离填埋场南部边界 500m 范围内。填埋场周边土壤数据表明，填埋场上游 15m 以内的土壤，NH_4^+-N 浓度较低，多在 10mg/kg 以下，而填埋场下游 15m 以内的土壤，NH_4^+-N 浓度最高达 21mg/kg，这可能是由于土壤粉土介质胶体带负电，对 NH_4^+-N 有一定的吸附作用，使得渗滤液中的 NH_4^+-N 不易随地下水污染羽迁移。阳离子会因离子交换吸附作用产生阻滞，根据上、下游土壤数据，上游土壤阳离子交换量背景值为 1.60cmol/kg，下游污染点附近土壤阳离子交换量为 3.06cmol/kg，结合土壤中 NH_4^+-N 数据，这说明粉土介质可能吸附了大量的 NH_4^+-N。综上所述，虽然渗滤液中 NH_4^+-N 浓度较高，但由于含水层粉土介质对 NH_4^+-N 的吸附截留能力较强，因而地下水中 NH_4^+-N 浓度最高为 10.35mg/L（以 N 计）。

（2）NO_3^--N

由表 4-4 可知，填埋场渗滤液中 NO_3^--N 浓度平均为（624.33±230.99）mg/L，可知 NO_3^--N 是渗滤液中典型的氮类污染物之一。分析可知该填埋场下游地下水中 NO_3^--N 并未超标，浓度最高为（0.63±0.06）mg/L（SE-2 点），这表明随着地下水运移，绝大部分 NO_3^--N 都被含水层粉土介质吸附截留。结合土壤数据可知（表 4-5），填埋场下游点附近土壤中硝酸盐高达 1390.93mg/kg，土壤背景值硝酸盐最高为 116.90mg/kg，这表明含水层粉土介质对 NO_3^--N 的吸附能力较好。此外，含水层系统中存在微生物介导的硝酸盐还原过程，综合分析可知进入地下水中的 NO_3^--N 含量相对较少。

（3）NO_2^--N

由于该非正规填埋场以城市居民生活垃圾为主，NO_2^--N 本底值相对较低，且随着填埋时间的延长，亚硝酸盐作为微生物硝化作用和反硝化作用的中间产物，在水体中不稳定，渗滤液中含氮可生化有机组分的厌氧水解和厌氧发酵等反应逐渐进行，NO_2^--N 浓度逐渐降低，很容易被氧化为硝酸盐。加之含水层系统中粉土介质对亚硝酸盐存在一定的吸附截留作用，因而地下水中 NO_2^--N 均低于检出限，并非地下水中主要氮类污染物。

（4）有机污染物

由表 4-4 可知，填埋场渗滤液 DOC 浓度高达（3096.67±341.22）mg/L，填埋场上游潜水含水层背景（NW-2 点）DOC 浓度为 5.37mg/L，周边监测井中地下水 TOC 浓度最高为（11.13±0.61）mg/L，位于填埋场南部下游 S-1 点。由表 4-5 可知，而 S-1 附近土壤（4# 点）中有机质平均含量为 155.24g/kg，背景点有机质含量仅为 80.39g/kg，说明土壤介质对渗滤液中有机质有明显的吸附作用，导致地下水中有机质含量低。即本场地地下水中有机物浓度相对较低，渗滤液渗漏至地下环境，绝大部分有机物被土壤吸附截留。

表4-4 垃圾渗滤液与地下水理化参数基本平均值

取样点	DOC/(mg/L)	NH$_4^+$-N/(mg/L)	NO$_3^-$-N/(mg/L)	NO$_2^-$-N/(mg/L)	Cl$^-$/(mg/L)	pH值	EC/(mS/cm)
垃圾渗滤液	3096.67±341.22	2770.00±320.47	624.33±230.99	0.02±0.01	23,680.00±268.5	8.09±0.38	22220.00±3586.73
NW-2	5.37±0.10	0.35±0.29	0.39±0.09	ND	1706.00±394.00	7.78±0.33	7.50±1.51
NW-1	6.65±0.48	0.46±0.61	0.21±0.09	ND	1477.00±535.59	7.29±0.17	6.14±1.86
SW-1	7.33±0.28	0.84±0.76	0.00	ND	88.70±55.58	7.27±0.31	6.45±3.57
S-1	11.13±0.61	9.09±1.26	0.44±0.04	ND	1106.67±35.12	8.35±0.05	25.37±0.93
S-2	6.11±0.91	1.49±1.57	0.55±0.03	ND	1293.33±45.09	8.23±0.02	28.40±0.31
E-1	4.31±0.02	0.21±0.20	0.22±0.03	ND	4380.00±4547.43	8.03±0.15	5.85±0.70
SE-1	5.86±1.00	1.28±1.85	0.31±0.11	ND	4770.00±1925.33	8.29±0.04	15.45±4.81
SE-2	7.40±0.24	0.83±0.38	0.63±0.06	ND	3990.00±4651.01	7.48±0.07	25.94±3.32

注：ND表示未检出。

表4-5 垃圾填埋场周围土壤参数的平均值

取样点	有机质/(g/kg)	氨/(mg/kg)	硝酸盐/(mg/kg)	CEC/(cmol/kg)
1$^\#$	80.39	5.08	159.74	1.60
2$^\#$	75.93	4.12	116.90	1.37
3$^\#$	87.07	6.23	262.02	2.14
4$^\#$	155.24	4.97	1390.93	1.80
5$^\#$	124.57	5.69	179.71	2.43
6$^\#$	252.84	8.07	611.27	3.06
7$^\#$	346.53	10.52	156.77	4.36
8$^\#$	174.79	5.17	436.00	2.33

注：CEC表示阳离子交换量。

4.3.2.2　地下水DOM迁移转化规律

（1）DOM组分及来源

地下水DOM主要包括有色有机物和无色有机物，两者性质受人类干扰、微生物活动、水文地质等影响显著[72]。垃圾填埋过程中有机物经过腐殖化会形成大量有色DOM，采用紫外光谱分析可示踪其性质变化[12]。本小节地下水样品DOC浓度及主要紫外光学参数如表4-6所列。可知S-1监测井地下水DOC浓度为（11.13±0.61）mg/L，有机污染最重；其a(355)值（指示DOM相对含量）也最大，显著高于其他监测点位（$p<0.05$）。此外，可看出填埋场下游a(355)值整体高于上游（S-1 > E-1 > S-2 > SE-1 > NW-2 > SE-2 > SW-1 > NW-1），这可能与渗滤液污染羽扩散导致下游地下水中异质性DOM增多有关[68]。由$SUVA_{254}$值可知（指示DOM芳香性），E-1、S-1、SE-1、SE-2等下游地下水DOM芳香性相对较高，这表明异质性有机物入侵增强了下游地下水DOM芳香性。综上，地下水DOM的相对含量和芳香性，上游与下游之间均表现出显著性差异（$P<0.05$）。

表4-6　地下水样品DOC浓度和紫外光学参数

取样点	DOC/(mg/L)	a(355)/m^{-1}	$SUVA_{254}$/［L/(mg·m)］	E_{254}/E_{436}
NW-1	5.37±0.10	3.77	1.55	15.71
NW-2	6.65±0.48	6.20	1.34	11.24
SW-1	7.33±0.28	4.99	1.49	11.11
S-1	11.13±0.61	15.24	2.77	17.06
S-2	6.11±0.91	8.46	1.10	5.80
E-1	4.31±0.02	8.95	3.98	12.35
SE-1	5.86±1.00	7.07	2.04	8.88
SE-2	7.40±0.24	5.78	1.58	10.42

为探究这一差异性的成因，我们对填埋场地下水样品三维荧光数据进行PARAFAC分析（图4-38），鉴定出三大类组分，其中C1为类胡敏酸、C2为类富里酸、C3为聚合程度小且易降解的类蛋白。

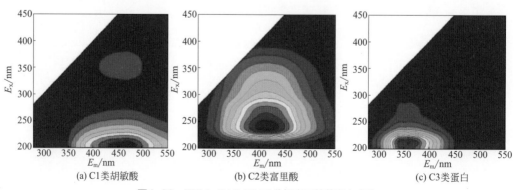

(a) C1类胡敏酸　　　(b) C2类富里酸　　　(c) C3类蛋白

图4-38　EEM-PARAFAC分析出三种荧光主成分

由图 4-39 可知，背景地下水 DOM 以 C2 类富里酸为主，C1 类胡敏酸和 C3 类蛋白的相对浓度均显著低于其他监测井（$p<0.05$）。下游地下水 DOM 以 C3 类蛋白和 C1 类胡敏酸为主，DOM 类富里酸相对百分占比较低（S-1 占比为 2.53%、S-2 占比为 0.38%），这可能是因为渗滤液污染物随着地下水污染羽向下游迁移，微生物活性较高，类蛋白物质等有机代谢产物较多，因而下游地下水 DOM 中生物源类蛋白组分所占比例较大。大量研究表明：分子量相对较小的 DOM（如类蛋白和类富里酸），随着填埋年限的延长会逐步进入腐殖化阶段，聚合形成分子量更大的类胡敏酸物质。基于 PARAFAC 分析，各组分 F_{max} 如图 4-39 所示。计算类腐殖酸与类蛋白组分 F_{max} 比值，计为 hum ∶ pro[68]，可知最远处背景井 NW-2 的 hum ∶ pro 值趋于无限大，NW-1、SW-1、SE-1、SE-2、S-1、S-2、E-1 的 hum ∶ pro 值分别为 6.46、2.49、1.03、1.17、1.30、0.72、0.80，这表明填埋场上游地下水 DOM 的 hum ∶ pro 值整体高于下游（$p<0.05$）。综上，填埋场上、下游地下水 DOM 组分差异明显。

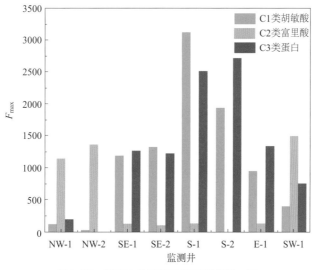

图4-39　地下水样品 DOM 各组分的 F_{max} 值

为探究地下水 DOM 组分差异性的成因，有必要追溯 DOM 来源。由表 4-6 中 E_{254}/E_{436}（指示 DOM 来源）可知，所有监测井地下水 E_{254}/E_{436} 值均在 19.52 ～ 27.45 范围外（滨海地区地下水含水层），地下水 DOM 以外源和微生物内源为主[73]，低渗透性含水层介质可能导致上、下游地下水 DOM 均会受填埋场影响。如图 4-40 所示，大部分监测井地下水 DOM 的 BIX 值均高于 0.8、FI 值均高于 1.8，这表明填埋场地下水 DOM 为微生物内源的比重较大，且结构较简单；而背景井 NW-2 的 BIX 值和 FI 值均小于其他监测井，这表明未受污染的地下水 DOM 源自微生物内源的比重较低，可能源于含水层沉积物的释放，且分子结构相对复杂。此外，NW-1、NW-2 等背景地下水 DOM 的 HIX 值显著高于其他监测点值（$P<0.05$），可推断上游地下水受填埋场污染源干扰相对较小，加之天然含水层微生物活动较弱，天然有机物经过一系列腐殖化反应，致使 DOM 以大分子芳香族化合物居多。此外，由地下水中 DOM 新生度（β/α 值）可知，背景井 DOM 新生度较低，

而下游DOM新生度相对较高。这可能由于垃圾填埋期较短，且多以新鲜生活垃圾为主，致使下游DOM新生度较高的地下水样品，其腐殖化程度偏低。

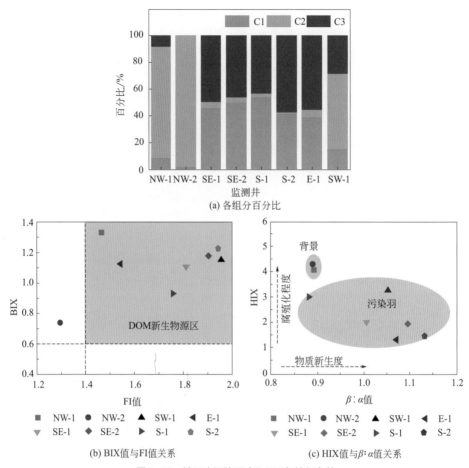

图4-40 地下水污染羽中DOM各特征参数

（2）DOM空间分布及演替特征

将地下水DOM的荧光强度F_{max}值除以样品DOC浓度，进行同一水平下的归一化、无量纲化处理，计算值用于模拟地下水污染羽DOM不同组分的分布状况。由图4-41可知，主填埋区渗滤液DOM最高F_{max}值可达1925.36；填埋场下游地下水DOM的F_{max}值明显高于上游背景值（$P<0.05$），空间模拟趋势可判定下游地下水DOM来自填埋场渗滤液污染；此外可看出，距离填埋堆体距离越近，地下水DOM的F_{max}值越高。填埋场上游未污染的背景地下水DOM，类胡敏酸和类蛋白的F_{max}值几乎均为零，而类富里酸F_{max}值可达255.80。对比类胡敏酸和类富里酸在空间上分布特征，可判断两者随污染羽的扩散趋势具有一定相似性，而类蛋白则表现出一定的差异性。

首先，我们可看出类蛋白的迁移距离更远，这可能是由于类蛋白分子量相对较小，且分子结构中亲水性官能团较多、水溶性更好[74]，导致在地下水中的迁移距离更远，容易导致地下水水质持续恶化[68]；其次，可看出地下水下游异质性DOM中类蛋白贡献度要高于类富里酸，这可能是由于在活跃微生物的作用下分子量相对较小的类富里酸和类蛋白物质逐渐聚合形成类胡敏酸。此外，异质性类蛋白的补给和迁移速率相对较快，可能是地下水DOM类蛋白组分居多的原因。

为进一步揭示地下水DOM主成分演变规律，我们将三种荧光组分（C1、C2、C3）和四种光谱参数（HIX、BIX、$SUVA_{254}$、E_{254}/E_{436}）进行主成分分析（PCA）。经

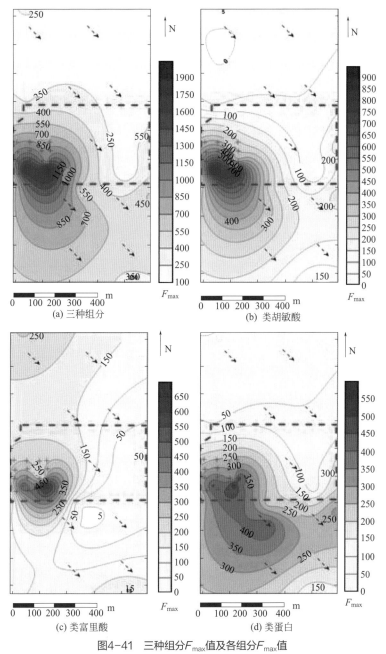

图4-41　三种组分F_{max}值及各组分F_{max}值

Kaiser-Meryer-Oklin（KMO值为0.8）和Bartlett的球形度检验（$P<0.001$），计算各组分及光谱参数在PC1、PC2上的得分值，分析各参数的关系及其对PC1、PC2的贡献程度；随后进行多参数降维，可明确各点位样品在PC1、PC2上主成分迁移特征[75]。由图4-42可知，与PC1呈显著正载荷的为类蛋白组分C3、生物源指标BIX和E_{254}/E_{436}，而与PC2呈显著正载荷的为类富里酸C2及腐殖化率指标HIX。类胡敏酸/类富里酸组分对PC1贡献较小载荷，而对PC2贡献中等载荷。对以上参数分为三类，基于对角平行线可分为"HIX、C2""$SUVA_{254}$、C1"和"BIX、E_{254}/E_{436}、C3"，其分别指示为C1类富里酸区域（Ⅰ区）、C2类胡敏酸区域（Ⅱ区）和C3类蛋白区域（Ⅲ区）。由地下水监测点样品在主成分因子得分的分布位置可知，Ⅰ区内有填埋场背景点NW-1、NW-2，Ⅱ区内有SE-1、SE-2、E-1、SW-1等监测点，Ⅲ区内有S-1、S-2监测点。可看出随着地下水污染羽的扩散，DOM组分整体呈现Ⅱ区向Ⅲ区的过渡（DOM整体趋于小分子化、新生化、低腐殖化）。

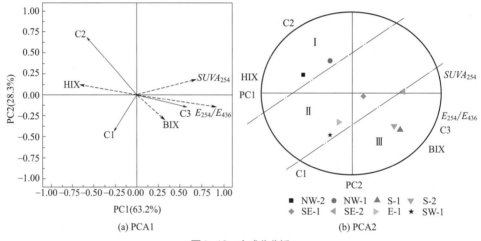

图4-42　主成分分析

（3）水化学与DOM动力学的响应关系

地下水水化学性质变化可能会对DOM组分性质产生一定影响[68]。荧光组分与水化学指标相关性分析见图4-43，可知C1类胡敏酸和C2类富里酸之间呈现显著正相关，这表明地下水DOM腐殖质类组分之间具有较好同源性[76]；而C3与C1、C2之间却未呈现明显相关关系，这可能是因为DOM之间存在小分子向大分子的聚合现象[77]。此外，可看出C1、C2、C3均与DOC表现出显著正相关，这表明DOC对荧光组分具有一定的指示意义[78]。从地下水水化学特征来看，EC、NO_3^-、Cl^-两两显示极显著正相关，这表明NO_3^-、Cl^-这两种阴离子具有类似的迁移性[79]。综上，渗滤液污染物在污染羽中厌氧微生物作用下会生成小分子类蛋白、有机酸及无机离子，因而这些组分之间的相关性较好。

由图4-44可知，EC与$\beta:\alpha$、BIX、FI呈现显著负相关关系，而与HIX呈现极显著

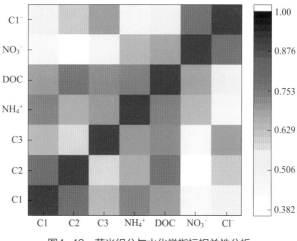

图4-43　荧光组分与水化学指标相关性分析

正相关关系。$\beta : \alpha$ 指示着DOM新生度，值越大，DOM新生度越低[70]；本章背景地下水DOM新生度相对较低，其水质较为洁净，电导率也相对较低[80]；而渗滤液侵染后的地下水中异质性污染物较多，电导率相对较高，同时地下水DOM新生度相对较高［图4-44（a）］。BIX指示着DOM来源，值越大，表明地下水DOM多以自身微生物内源为主；值越小，则表明地下水DOM多来自外源[9]。受污染地下水EC相对较高，这解释了EC与BIX呈负相关关系的原因［图4-44（b）］。FI指示着DOM分子复杂程度，值越小，说

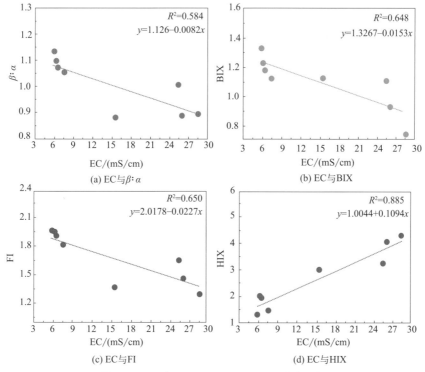

图4-44　EC与$\beta : \alpha$、HIX、BIX和FI的相关性

明DOM大分子芳香族化合物越多，分子结构越复杂[69]；本节中FI和EC呈现显著负相关，这在一定程度上反映了地下水受渗滤液侵染后异质性污染物的入侵导致EC相对较高，同时DOM分子结构也越复杂［图4-44（c）］。HIX指示着地下水DOM的腐殖化程度，值越大，有机物腐殖化程度越高[10]；本节中HIX和EC呈现显著正相关关系，这表明渗滤液中大量腐殖化程度较高的异质性DOM进入地下环境，会改变地下水DOM本底特性，EC和HIX呈现显著正相关［图4-44（d）］。综上，EC作为一种可快速在线获取的监测指标，其与DOM动力学参数（新生度、来源、芳香性、腐殖化程度）具有较好相关性，将其与紫外-荧光光谱分析手段相结合，深入分析填埋场地下水污染状况，可为填埋场地下水污染主控因子和监测指标的优化筛选、污染的高效精准诊断和快速预警提供理论依据。

4.3.3 结论

本章以某非正规生活垃圾填埋场为实际场地，通过布设地下水监测井、土壤和垃圾渗滤液采样点，系统分析该场地地下水碳氮污染特征，并阐明了地下水DOM迁移转化规律，主要结论如下：

① 有机物、NH_4^+-N、硝酸盐是垃圾渗滤液中最主要的碳氮污染物。本场地地下水埋深较浅（$-1.5 \sim -2.0$m），地下水流速缓慢（约为0.04cm/d），且含水层粉土介质渗透性较差（$K < 10^{-7}$m/d），有机物、NH_4^+-N、硝酸盐等污染物极易被含水层介质吸附截留。分析发现，潜水含水层下游地下水中氮类污染物以NH_4^+-N为主，其最高浓度为10.35mg /L（以N计）（S-1点），是地下水质量标准（GB/T 14848—2017）Ⅴ类标准的7倍。

② 渗滤液的入侵在空间上改变了地下水DOM性质。随着地下水污染羽的逐步扩散，下游地下水DOM组分芳香性和新生度均升高，DOM整体趋于小分子化、低腐殖化。

③ 未受污染的地下水本底DOM源自微生物内源的比重较低，以类腐殖质为主，其可能源于含水层沉积物的释放，分子结构也相对复杂，加之天然含水层微生物活性较低，天然有机物经过一系列腐殖化反应，致使DOM以大分子芳香族化合物居多。

④ 相比于类腐殖质组分，类蛋白组分在空间上的迁移性更强，随地下水污染羽的迁移距离最远；DOM荧光组分传质、动力学特征和水化学演化之间存在良好的互动关系，EC作为可快速获取的监测指标，它和DOM新生度、来源、芳香性、腐殖化程度等动力学指标存在较好的相关性。

4.4 填埋场地下水污染原位生物修复技术研发及工程应用

PRB 作为一种原位地下水污染修复技术，对地下水环境扰动小，运行维护成本低，具有广阔的应用前景。与欧美等发达国家相比，我国的地下水环境污染治理尚处于起步阶段，目前国内污染场地地下水 PRB 修复工程案例仍旧较少。本节依据某典型非正规垃圾填埋场地水文地质条件、地下水污染特征，设计漏斗门式 PRB 地下水污染原位修复技术工艺。基于前期研究结果，采用经济、高效、安全的淀粉改性赤铁矿或混合沸石作为 PRB 反应介质，探究地下水重污染羽 NH₄⁺-N 修复效果，并模拟刻画 PRB 修复工程实施后，地下水流场以及潜水含水层地下水污染因子的空间分布，以期为我国填埋场地下水污染原位修复提供理论支撑与工程经验。

4.4.1 材料与方法

4.4.1.1 修复技术比选

如 4.2.1 部分所述，本场地地下水埋深较浅，流速较慢（$v=0.043\text{cm/d}$），浅层含水层介质渗透性较差。经实地验证，使用抽水泵抽出深度 15m 的浅层地下水（潜水含水层），2～3h 后井管中地下水即被抽干，且 24h 后地下水水位才能恢复，地下水异位处理抽水效率低、抽水周期长、地面运行维护成本高，抽水漏斗区的形成过程可能导致地下水污染有拖尾现象。此外，在地下水污染原位处理技术中，监测自然衰减技术适用于污染程度较低、污染物自然衰减能力较强的区域，实施前需要详细评估地下水自然衰减能力，后期需要较长的监测时间，而本场地地下水微生物总量较低，水质自然净化过程总体较慢，因此不适合采用监测自然衰减技术修复地下水。本场地潜水含水层介质的渗透性差，导致原位化学药剂注入技术的药剂迁移效率不高。

如前所述，地下水 PRB 技术工程设施较简单，可一次施工完成，运行维护费用较低，合适的反应介质通常具备几年甚至几十年的处理能力。如前所述，Fe³⁺ 氧化物生物还原过程在去除有机污染物方面具有其独特的优势，具体表现在：有机物去除效率高，降解较为彻底，能够适应多种类型的有机污染场地。在一些污染较轻、水位较浅、含水层介质渗透性较差的地下水污染场地，可考虑应用多级联合PRB原位修复技术。

基于本章的主要结果：地下水有机物浓度为489.60mg/L（以DOC计）时，天然赤铁矿Fe^{3+}生物还原过程对有机物去除率可达89.40%；NH_4^+-N浓度为35mg/L（以N计）时，57.14%的NH_4^+-N被厌氧氧化，且主要产物为NO_2^--N。pH值为11时NaOH改性后的淀粉负载至赤铁矿表面，可显著提高赤铁矿Fe^{3+}的生物可利用性。以淀粉改性后的赤铁矿作为反应介质，反应介质渗透性较好。间歇性曝气调控体系内DO环境，可有效解决NH_4^+-N氧化不完全、NO_2^--N积累等问题。针对本场地潜水地下水NH_4^+-N重污染这一特征，采用间歇性曝气漏斗门式PRB地下水污染原位生物修复，其主要工作原理为：PRB两翼拦截单元采用混凝土浇筑，深度为17.5m，嵌入弱透水层，从而实现地下水重污染物的精准拦截，以形成汇水漏斗。PRB主反应井填充介质使用负载Fe^{3+}还原功能微生物后的淀粉改性赤铁矿为主要填充介质，配合天然沸石与玉米秸秆碎屑。在地面设置数控自动化曝气风机，间歇性调控DO（0.5h/d）环境，一方面，可以实现污染物的均匀分布；另一方面，可以实现Fe^{2+}向Fe^{3+}的转变，促使进一步还原；最后能够解决厌氧铁氨氧化产生的亚硝酸盐难题，实现彻底脱氮，进而实现地下水中NH_4^+-N和有机物的协同去除。地下水经生化处理反应单元后，若水质不满足地下水标准，则回灌至前端PRB主反应井循环处理；若达标，则通过地下溢流的方式（出水管设止回阀）排入下游含水层。

地下水污染修复工艺及原理如图4-45所示。

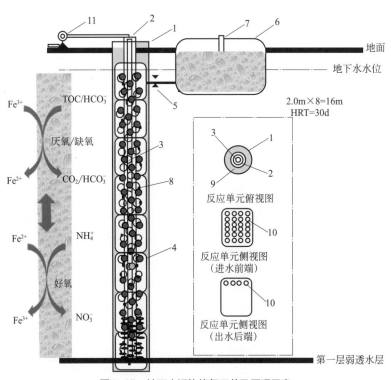

图4-45　地下水污染修复工艺及原理示意

1—PRB主井；2—PRB抽水/曝气井；3—PRB监测井；4—PRB反应单元；5—止水数控法兰；6—调节池；
7—调节池抽水井；8—反应填料；9—反应填料装填区；10—筛孔；11—原位输氧曝气机

4.4.1.2 反应介质制备

① 在搅拌罐中配制好淀粉溶液（淀粉投加量和后加入赤铁矿质量比为4∶10），将溶液调配至pH值为11。

② 赤铁矿粒径2～3cm，10t。将赤铁矿投入到搅拌罐中，立体搅拌24h。之后排空液体，使用0.9%NaCl溶液（生理盐水）冲洗1遍，随后进行晒干。同时，天然沸石粒径级别2～3cm，10t，清洗3次。

③ 将加工后的赤铁矿与清洗后的天然沸石，以体积比1:1在搅拌罐中进行混合。

④ 微生物的培养方式参照4.1.1.3部分相关内容，进行批量化培养，获取工程微生物菌种。

⑤ 将微生物菌液倒入装有赤铁矿-沸石混合物的搅拌罐中，慢速搅拌72h。之后排空液体，使用0.9%NaCl溶液（生理盐水）冲洗1遍，以去除培养基中的干扰性物质，之后立即运往施工现场。

⑥ 填料另加入200kg玉米秸秆（粉碎成粒径为2～3cm），装入反应单元内，准备下井。

反应介质制作流程如图4-46所示。

图4-46　反应介质制作流程

4.4.1.3 PRB工程建设点的选择

工程前期，为全面阻控地下水污染途径、封堵填埋场污染源，垃圾填埋场四周垂向建设了垂直防渗工程，地表全面铺设了防渗膜。为确定填埋场下游污染羽的位置，本节进行了地下水污染状况补充调查，根据补充调查分析模拟结果，可初步确定地下水污染羽主要分布在垃圾填埋场西南方向，距离填埋场南部边界240m范围内，因而本地下水修复技术工艺PRB主井施工地点为SE-2监测井正北20m处，地下水修复工艺建设点位如图4-47所示。

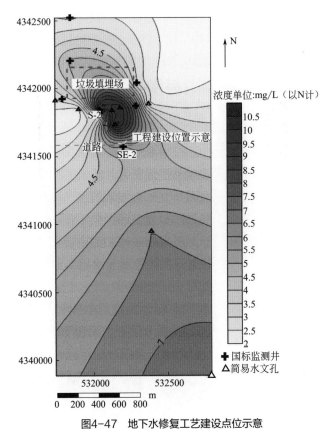

图4-47　地下水修复工艺建设点位示意

4.4.1.4　修复工程设计与施工

（1）主要工艺参数

间歇性曝气漏斗门式PRB地下水污染原位生物修复工艺中生化处理反应单元有效容积为15m³。反应单元进出水设计水头差Δh=0.3m，设计垂向流速v=1.16m/d。整体设计如图4-48所示。

（2）主要工艺单元及构筑物

① 截水帷幕。本节所设计的PRB截水帷幕采用单轴水泥土搅拌桩，依据长螺旋式-旋喷搅拌桩帷幕施工方法，截水帷幕单边设计长度为30m，总长60m，两翼呈130°夹角。

② 反应单元结构井。本节中反应单元结构井包括PRB主井与输氧曝气井，其中PRB主井与输氧曝气井深度均安装于第一层弱透水层里0.5m深度处，PRB主井的设计有效内径为2000mm，材质为水泥管，设计总长度为17500mm。17.5m深ϕ2200mm水泥沉井的顶部0.3m高于地面为防水堰，其余17.2m为地下部分，内径约2000mm。底部2m

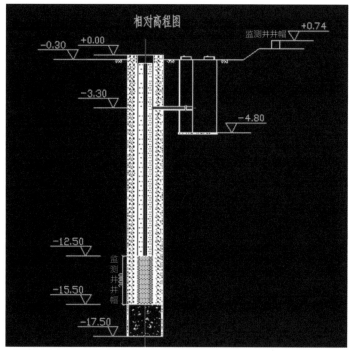

图4-48　PRB工艺主反应井结构及监测池示意（单位：m）

为混凝土基础，混凝土以上3m区域，全段开筛，筛孔ϕ50mm。每一圈打18个孔（每隔20°角开一列孔），孔纵向间距20cm，外侧无滤网。

主井中套入内径为1000mm的高密度聚乙烯（HDPE）管和15m深直管（规格ϕ1200mm，壁厚80mm），底部以上3m区域全段开筛，筛孔ϕ50mm。每一圈打18个孔（每隔20°角开一列孔），孔纵向间距20cm。ϕ2200mm水泥沉井和ϕ1200mm的HDPE管中间为ϕ20～40mm的碎石。

输氧曝气井同样采用高碳不锈钢材质制井，其设计井径为225mm，开孔方式为底部10～15m距离内北侧开孔，孔径为50mm，开孔间距为150mm，按照45°倾角左右交叉排列，共计30个曝气孔。地面装有活塞式空气压缩机，其最大供气压力为0.8MPa，最大供氧气量为1m³/min。

③ 生化处理反应单元。本节中所设计的生化处理反应单元由15个小型反应单元组件联结而成，总体设计尺寸为高15m，底宽0.85m，先在ϕ1200的HDPE管中填放3m高的鹅卵石和斜发沸石的混合填料（规格为ϕ30～50mm），再将12节反应单元依次下井；整体吊装置于PRB主井与输氧曝气管空间内，各小型反应单元组件为井径850mm的不锈钢圆柱，反应材料装于225～850mm空间内。

本生化处理反应单位内，使用淀粉改性后的赤铁矿与沸石进行混合的生物填料。赤铁矿采用天然赤铁矿，沸石采用天然沸石，其粒径均为3～5cm；淀粉为玉米制备的支链淀粉，粒径15～100μm，组成混合生物反应填料，其渗透系数在（1.87～5.52）×10³cm/d，是含水层渗透系数的10⁸倍，从而避免了反应单元的堵塞现象，混合生物填料的密度为

1.7～2.2t/m³。功能微生物采用稻田土作为培养源进行培养，其微生物群落结构主要包括铁还原菌、异养反硝化菌等。采用浸泡挂膜法将微生物接种负载至混合生物填料表面，负载微生物后的混合生物填料装填至生物处理反应单元中，并结合间歇性曝气技术，实现污染物在反应处理单位内的均匀分布，创造好氧、厌氧的交替环境，最终实现地下水污染物去除。

④ 水质水位监测池。本节所设计的水质水位监测池和阀门井采用碳钢材质，为一体式设计，外表面喷砂+底漆+聚丙烯防腐带包裹（加强级防腐层等级，总厚度＞1.4mm），内表面衬塑，设有水位水质自动监测装置，水质水位监测调节池建设于地面以下3m深处，其总尺寸为5m×2m×3m。安装有提升泵、流量计（浮球液位计，测量范围为0～2.5m）、综合仪表。其中综合仪表为水质分析探头，可检测NH_4^+-N浓度、pH值、EC、DO浓度、氧化还原电位（ORP）、温度（T）、水位等。

地下水经生化处理反应单元后，若水质处理不达标，则回灌至前端PRB主反应井循环处理；若达标，则通过地下溢流的方式（出水管设止回阀）排入下游含水层。

工程施工过程如图4-49所示；现场工艺照片如图4-50所示。

图4-49　工程施工过程

图4-50　现场工艺照片

4.4.1.5　采样周期与分析检测

该垃圾填埋场共设有7个国标监测井监测点位（NW-2、NW-1、S-2、SW-1、E-1、SE-1、SE-2），井深为15m。监测频率为每季度至少1次，时间跨度分别为1～3月（第一季度）、4～6月（第二季度）、7～9月（第三季度）、10～12月（第四季度）。每次采样共计7个监测点，共计21个样品。现场原位监测指标为水位、TDS、EC；实验室分析指标为NH_4^+-N、NO_3^--N、NO_2^--N、DOC的浓度。整个场区共有修复主井1口，修复监测池1口，修复日常监测井6口，均为15m深度。每次取样前均需要洗井，待水位完全恢复后进行样品的采集。监测频率为每月1次，目标样品为修复主井（5m、10m）以及后端监测池样品。现场原位监测指标为水位、TDS、EC；实验室分析指标为NH_4^+-N、NO_3^--N、NO_2^--N、TOC的浓度。具体指标检测方法同上。

4.4.2　研究与分析

4.4.2.1　PRB工程对地下水流场的影响

以背景点NW-2为零水位的相对参照点：由图4-51可知，潜水含水层地下水大体流向仍为西北向东南，以地下水PRB修复主井为圆心的50m半径范围内地下水流场存在一定扰动，形成了一个以修复主井为中心的汇水区域，这表明PRB修复工程、截水帷幕点位设计基本正确合理。2019年3月属于枯水期，潜水含水层最低水位为-2.87m；2019年6月和9月属于丰水期，潜水含水层最低水位分别为-2.38m、-2.23m，相对于枯水期，

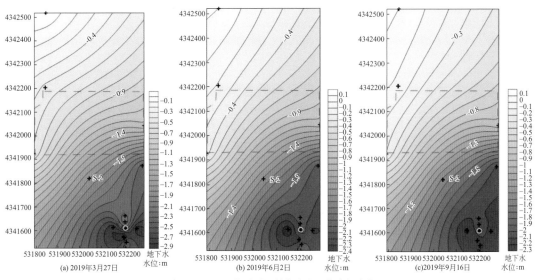

图4-51　不同监测时间潜水含水层的流场变化

水位上涨0.49～0.64m，这与夏季雨量增多有关。

4.4.2.2 NH$_4^+$-N污染修复效果

PRB的NH$_4^+$-N进水浓度区间为4.1～6.0mg/L（以N计），每天曝气0.5h，打开监测池的进水、出水阀门，出水排至地下水下游。通过取样、测定监测池内地下水，考察NH$_4^+$-N的处理效果。运行32d后，NH$_4^+$-N去除率为63.15%，NH$_4^+$-N出水浓度为2.1mg/L（以N计），可知运行1个月后，自然状态下地下水的水力停留时间为54h时NH$_4^+$-N的处理效果并不达标，因此有必要进行监测池出水的循环处理。将监测池内地下水循环至地下水修复主井内，4h内NH$_4^+$-N浓度呈现逐渐升高趋势，EC、pH值均逐渐升高。循环处理3.5d后修复主井内NH$_4^+$-N浓度为0.02mg/L（以N计），达到处理排放标准，NH$_4^+$-N的生物去除效果显著。

结合季度监测数据，PRB修复井后前后端监测井NH$_4^+$-N浓度范围在3.0～4.0mg/L（以N计），这可能与填埋场下游污染羽范围较大、PRB两翼拦截板阻隔效果有限有关。由图4-52可知，曝气20min后修复井DO浓度范围为8.40～8.61mg/L，整体来看修复井内上、中、下深度DO浓度差异不大。静置4h后，修复井DO浓度范围为6.51～7.12mg/L，静置24h后修复井内DO浓度范围为0.53～1.02mg/L，修复井垂直方向上DO浓度差异不大。

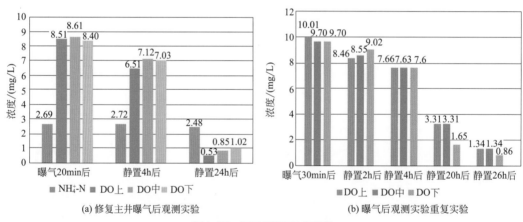

(a) 修复主井曝气后观测实验   (b) 曝气后观测实验重复实验

图4-52 间歇性曝气DO观测

经实地监测，自然状态下地下水在修复井内的HRT为54h，修复井出水流量Q为0.48m^3/h，未循环处理地下水时NH$_4^+$-N的去除率为60%左右，初步推断可能有以下原因：a.地下水在流动状态下，HRT较短，导致NH$_4^+$-N生化去除效果并不明显，可以合理调试、控制地下水HRT；b.间歇性曝气的流量、时间，与柱实验模拟存在一定的偏差，另外一方面可以对间歇性曝气方式进行调整。更改HRT：将原先修复主井的出水电磁阀门替换成流量控制阀门，当出水流量由0.48m^3/h减小到0.36m^3/h时HRT为72h左右。监测池内地下水"三氮"浓度，可看出HRT为144h时"三氮"的去除效果最好，去除率达到90%以上（图4-53）。

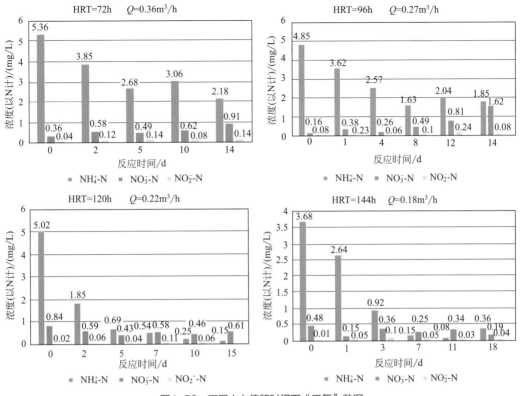

图4-53　不同水力停留时间下"三氮"数据

4.4.2.3　修复后潜水污染羽空间分布模拟

由于该场地处于海积平原区，文献报道潜水含水层背景EC一般为1～9mS/cm，由图4-54可知，填埋场下游东南方向地下水EC相对较高，随着时间的推移，EC数值整

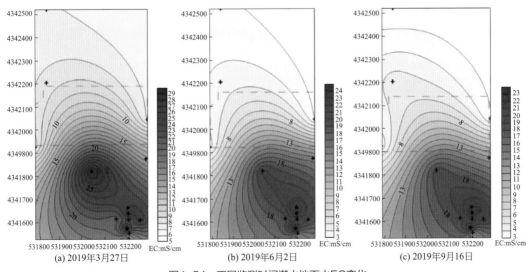

图4-54　不同监测时间潜水地下水EC变化

体呈现下降趋势。3月属枯水期，地下水EC总体要比6月、9月数值高。从EC数值来看，高电导率区域仍集中在填埋场下游，与之前的研究相结合，可推断填埋场下游Cl⁻、SO_4^{2-}等盐离子集中在填埋场下游分布。

由图4-55可知，实施垂直防渗工程后，3月、6月、9月填埋场下游潜水含水层TDS浓度呈逐渐下降趋势。与EC类似，TDS浓度也呈现出下游聚集的现象。从模拟结果来看，地下水PRB修复工程附近潜水含水层TDS浓度也相对较高，在填埋场南部S-2点位形成了两个TDS浓度相对较高的区域。

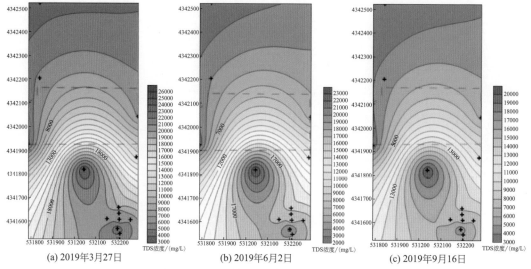

（a）2019年3月27日　　　（b）2019年6月2日　　　（c）2019年9月16日

图4-55　不同监测时间潜水地下水TDS变化

由图4-56可知，潜水含水层地下水中NH_4^+-N污染羽仍集中在填埋场下游东南方向，3月NW-2点NH_4^+-N背景值为0.18mg/L（以N计），最高浓度值为4.69mg/L（以N计）

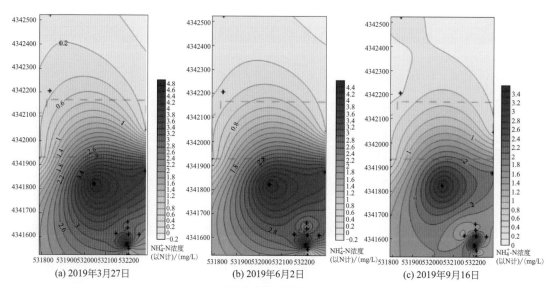

（a）2019年3月27日　　　（b）2019年6月2日　　　（c）2019年9月16日

图4-56　不同监测时间潜水地下水NH_4^+-N浓度变化

（S-2点）。6月各监测点位NH_4^+-N浓度范围值为0.12 ~ 4.25mg /L（以N计）；9月各监测点位NH_4^+-N浓度范围值为0.18 ~ 4.05mg /L（以N计）。结合NO_3^--N和NO_2^--N数据，可知NH_4^+-N为填埋场地下水最主要的氮类污染物，从空间尺度来看，NH_4^+-N的迁移能力相对较弱，NH_4^+-N重污染羽仍聚集在填埋场南部S-2点以及PRB修复工程点位附近。

由图4-57可知，3月潜水含水层地下水中NO_3^--N的浓度范围为0.01 ~ 0.31mg /L（以N计），其中NO_3^--N最高值分布在NW-2背景点，这可能与天然背景值或农业活动有关，且呈现上游NH_4^+-N相对下游较高的现象。6月NO_3^--N浓度范围为0 ~ 0.21mg /L（以N计），可看出，地下水PRB修复工程点位半径50m范围出现了NO_3^--N积累现象，这与地下水生物修复反硝化不完全有关。9月NO_3^--N浓度范围为0 ~ 0.14mg /L（以N计），相比于前两个季度，本季度硝酸浓度呈现下降趋势。

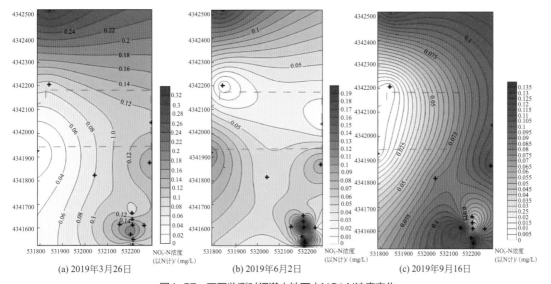

(a) 2019年3月26日 (b) 2019年6月2日 (c) 2019年9月16日

图4-57　不同监测时间潜水地下水NO_3^--N浓度变化

由图4-58知，潜水含水层中NO_2^--N主要聚集在填埋场的东南方向，NW-2点位的背景值为零（低于检出限），3月NO_2^--N最高值为0.38mg /L（以N计）、6月NO_2^--N最高值为0.52mg /L（以N计）、9月NO_2^--N最高值为0.15mg /L（以N计）。可知NO_2^--N的微量积累，可能与地下水生物修复工程反硝化过程不完全有关，出现了NO_2^--N的累积现象。从时间上来看，9月NO_2^--N浓度整体较低，PRB修复工程点东侧NO_2^--N浓度维持在0.06 ~ 0.12mg /L（以N计）。

由图4-59可知，潜水含水层地下水TOC浓度相对较低，3月TOC浓度范围值为3.86 ~ 8.62mg/L，6月TOC浓度范围值为1.87 ~ 6.85mg/L，9月TOC浓度相对较低，可以看出，TOC浓度最高值分别在地下水修复主井点位，其值为8.63mg/L。从空间分布和时间推移来看，有机物的运移变化相对较快，因而在季度监测图呈现较大的差异性，且9月TOC浓度要明显低于3月和6月。重污染羽修复区域并未出现有机物二次污染。

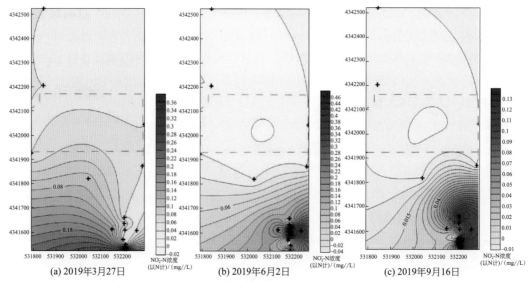

(a) 2019年3月27日　　　　(b) 2019年6月2日　　　　(c) 2019年9月16日

图4-58　不同监测时间潜水地下水NO$_2^-$-N浓度变化

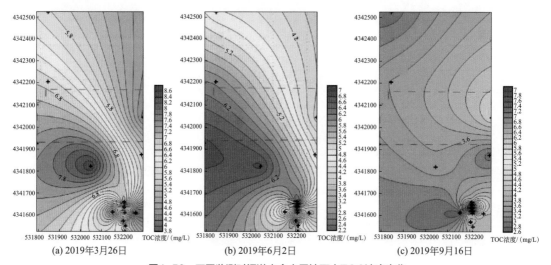

(a) 2019年3月26日　　　　(b) 2019年6月2日　　　　(c) 2019年9月16日

图4-59　不同监测时间潜水含水层地下水TOC浓度变化

4.4.3　结论

本章研究基于典型场地地下水的污染特征，设计漏斗门式间歇性曝气PRB修复新技术工艺，采用经济、高效、安全的赤铁矿-淀粉-沸石混合反应介质，探究地下水重污染羽NH$_4^+$-N修复效果，并模拟刻画了PRB修复工程实施后地下水流场以及潜水含水层地下水污染因子的空间分布。主要结论如下：

① 地下水下游污染羽详查结果显示，地下水污染羽主要分布在垃圾填埋场西南方

向，距离填埋场南部边界240m范围内，因而漏斗门式PRB修复技术工艺建设地点为SE-2监测井正北20m处。

② 曝气状态下地下水DO浓度为6.51 ～ 7.12mg/L，停止曝气后地下水DO浓度范围为0.53 ～ 1.02mg/L。经实地监测，自然状态下地下水在修复井内的水力停留时间为54h，水力停留时间是影响NH_4^+-N去除效果的重要因素。经调试，水力停留时间为144h时，NH_4^+-N去除率可达90%以上；NH_4^+-N进水浓度为4.1 ～ 6.0mg /L（以N计），出水浓度低于0.36mg /L（以N计）；NO_3^--N浓度低于0.20mg/L（以N计）；NO_2^--N浓度低于0.04mg/L（以N计）。

③ 实施地下水PRB修复工程后，潜水含水层地下水大体流向仍为西北-东南流向，以地下水PRB修复主井为圆心的50m半径范围内形成了汇水区域。模拟刻画修复后潜水含水层污染羽空间分布可知，NH_4^+-N的迁移能力相对较弱，NH_4^+-N重污染羽仍聚集在填埋场南部S-2点以及PRB修复工程点位附近；NO_3^--N和NO_2^--N在空间上并未出现明显积累，且重污染羽修复区并未出现有机物二次污染。

参考文献

［1］Roden E E, Kappler A, Bauer I, et al. Extracellular electron transfer through microbial reduction of solid-phase humic substances［J］. Nature Geoscience, 2010, 3(6): 417-421.

［2］Zhou G W, Yang X R, Marshall C W, et al. Biochar addition increases the rates of dissimilatory iron reduction and methanogenesis in ferrihydrite enrichments［J］. Frontiers in Microbiology, 2017, 8(589): 1-14.

［3］Scott D T, Mcknight D M, Blunt-Harris E L, et al. Quinone moieties act as electron acceptors in the reduction of humic substances by humics-reducing microorganisms［J］. Environmental Science & Technology, 1998, 32(19):372.

［4］Xu S, Adhikari D, Huang R, et al. Biochar-facilitated microbial reduction of hematite［J］. Environmental Science & Technology, 2016, 50(5): 2389-2395.

［5］Bahram M, Bro R, Stedmon C, et al. Handling of Rayleigh and Raman scatter for PARAFAC modeling of mluorescence Data Using Interpolation［J］. Journal of Chemometrics, 2010, 20(3-4): 99-105.

［6］Weishaar J L, Aiken G R, Bergamaschi B A, et al. Evaluation of specific ultraviolet absorbance as an indicator of the chemical composition and reactivity of dissolved organic carbon［J］. Environmental Science & Technology, 2003, 37(20): 4702-4708.

［7］Shao T T, Zhao Y, Song K S, et al. Seasonal variation in the absorption and fluorescence characteristics of CDOM in downstream of Liaohe River［J］. Huan Jing Ke Xue, 2014, 35(10): 3755-3763.

［8］Cuss C W, Gueguen C. Distinguishing dissolved organic matter at its origin: Size and optical properties of leaf-litter leachates［J］. Chemosphere, 2013, 92(11): 1483-1489.

［9］Mcknight D M, Boyer E W, Westerhoff P K, et al. Spectrofluorometric characterization of dissolved organic matter for indication of precursor organic material and aromaticity［J］. Limnology & Oceanography, 2001, 46(1): 38-48.

［10］Huguet A, Vacher L, Relexans S , et al. Properties of fluorescent dissolved organic matter in the Gironde

Estuary [J]. Organic Geochemistry, 2008, 40(6): 706-719.

［11］Yu M, He X, Liu J, et al. Characterization of isolated fractions of dissolved organic matter derived from municipal solid waste compost [J]. Science of the Total Environment, 2018, 635: 275-283.

［12］Li P H, Hur J. Utilization of UV-Vis spectroscopy and related data analyses for dissolved organic matter (DOM) studies: A review [J]. Critical Reviews in Environmental Science & Technology, 2017, 47(3): 131-154.

［13］Chen W M, Zhang A P, Jiang G B, et al. Transformation and degradation mechanism of landfill leachates in a combined process of SAARB and ozonation [J]. Waste Management, 2019, 85: 283-294.

［14］Jiang Y, Xi B, Li R et al. Advances in Fe(Ⅲ) bioreduction and its application prospect for groundwater remediation: A review [J]. Frontiers of Environmental Science & Engineering, 2019, 13(6): 89-100.

［15］He X S, Fan Q D. Investigating the effect of landfill leachates on the characteristics of dissolved organic matter in groundwater using excitation-emission matrix fluorescence spectra coupled with fluorescence regional integration and self-organizing map [J]. Environmental Science and Pollution Research, 2016, 23(21): 21229-21237.

［16］Zhou G W, Yang X R, Li H, et al. Electron shuttles enhance anaerobic ammonium oxidation coupled to iron(III) reduction [J]. Environmental Science & Technology, 2016, 50(17): 9298-9307.

［17］杨含，郑丹，邓良伟，等. 微生物驱动下铁氧化还原循环与生物脱氮 [J]. 中国沼气，2019, 37(4): 77-86.

［18］Bao P, Li G X. Sulfur-driven iron reduction coupled to anaerobic ammonium oxidation [J]. Environmental Science & Technology, 2017, 51(12): 6691-6698.

［19］Molinuevo B, García M C, Karakashev D, et al. Anammox for ammonia removal from pig manure effluents: Effect of organic matter content on process performance [J]. Bioresource Technology, 2009, 100(7): 2171-2175.

［20］钟小娟，王亚军，唐家桓，等. 铁氨氧化:新型的厌氧氨氧化过程及其生态意义 [J]. 福建农林大学学报（自然科学版），2018, 47(1): 1-7.

［21］Chaudhuri S K, Lack J G, Coates J D. Biogenic magnetite formation through anaerobic biooxidation of Fe(Ⅱ) [J]. Applied and Environmental Microbiology, 2001, 67(6): 2844-2848.

［22］柳广飞，朱佳琪，于华莉，等. 电子穿梭体介导微生物还原铁氧化物的研究进展 [J]. 地球科学，2018, 43(S1): 157-170.

［23］Kappler A, Wuestner M L, Ruecker A, et al. Biochar as an electron shuttle between bacteria and Fe(Ⅲ) minerals [J]. Environmental Science & Technology Letters, 2014. 1(8): 339-344.

［24］张文. 应用表面活性剂强化石油污染土壤及地下水的生物修复 [D]. 北京：华北电力大学，2012.

［25］张华，王宽，黄显怀，等. 间歇曝气实现上覆水脱氮及氨氮的荧光法表征 [J]. 中国环境科学，2015, 35(11): 3275-3281.

［26］张欣瑞，池玉蕾，王倩，等. 低碳源条件下供氧模式对活性污泥系统脱氮性能的影响 [J]. 环境科学，41(7): 1-17.

［27］Royer R A, Burgos W D, Fisher A S, et al. Enhancement of biological reduction of hematite by electron shuttling and Fe(II) complexation [J]. Environmental Science & Technology, 2002, 36(9):1939-1946.

［28］Liu C, Zachara J M, Foster N S, et al. Kinetics of reductive dissolution of hematite by bioreduced anthraquinone-2,6-disulfonate [J]. Environmental Science & Technology, 2007, 41(22): 7730-7735.

［29］Weber K, Achenbach L, Coates J. Microorganisms pumping iron: anaerobic microbial iron oxidation and reduction [J]. Nature Reviews: Microbiology, 2006, 4(10): 752-764.

［30］Royer R A, Burgos W D, Fisher A S, et al. Enhancement of biological reduction of hematite by electron shuttling and Fe(II) complexation [J]. Environmental Science & Technology, 2002. 36(9): 1939-1946.

［31］Behrends T, Cappellen P V. Transformation of hematite into magnetite during dissimilatory iron reduction—Conditions and mechanisms [J]. Geomicrobiology Journal, 2007, 24(5): 403-416.

［32］Roden E E, Urrutia M M. Influence of biogenic Fe(II) on bacterial crystalline Fe(III) oxide reduction [J].

Geomicrobiology Journal, 2002, 19(2): 209-251.

［33］ Droussi Z, D'Orazio V, Hafidi M, et al. Elemental and spectroscopic characterization of humic-acid-like compounds during composting of olive mill by-products ［J］. Journal of Hazardous Materials, 2009, 163(2-3): 1289-1297.

［34］ Fuentes M, Baigorri R, González-Gaitano G, et al. The complementary use of ¹H NMR, ¹³C NMR, FTIR and size exclusion chromatography to investigate the principal structural changes associated with composting of organic materials with diverse origin ［J］. Organic Geochemistry, 2007, 38(12): 2012-2023.

［35］ Rodrigues L M, Dick L F P. Influence of humic substances on the corrosion of the API 5LX65 Steel ［C］// International Pipeline Conference, 2006.

［36］ 冯雅丽，王李娟，李浩然，等. 异化金属还原菌还原赤铁矿研究 ［J］. 中南大学学报（自然科学版），2013, 44(5): 1754-1759.

［37］ Li J, Zhang S W, Chen C L, et al. Removal of Cu(II) and fulvic acid by graphene oxide nanosheets decorated with Fe₃O₄ nanoparticles ［J］. Acs Applied Materials & Interfaces, 2012, 4(9): 4991-5000.

［38］ Li X G, Zhao Y, Xi B D, et al. Removal of nitrobenzene by immobilized nanoscale zero-valent iron: Effect of clay support and efficiency optimization ［J］. Applied Surface Science, 2016, 370: 260-269.

［39］ Yamashita T, Hayes P. Analysis of XPS spectra of Fe²⁺ and Fe³⁺ ions in oxide materials ［J］. Applied Surface Science, 2008, 254(8): 2441-2449.

［40］ Wang G, Ling Y, Wheeler D A, et al. Facile synthesis of highly photoactive α-Fe₂O₃-based films for water oxidation. ［J］. Nano Letters, 2011, 11(8): 3503-3509.

［41］ Peng Q A, Shaaban M, Wu Y P, et al. The diversity of iron reducing bacteria communities in subtropical paddy soils of China ［J］. Applied Soil Ecology, 2016, 101: 20-27.

［42］ Story S P, Kline E L, Hughes T A, et al. Degradation of aromatic hydrocarbons by Sphingomonas paucimobilis strain EPA505 ［J］. Archives of Environmental Contamination & Toxicology, 2004, 47(2): 168-176.

［43］ Dai Y, Li N N, Zhao Q, et al. Bioremediation using Novosphingobium strain DY4 for 2,4-dichlorophenoxyacetic acid-contaminated soil and impact on microbial community structure ［J］. Biodegradation, 2015, 26(2): 161-170.

［44］ Zhang Y B, Feng Y H, Yu Q L, et al. Enhanced high-solids anaerobic digestion of waste activated sludge by the addition of scrap iron ［J］. Bioresource Technology, 2014, 159(1): 297-304.

［45］ Su H Y, Hwang T S, Park D H. Metabolic characterization of lactic acid bacterium lactococcus garvieae sk11, capable of reducing ferric iron, nitrate, and fumarate ［J］. Journal of Microbiology and Biotechnology, 2007, 17(2): 218-225.

［46］ Zhou S G, Han L C, Wang Y Q, et al. Azospirillum humicireducens sp. nov. a nitrogen-fixing bacterium isolated from a microbial fuel cell ［J］. International Journal of Systematic & Evolutionary Microbiology, 2013, 63: 2618-2624.

［47］ Xiao Y, Yue Z, Song W, et al. Pyrosequencing reveals a core community of anodic bacterial biofilms in bioelectrochemical systems from China ［J］. Frontiers in Microbiology, 2015, 6: 1410.

［48］ Zhang M H, Liu G H, Song K, et al. Biological treatment of 2,4,6-trinitrotoluene (TNT) red water by immobilized anaerobic-aerobic microbial filters ［J］. Chemical Engineering Journal, 2015, 259: 876-884.

［49］ Noguchi M, Kurisu F, Kasuga I, et al. Time-resolved DNA stable isotope probing links desulfobacterales- and coriobacteriaceae-related bacteria to anaerobic degradation of benzene under methanogenic conditions ［J］. Microbes & Environments, 2014, 29(2): 191-199.

［50］ Smerilli M, Neureiter M, Haas C, et al. Direct fermentation of potato starch and potato residues to lactic acid by Geobacillus stearothermophilus under non-sterile conditions ［J］. Journal of Chemical Technology & Biotechnology, 2015, 90(4): 648-657.

［51］ Ma C, Yu Z, Lu Q, et al. Anaerobic humus and Fe(III) reduction and electron transport pathway by a novel humus-reducing bacterium, Thauera humireducens SgZ-1 ［J］. Applied Microbiology and Biotechnology,

2015, 99(8): 3619-3628.

［52］ Zhang X, Fang M, Szewzyk U. Draft genome sequence of a potential nitrate-dependent Fe(II)-oxidizing bacterium, aquabacterium parvum B6 ［J］. Genome Announcements, 2016, 4(1): 1-2.

［53］ Masuda H, Shiwa Y, Yoshikawa H, et al. Draft genome sequence of the versatile alkane-degrading bacterium aquabacterium sp. strain NJ1 ［J］. Genome Announc, 2014, 2(6): 1-2.

［54］ Horvath A S, Garrick L V, Moreau J W. Manganese-reducing Pseudomonas fluorescens-group bacteria control arsenic mobility in gold mining-contaminated groundwater ［J］. Environmental Earth Sciences, 2014, 71(9): 4187-4198.

［55］ Wang G W, Chen T H, Yue Z B, et al. Isolation and characterization of *Pseudomonas stutzeri* capable of reducing Fe(Ⅲ) and nitrate from skarn-type copper mine tailings ［J］. Geomicrobiology Journal, 2014, 31(6): 509-518.

［56］ Park T J, Ding W J, Cheng S A, et al. Microbial community in microbial fuel cell (MFC) medium and effluent enriched with purple photosynthetic bacterium (Rhodopseudomonas sp.) ［J］. Amb Express, 2014, 4: 22.

［57］ Yu H, Feng C H, Liu X P, et al. Enhanced anaerobic dechlorination of polychlorinated biphenyl in sediments by bioanode stimulation ［J］. Environmental Pollution, 2016, 211: 81-89.

［58］ Li X M, Zhang W, Liu T X, et al. Changes in the composition and diversity of microbial communities during anaerobic nitrate reduction and Fe(Ⅱ) oxidation at circumneutral pH in paddy soil ［J］. Soil Biology & Biochemistry, 2016. 94: 70-79.

［59］ Khan S T, Horiba Y, Yamamoto M, et al. Members of the family comamonadaceae as primary poly (3 hydroxybutyrate-co-3-hydroxyvalerate) -degrading denitrifiers in activated sludge as revealed by a polyphasic approach ［J］. Applied & Environmental Microbiology, 2002, 68(7): 3206-3214.

［60］ Bloethe M, Roden E E. Composition and activity of an autotrophic Fe(Ⅱ)-oxidizing, nitrate-reducing enrichment culture ［J］. Applied and Environmental Microbiology, 2009. 75(21): 6937-6940.

［61］ Anne B S, Maryam K, Maryam R, et al. The microbial community of a passive biochemical reactor treating arsenic, zinc, and sulfate-rich seepage. ［J］. Frontiers in Bioengineering & Biotechnology, 2015, 3: 27.

［62］ Coates J D, Bhupathiraju V K, Achenbach L A, et al. Geobacter hydrogenophilus, Geobacter chapellei and Geobacter grbiciae, three new, strictly anaerobic, dissimilatory Fe(Ⅲ)-reducers ［J］. International Journal of Systematic & Evolutionary Microbiology, 2001, 51: 581-588.

［63］ 周亮. 淀粉对微细粒赤铁矿絮凝行为及机理研究 ［D］. 武汉：武汉科技大学，2015.

［64］ Moreira G F, Peçanha E R, Monte M B M, et al. XPS study on the mechanism of starch-hematite surface chemical complexation ［J］. Minerals Engineering, 2017. 110: 96-103.

［65］ 汪桂杰. 几种改性淀粉对赤铁矿的抑制机理及其应用研究 ［D］. 长沙：中南大学，2013.

［66］ 王烨. 热配制淀粉的特性及其与微细粒赤铁矿的作用机理研究 ［D］. 昆明：昆明理工大学，2016.

［67］ 阮耀阳. 鲕状赤铁矿焙烧磁选精矿双反浮选降硅铝工艺研究 ［D］. 武汉：武汉工程大学，2013.

［68］ 彭莉，虞敏达，何小松，等. 垃圾填埋场地下水溶解性有机物光谱特征 ［J］. 环境科学，2018, 39(10): 4556-4564.

［69］ Cory R M, Mcknight D M. Fluorescence spectroscopy reveals ubiquitous presence of oxidized and reduced quinones in dissolved organic matter. ［J］. Environmental Science & Technology, 2005, 39(21): 8142-8149.

［70］ Wilson H F, Xenopoulos M A. Effects of agricultural land use on the composition of fluvial dissolved organic matter ［J］. Nature Geoscience, 2009, 2(1): 37-41.

［71］ 杨文澜，刘力，朱瑞珺. 苏北某市垃圾填埋场周围地下水氮污染及其形态研究 ［J］. 地球与环境，2010, 38(2): 157-160.

［72］ Rochelle-Newall E J, Fisher T R. Chromophoric dissolved organic matter and dissolved organic carbon in Chesapeake Bay ［J］. Marine Chemistry, 2002, 77(1): 23-41.

［73］ Jaffe R, Boyer J N, Lu X, et al. Source characterization of dissolved organic matter in a subtropical mangrove-dominated estuary by fluorescence analysis ［J］. Marine Chemistry, 2004, 84(3-4): 195-210.

［74］ Reemtsma T, Bredow A, Gehring M. The nature and kinetics of organic matter release from soil by salt solutions［J］. European Journal of Soil Science, 1999, 50(1): 53-64.

［75］ Chen M, Price R M, Yamashita Y, et al. Comparative study of dissolved organic matter from groundwater and surface water in the Florida coastal Everglades using multi-dimensional spectrofluorometry combined with multivariate statistics［J］. Applied Geochemistry, 2010, 25(6): 872-880.

［76］ Makehelwala M, Wei Y, Weragoda S K, et al. Characterization of dissolved organic carbon in shallow groundwater of chronic kidney disease affected regions in Sri Lanka［J］. The Science of the Total Environment, 2019, 660: 865-875.

［77］ He X S, Xi B D, Li D, et al. Influence of the composition and removal characteristics of organic matter on heavy metal distribution in compost leachates［J］. Environmental Science & Pollution Research, 2014, 21(12): 7522-7529.

［78］ Tareq S M, Maruo M, Ohta K. Characteristics and role of groundwater dissolved organic matter on arsenic mobilization and poisoning in Bangladesh［J］. Physics & Chemistry of the Earth, 2013, 58-60: 77-84.

［79］ Jalali M. Nitrate pollution of groundwater in Toyserkan, western Iran［J］. Environmental Earth Sciences, 2011, 62(5): 907-913.

［80］ Przydatek G, Kanownik W. Impact of small municipal solid waste landfill on groundwater quality［J］. Environmental Monitoring and Assessment, 2019, 191(3): 169.1-169.14.

第 5 章

基于数值模拟的某沿海地区垃圾填埋场地下水氨氮污染修复研究

5.1 研究场地描述及地下水污染特征

研究区域位于华北平原东北部，属于黄骅冲海积滨海低平原区，具体位于中国天津市，北纬 39°12′39″，东经 117°22′10″，距海岸线大约 48km [图 5-1（a）]。研究区域属于暖温带半湿润性大陆性季风气候。研究区属于海积、冲积平原，地表全为第四系，无基岩出露，填埋场北部地势高，南部地势较低，平均海拔高度在 2～4m（图 5-2）。大地构造位置为新华夏系，华北平原沉降带。

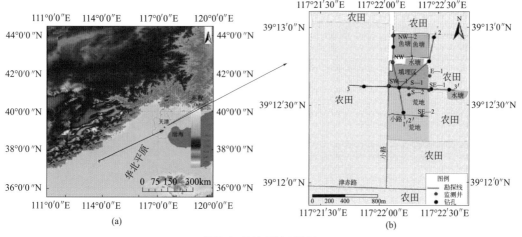

图 5-1 研究区地理位置

该填埋场占地约 160000m²，是附近居民生活垃圾的接纳场所，没有防渗、渗滤液处理等基础环保设施，存在地下水环境安全隐患。根据垃圾实际分布情况（图 5-3），该填埋场可分为四区域（Ⅰ区、Ⅱ区、Ⅲ区、Ⅳ区）。其中Ⅰ区为垃圾填埋压实区，位于垃圾填埋场西侧，占地面积约为 35000m²，垃圾平均埋深约为 11m（包含 1m 表层覆土）；Ⅱ区主要为垃圾漂浮区域，占地面积约为 54000m²，该区域由于原有地表水未及时抽排，存有大量废水，且与Ⅰ区相连，在水体表层漂有生活垃圾，垃圾漂浮厚度 2～3m（含有覆土层）；Ⅲ区为场内暴露坑塘，占地面积约 30000m²，水面面积约 25000m²，该塘内废水与Ⅱ区水体相连通，坑塘四周及过半水面漂有生活垃圾；Ⅳ区为场内原装土区域，该区域占地约 19000m²。

为了掌握研究区域地层分层、填埋场渗漏情况，围绕填埋场布置工程钻孔 20 个 [图 5-3（b）]，同时兼顾填埋场区域地下水的上下游布置。通过钻孔资料及调查情况（图 5-4），得到填埋场附近区域深度 50m 以内含水层分布情况：0～15m 深度内，分布有不连续的粉、黏混杂土层，厚度在 3～10m 之间，该层在研究区域内为潜水。在

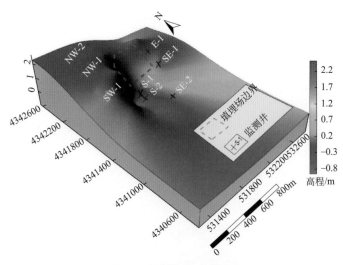

图5-2 研究区域地形高程图

(a) 填埋区域卫星图

(b) 填埋深度图

图5-3 填埋场布置工程图

15 ～ 20m左右深度内，以隔水性良好的粉质黏土为主，局部地区夹有粉砂透镜体。该层土层为潜水底界，是潜水和微承压水的隔水层，阻隔潜水和微承压含水层之间的水力联系。20 ～ 30m深度分布有较为集中的粉土、粉砂甚至细砂层，为第一微承压含水层。30 ～ 35m左右深度以隔水性良好的粉质黏土为主，为第一、第二微承压含水层中间的隔水层。35 ～ 45m深度分布有不连续的粉土或粉砂层，组成第二微承压含水层。

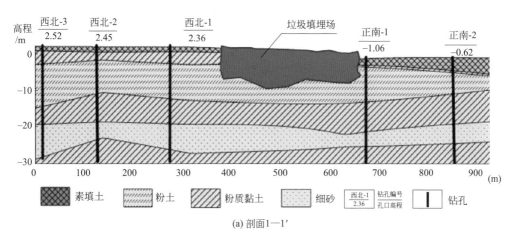

(a) 剖面1—1′

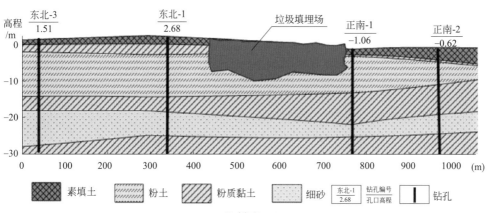

(b) 剖面2—2′

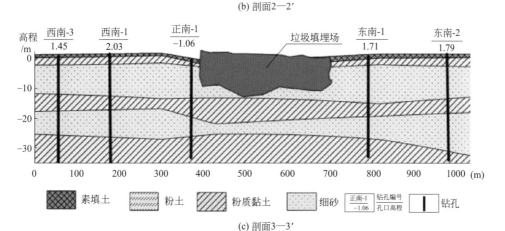

(c) 剖面3—3′

图5-4　研究区域地层剖面图

5.1.1 垃圾填埋场污染渗漏通道检测

由于垃圾填埋堆体内存在易燃易爆气体，通过直接钻孔法调查填埋堆体底部防渗层的特性具有一定的安全隐患，可操作性不强。因此地球物理勘探技术为这一问题的解决提供了新的方法。本章旨在通过高密度电法，结合已知地质条件，了解垃圾填埋场第四系全新统中组浅海相沉积层和第四系全新统下组河床-河漫滩相沉积层中存在粉砂透镜体的特征，判断第四系上新统五组河床-河漫滩相沉积层中稳定粉砂层的位置，查明粉砂透镜体与稳定粉砂层是否存在连通形成的渗漏通道，推测污染渗漏通道的大小、位置、埋深，为垃圾填埋场地下水污染控制工程提供物探依据。

5.1.1.1 研究场地地球物理特性

收集本区物性资料成果见表5-1。

表5-1 地层岩性电阻率一览表

地层分层	岩性	电阻率/（Ω·m）
①	粉土、杂填土、回填垃圾、粉质黏土	4～11
②	粉质黏土	0.3～1
	粉砂透镜体	2～4
③	粉砂	2.7～5
④	粉质黏土、粉砂	5～10

由表5-1可以看出，第①层岩性主要为粉土、杂填土、回填垃圾、粉质黏土，电阻率最高，阻值为4～11Ω·m。第②层岩性主要为粉质黏土和粉砂透镜体，粉质黏土电阻率最低，阻值为0.3～1Ω·m；粉砂透镜体电阻率略高，阻值为2～4Ω·m。第③层岩性主要为粉砂，电阻率偏高，阻值为2.7～5Ω·m。第④层岩性主要为粉质黏土、粉砂，电阻率高，阻值为5～10Ω·m。

综上所述，本区地层岩性之间存在电性差异。粉砂电阻率大于上部粉质黏土电阻率，电性差为2.4～4Ω·m。而粉砂电阻率小于下部粉质黏土电阻率，电性差为2.3～5Ω·m。相对较明显的电性差异为本次高密度电法探测粉砂层或透镜体及渗漏连通情况提供了可靠的地球物理前提。

5.1.1.2 研究材料与方法

（1）仪器与性能

本次高密度电法勘察采用深圳赛赢地脉公司生产的GD-10型（分布式120道）高密

度电法测量系统。生产前仪器经过检查校验，工作正常。其主要性能如下：

① 电压测量范围：±24V。

② 电压精度：$1×（1±0.3\%）μV$。

③ 输入阻抗：≥20MΩ。

④ 最大发射电压：±800V。

⑤ SP补偿范围：±10V（自动）。

⑥ 最大发射电流：±4A。

⑦ 电流精度：$1×（1±0.3\%）μA$。

⑧ 对50Hz（50Hz或60Hz可选）工频干扰压制优于95dB。

（2）方法技术

高密度电法采集采用温纳装置（α），排列布置120道电极，电极距2m。探测深度大于40m。

1）电极间距的确定　在填埋场东侧土路位置进行了测量极距对比试验（2m、3m）。试验使用电极120道，采集装置为温纳排列，最大供电电压400V，最大供电电流2A。其极距选取对比试验结果见图5-5、图5-6。

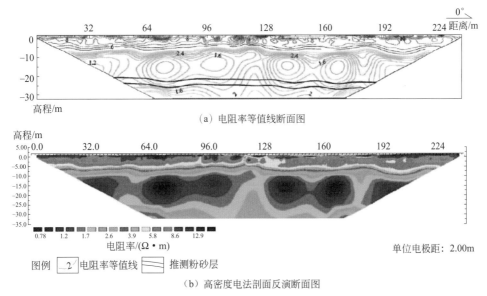

(a) 电阻率等值线断面图

图例 [2] 电阻率等值线　[==] 推测粉砂层

（b）高密度电法剖面反演断面图

图5-5　高密度电法2m极距剖面解释图

由高密度电法剖面（2m、3m极距）解释图可以看出：剖面的有效段控制在总长度的2/3左右。探测在深度30m以内时，2m极距效果较好，目的层更清晰，浅部分辨率更高，分层更明显。同时本次勘察目的任务主要是查明填埋场内埋深≤30m的粉砂层与粉砂透镜体赋存情况，在保证满足勘探深度情况下，极距越小，勘探精度越高。故选取测量极距为2m。

高密度电法数据采集参数为：使用电极120道，电极距2m，采集层数为30～39层，采集装置为温纳排列（α），最大供电电压400V，最大供电电流2A。如果剖面滚动，重

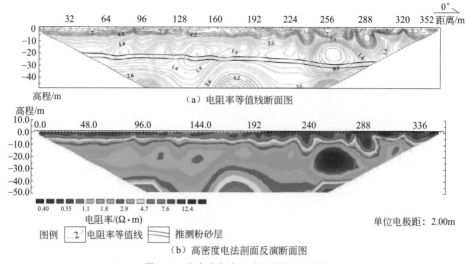

（a）电阻率等值线断面图

图例 ☐ 2 ☐ 电阻率等值线 ⧽⧼ 推测粉砂层

单位电极距：2.00m

（b）高密度电法剖面反演断面图

图5-6 高密度电法2m极距剖面解释图

复72道电极。

2）测线布设 依据实地勘察情况及浅部粉砂层走向为近东西向，主要布设南北向测线35条，线间距10m；布设东西向测线7条，线间距不等。全区共布设测线42条，总长度14.5km，电极位置做明显标记。

垃圾填埋场区东、西、南、北周边土路上分别布设长测线（GMD34、GMD01、GMD37、GMD40）；北边界外延2条测线（GMD41、GMD42），南边界外延1条测线（GMD36），东边界外延1条测线（GMD35）；垃圾填埋场区内西部填埋垃圾上布设GMD02～GMD19线；东南部垃圾竹筏区布设GMD20～GMD33线，见图5-7。

3）数据采集 首先进行仪器各项检查，确保连接正确；其次进行参数设置，主要有工程名称、装置类型、电极总数、点距、滚动数；接着进行每根电极接地电阻检查，防止有漏接电极或者接地电阻过大的电极；待接地电阻检查好后，进行测量，测量主机自动完成排列方式的测量，并自动记录数据；最后，待一个排列测量结束之后，向前移动电极和该段电缆（重复72道电极），进行下一个排列测量，直至测线测量完成。

4）野外数据采集时采取的措施

① 采集过程全程监控，发现异常情况及时处理，保证采集数据的真实可靠；

② 高密度电法野外数据采集时进行实时观测，所有测点的数据均稳定变化，测量电压 ΔU 均大于5mV，供电电流 I 均大于50mA。

（3）质量评述

野外质量检查按照重复观测的方式进行，采用2066个测点，按照式（5-1）计算观测均方误差 M：

$$M = \pm \sqrt{\frac{1}{2n} \sum_{i=1}^{n} \left(\frac{\rho_{\alpha i} - \rho'_{\alpha i}}{\bar{\rho}_{\alpha i}} \right)^2} \tag{5-1}$$

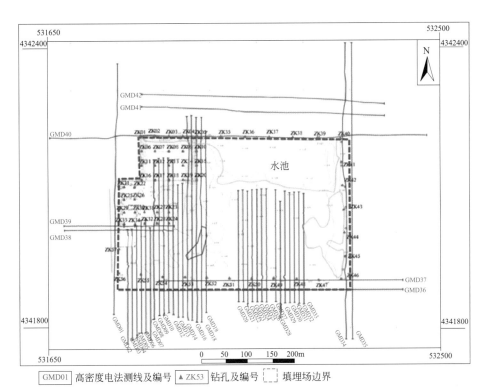

图5-7　物探工作实际材料图

式中　ρ_{ai}——第 i 点原始观测数据；

ρ'_{ai}——第 i 点系统检查观测数据；

$\overline{\rho}_{ai}$——ρ_{ai} 与 ρ'_{ai} 的平均值；

n——参加统计计算的测点数。

质量检查按照同点位、同仪器、不同时间、不同操作员重复观测的方式进行，高密度电法检查长度0.48km，检查长度占总剖面长度14.5km的3.3%，视电阻率均方相对误差为5.6%。精度满足规范设计要求。

（4）资料整理

严格按照《电阻率测深法技术规程》（DZ/T 0072—2020）、《电阻率剖面法技术规程》（DZ/T 0073—2016）的相关要求进行。每日工作结束，通过Geomative Studio传输软件将数据上传到计算机进行检查复算，初步判断采集数据的可靠性。

（5）数据处理

本次利用瑞典Loke编写的2D电阻率反演软件RES2DINV进行处理。具体数据处理一般经过以下几个步骤。

① 数据传输。将测量仪器中的野外观测数据传输到计算机中。

② 数据编辑。将明显不合理的劣质数据剔除，添加高程数据。

③ 预处理。运行程序，以程序默认的常用参数（如有已知资料，可依据资料进行设

置合理参数）进行反演解释，输出反演解释结果。

④ 输出正式解释结果图件。反演中使用对数视电阻率值，若对反演解释结果比较满意，则按要求输出最终的正式反演解释结果。反之，调整数据及参数重新进行反演。

依上述步骤，对野外观测的42个高密度电法剖面反复进行了资料处理和反演计算。

（6）图件编绘

使用的专业绘图软件有Surfer、Section、Mapgis和AutoCAD软件。

每个剖面分别绘制了反演模型电阻率断面图（使用统一色阶重新绘制电阻率等值线断面图）和成果解释综合图。

5.1.2 研究与分析

5.1.2.1 解释依据

由地质资料可知，填埋场粉砂透镜体位于第四系全新统中组浅海相沉积层和第四系全新统下组河床-河漫滩相沉积层中。河漫滩一般是在中下游地区，河流下蚀作用较弱，侧蚀作用较强。河流往往在凹岸侵蚀，在凸岸堆积形成水下堆积体。堆积体的面积逐步扩大，在枯水季节露出水面，形成河漫滩（图5-8）。依据河漫滩形成理论，推测粉砂透镜体主要存在于电阻率相对略高且两边电阻率较低的位置。

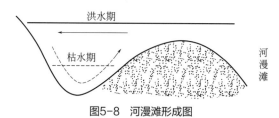

图5-8　河漫滩形成图

依据本次地球物理特征进行2D高密度电阻率建模（图5-9），采集电极60道，道间距2m，温纳装置（α），地层结构及电阻率如图5-9。

由建模及正、反演图（图5-10）可以看出，粉砂透镜体在模拟1m、3m正演图上异常不明显。经过数据反演，1m、3m反演图上均出现两边呈低阻、中间呈中高阻，且中

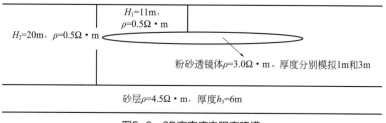

图5-9　2D高密度电阻率建模

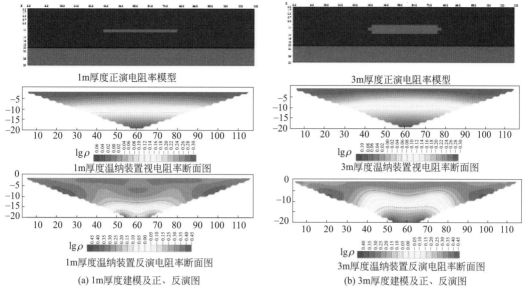

(a) 1m厚度建模及正、反演图　　　　(b) 3m厚度建模及正、反演图

图5-10　1m、3m厚度建模及正、反演图

高阻有凹陷的现象。

　　解释工作遵循从已知到未知的原则，首先在填埋场西边GMD01线和东边GMD34线进行。GMD01线东侧有6个已知钻孔（ZK56、ZK57、ZK33、ZK29、ZK25、ZK21，见图5-11），由已知钻孔资料可知，GMD01剖面上稳定连续性粉砂层埋深16.4～25.5m，两处不连续粉砂透镜体埋深分别为12.2～14.1m、12.4～13.7m，见图5-12；GMD34线通过7个已知钻孔（ZK40～ZK46，见图5-13），由已知钻孔资料可知，GMD34剖面上稳定连续性粉砂层埋深23.8～30.7m，四处不连续粉砂透镜体埋深分别为14.3～16.3m、20.2～22.6m、13.6～16.2m、13.5～16.6m，见图5-14。

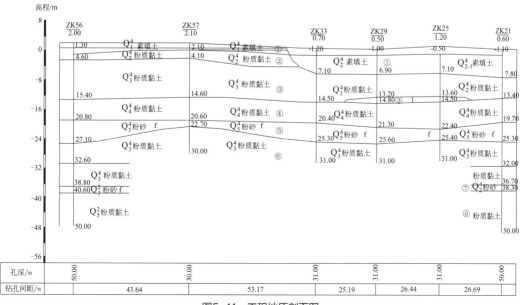

图5-11　工程地质剖面图

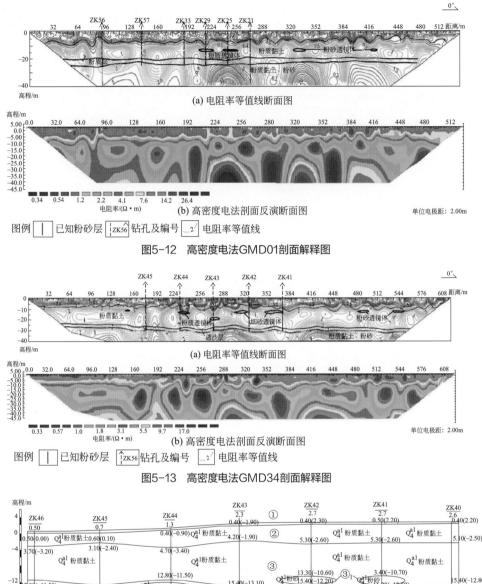

(a) 电阻率等值线断面图

(b) 高密度电法剖面反演断面图

单位电极距：2.00m

图例　⎮⎮ 已知粉砂层　ZK56 钻孔及编号　⌇ 电阻率等值线

图5-12　高密度电法GMD01剖面解释图

(a) 电阻率等值线断面图

(b) 高密度电法剖面反演断面图

单位电极距：2.00m

图例　⎮⎮ 已知粉砂层　ZK56 钻孔及编号　⌇ 电阻率等值线

图5-13　高密度电法GMD34剖面解释图

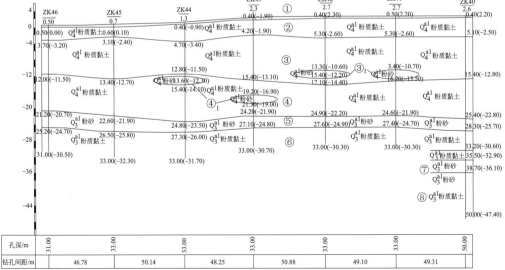

图5-14　工程地质20-20′剖面图

在 GMD01、GMD34 高密度电法剖面上由已知钻孔圈定稳定连续性粉砂层电性反映偏高电阻率特征，位置位于低阻圈闭带下沿。不连续的粉砂透镜体电性反映略高电阻率特征，位置位于低阻圈之间过渡带区。剖面上部不均匀高阻层，横向稳定连续，垂向厚度变化不一，对应人工填土层。

以上解释依据互相印证，GMD01、GMD34 高密度电法剖面上已知和推断不连续的粉砂透镜体与河漫滩形成理论、建模正反演结论相符合。解释推断依据正确合理，可以据此解释其他高密度电法剖面，同时还需要结合已知钻孔资料进行综合地质解释。

5.1.2.2　高密度电法剖面结果解释与讨论

全区 42 个剖面整体形态相似，整体上高密度电法测量电阻率剖面规律性较强，大致可分为四层电性层。

1）第一层：表层土　相当于地质地层的①₁、①₂层。电性表现为不均匀高阻（电阻率值 ≥ 6Ω·m）分布，横向稳定连续，垂向厚度局部有变化，厚度 0 ~ 11m，对应人工填土。

2）第二层：粉质黏土层　相当于地质地层的②、③、④层，粉砂透镜体相当于地质地层的③₁、④₁层。

① 粉砂透镜体电性表现为不连续的低阻圈闭带之间过渡的略高阻区，位于第一层高阻层之下、低阻圈闭带上方，厚度 1.1 ~ 2.9m，顶面埋深 8.1 ~ 19.3m，平面上不连续；

② 粉质黏土电性表现为低阻封闭圈。

3）第三层：稳定性粉砂层　相当于地质地层的⑤层。位于低阻封闭带的下沿，层厚 1 ~ 10m，埋深 18 ~ 31m，连续性好。

4）第四层：粉质黏土、粉砂层　相当于地质地层的⑤层以下各层。电性表现为高低相间、横向连续较差。

另外，在有些高密度电法剖面上个别段出现上下连通的中高阻（或低阻）异常。通过分析，此异常位置为地表人工填土较厚、测量电极接地条件较差附近，高密度电法垂向分辨率相对较低，供电电流在此位置纵深变化较大，推测此异常段由测量电极接地条件较差所致。

一些高密度电法剖面上个别段出现与解释依据较符合的粉砂透镜体电性特征相似的异常段，但结合已知钻孔、地质资料在此位置未发现粉砂透镜体，从而推断此异常段不存在粉砂透镜体。分析统计剖面具体桩号位置为：GMD01 剖面的 133 ~ 138.4m 和 180 ~ 192m，已知钻孔 ZK57、ZK33 控制此位置没有发现粉砂透镜体；GMD11 剖面的 72 ~ 96m，已知钻孔 ZK54 控制此位置没有发现粉砂透镜体。

个别剖面两端附近（位于工作区外）出现与粉砂透镜体电性特征类似的低阻圈闭带之间过渡的略高阻区，此处可推测为粉砂透镜体。分析统计剖面具体桩号位置为：GMD01 剖面的 415.7 ~ 422.5m；GMD02 剖面的 45 ~ 49.3m 和 95 ~ 101.6m；GMD03 剖面的 40 ～ 48m；GMD04 剖面的 52.6 ～ 66.2m；GMD05 剖面的 64 ～ 80m；GMD08 剖面 53.5 ～ 61.6m；GMD34 剖面的 145.6 ～ 153.1m、482.7 ～ 499m 和 533.3 ～ 550.2m；GMD35 剖面的 107.6 ～ 120m、420.4 ～ 446.7m 和 508 ～ 525m；GMD36 剖面的 427.5 ～ 440.7m；GMD37 剖面的 405 ～ 412m；GMD40 剖面的 645.9 ～ 662.1m。

（1）高密度电法 GMD01 剖面解释推断

高密度电法 GMD01 剖面位于场区西边界南北方向土路，地形平坦，电极接地条件较好，采集数据质量较好，见图 5-15。由高密度电法 GMD01 剖面解释图可以看出：

① 高程 -1.8 ～ 9.3m 有一连续表土层（粉土），厚度 0 ～ 10.0m，呈层状，电阻率为高阻反映；

② 高程 -25.5 ～ -16.4m 有一稳定连续粉砂层，厚度 2.3 ～ 6.8m，呈层状，电阻率为中高阻反映；

③ 高程 -13.1m 左右，桩号 208.7 ～ 226.4m、237.4 ～ 255.5m、322.0 ～ 337.2m 处有不连续粉砂透镜体，厚度 1.6m 左右，呈透镜体状，电阻率为中高阻反映；

④ 粉砂透镜体与上部表土层、下部稳定粉砂层均有一定距离，且不存在连接现象，故推测不连续粉砂透镜体状与下部稳定连续粉砂层不存在渗漏通道。

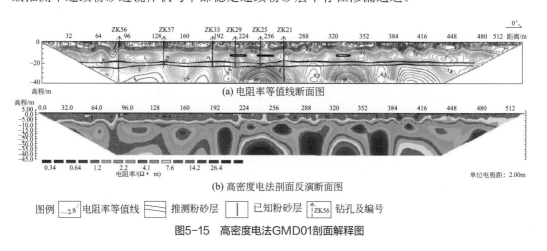

图 5-15 高密度电法 GMD01 剖面解释图

（2）高密度电法 GMD34 剖面解释推断

高密度电法 GMD34 剖面位于场区东边界南北方向土路，地形平坦，电极接地条件较好，采集数据质量较好，见图 5-16。由高密度电法 GMD34 剖面解释图可以看出：

① 高程 -7.8 ～ 2.1m 有一连续表土层（粉土），厚度 0 ～ 9.9m，呈层状，电阻率为高阻反映；

② 高程 -33.3 ～ -21.1m 有一稳定连续粉砂层，厚度 2.5 ～ 3.9m，呈层状，电阻率为中高阻反映；

③ 高程 -13.1m 左右，桩号 223.1 ～ 239.6m、304.3 ～ 324.8m、348.5 ～ 375.2m 处有不连续粉砂透镜体，厚度 2.2m 左右，呈透镜体状，电阻率为中高阻反映；

④ 高程−18.9m左右，桩号268.5 ～ 283.1m处推测有不连续粉砂透镜体，厚度2.2m左右，呈透镜体状，电阻率为中高阻反映；

⑤ 粉砂透镜体与上部表土层、下部稳定粉砂层均有一定距离，且不存在连接现象，故推测不连续粉砂透镜体状与下部稳定连续粉砂层不存在渗漏通道。

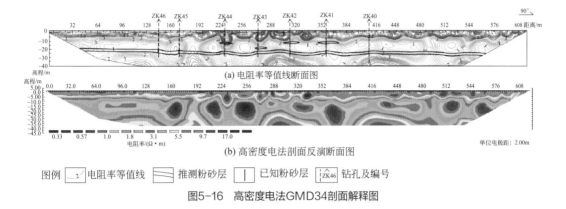

(a) 电阻率等值线断面图

(b) 高密度电法剖面反演断面图

图例　□₂电阻率等值线　▱推测粉砂层　回已知粉砂层　回ZK46 钻孔及编号

图5-16　高密度电法GMD34剖面解释图

（3）高密度电法GMD35剖面解释推断

高密度电法GMD35剖面位于场区东边界外，GMD34线东约14m，与高密度电法GMD34类似，见图5-17。由高密度电法GMD35剖面解释图可以看出：

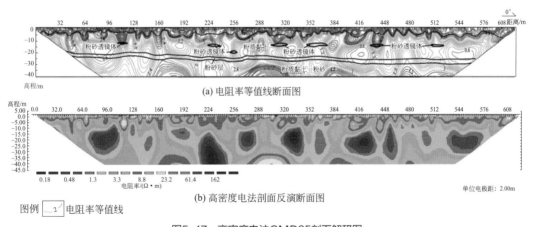

(a) 电阻率等值线断面图

(b) 高密度电法剖面反演断面图

图例　□₂电阻率等值线

图5-17　高密度电法GMD35剖面解释图

① 高程−9.5 ～ 1.8m有一连续表土层（粉土），厚度0 ～ 11.2m，呈层状，电阻率为高阻反映；

② 高程−29.4 ～ −18.4m有一稳定连续粉砂层，厚度2.7 ～ 4.1m，呈层状，电阻率为中高阻反映；

③ 高程−13.1m左右，桩号223.1 ～ 239.6m、304.3 ～ 324.8m、348.5 ～ 375.2m处有不连续粉砂层，厚度1.9m左右，呈透镜体状，电阻率为中高阻反映；

④ 高程−18.9m左右，桩号251.7 ～ 260.4m处推测有不连续粉砂层，厚度1.9m左右，

呈透镜体状，电阻率为中高阻反映；

⑤ 粉砂透镜体与上部表土层、下部稳定粉砂层均有一定距离，且不存在连接现象，故推测不连续粉砂透镜体状与下部稳定连续粉砂层不存在渗漏通道。

（4）高密度电法GMD37剖面解释推断

高密度电法GMD37剖面位于场区南边界东西方向土路，地形平坦，电极接地条件较好，采集数据质量较好，见图5-18。由高密度电法GMD37剖面解释图可以看出：

① 推测剖面东段高程-6.5～0.5m有一连续表土层（粉土），厚度0～7.5m，呈层状，电阻率为高阻反映；

② 高程-30.2～-18.5m有一稳定连续粉砂层，厚度2.1～3.5m，呈层状，电阻率为中高阻反映；

③ 推测场地内浅部没有粉砂层透镜体状。

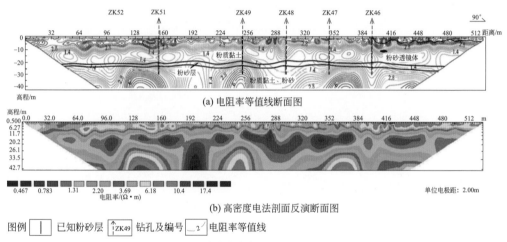

图5-18　高密度电法GMD37剖面解释图

（5）高密度电法GMD36剖面解释推断

高密度电法GMD36剖面位于场区南边界外，GMD37线南约20m，与高密度电法GMD37剖面类似，见图5-19。由高密度电法GMD36剖面解释图可以看出：

① 推测剖面东段高程-5.0～1.2m有一连续表土层（粉土），厚度0～6.1m，呈层状，电阻率为高阻反映；

② 高程-32.3～-15.8m有一稳定连续粉砂层，厚度3.5m，呈层状，电阻率为中高阻反映；

③ 推测场地内浅部没有粉砂层透镜体状。

（6）高密度电法GMD40剖面解释推断

高密度电法GMD40剖面位于填埋场北边界东西方向土路，地形平坦，电极接地条件较好，采集数据质量较好，见图5-20。由高密度电法GMD40剖面解释图可以看出：

① 高程−6.6～2.3m有一连续表土层（粉土），厚度0～9.7m，呈层状，电阻率为高阻反映；

② 高程−30.5～−19.3m有一稳定连续粉砂层，厚度1.2～6.3m，呈层状，电阻率为中高阻反映；

③ 推测场地内浅部没有粉砂层透镜体状。

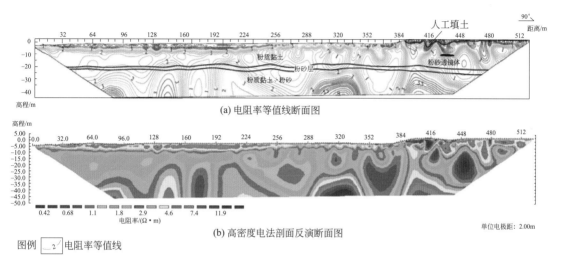

(a) 电阻率等值线断面图

(b) 高密度电法剖面反演断面图

图例 ⌇ 电阻率等值线

图5-19　高密度电法GMD36剖面解释图

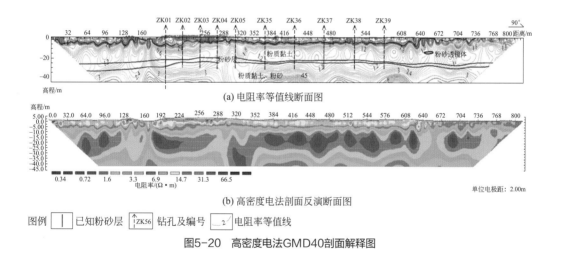

(a) 电阻率等值线断面图

(b) 高密度电法剖面反演断面图

图例 | 已知粉砂层　ZK56 钻孔及编号　⌇ 电阻率等值线

图5-20　高密度电法GMD40剖面解释图

（7）高密度电法GMD42剖面解释推断

高密度电法GMD42剖面位于场区北边界外，GMD40线北约80m，与高密度电法GMD42剖面类似，见图5-21。由高密度电法GMD42剖面解释图可以看出：

① 高程−8.5～1.4m有一连续表土层（粉土），厚度0～9.9m，呈层状，电阻率为高阻反映；

② 高程−28.1～−17.6m有一稳定连续粉砂层，厚度2.1～3.7m，呈层状，电阻率

为中高阻反映；

③ 推测场地内浅部没有粉砂层透镜体状。

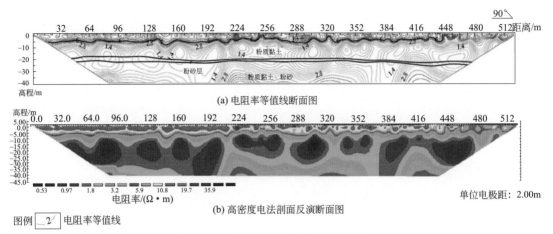

图5-21 高密度电法GMD42剖面解释图

（8）高密度电法GMD03剖面解释推断

高密度电法GMD03剖面位于填埋场西部，地表有回填垃圾，电极接地较差，对数据采集质量有影响，见图5-22。由高密度电法GMD03剖面解释图可以看出：

① 推测剖面北段高程-11.2～0.1m有一连续垃圾坑底界面，深度0～11.0m，呈凹形，电阻率为高阻反映；

② 高程-24.0～-17.3m有一稳定连续粉砂层，厚度约2.8m，呈层状，电阻率为中高阻反映；

③ 推测场地内浅部没有粉砂层透镜体状。

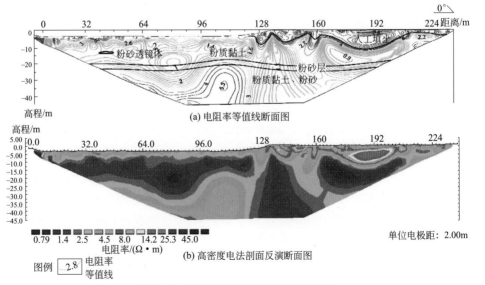

图5-22 高密度电法GMD03剖面解释图

（9）高密度电法GMD17剖面解释推断

高密度电法GMD17剖面位于填埋场西中部，见图5-23。由高密度电法GMD17剖面解释图可以看出：

① 推测剖面南段高程−3.8～0.5m有一连续垃圾坑底界面，深度0～4.0m，呈凹形，剖面其他垃圾回填厚度0.4～1m，呈层状，电阻率均为高阻反映；

② 高程−37～−16m有一稳定连续粉砂层，厚度3.0～8.5m，呈层状，电阻率为中高阻反映；

③ 高程−9.1m左右，桩号288.2～310.9m处有不连续粉砂层，厚度1.0m左右，呈透镜体状，电阻率为中高阻反映；

④ 粉砂透镜体与上部人工填土层、下部稳定粉砂层均有一定距离，且不存在连接现象，故推测不连续粉砂透镜体状与下部稳定连续粉砂层不存在渗漏通道。

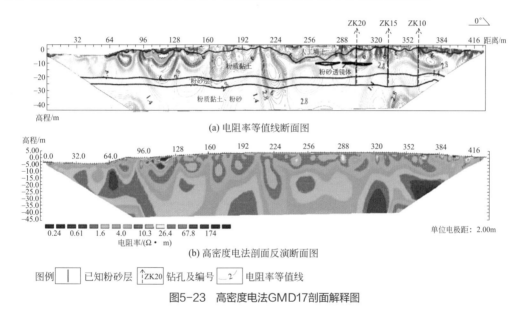

(a) 电阻率等值线断面图

(b) 高密度电法剖面反演断面图

图例 │ │ 已知粉砂层　ZK20 钻孔及编号　2 电阻率等值线

图5-23　高密度电法GMD17剖面解释图

（10）高密度电法GMD25剖面解释推断

高密度电法GMD25剖面位于填埋场东中部，剖面北段2/3位于竹筏浮土（回填垃圾）上，电极接地较差，对数据采集质量有影响，见图5-24。由高密度电法GMD25剖面解释图可以看出：

① 推测剖面高程−6.0～0m有一连续垃圾回填界面，深度0.4～4.0m，呈层状，电阻率均为高阻反映；

② 高程−26.6～−13.2m有一稳定连续粉砂层，厚度2.5m，呈层状，电阻率为中高阻反映；

③ 高程−9.4m左右，桩号126.6～139.4m处有不连续粉砂层，厚度2.4m左右，呈透镜体状，电阻率为中高阻反映；

④ 粉砂透镜体与上部人工填土层、下部稳定粉砂层均有一定距离，且不存在连接现象，故推测不连续粉砂透镜体状与下部稳定连续粉砂层不存在渗漏通道。

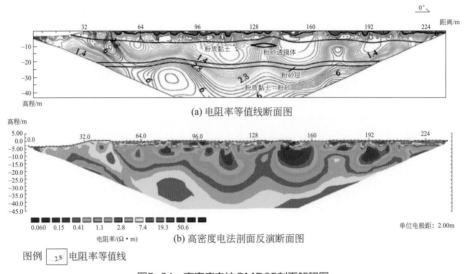

(a) 电阻率等值线断面图

(b) 高密度电法剖面反演断面图

图例 ⌈2.8⌉电阻率等值线

图5-24　高密度电法GMD25剖面解释图

5.1.2.3　粉砂透镜体平面位置、形态特征解释

根据高密度电法剖面解释成果，首先把高密度电法剖面推断透镜体粉砂层左右点投影到平面图。然后结合已知地质成果连接端点，圈出透镜体粉砂层平面位置及形态。全区共圈出粉砂透镜体25处。粉砂层透镜体平面位置见图5-25。

推测25个粉砂透镜体按可靠程度和位置分为甲、乙、丙三类，其中编号①、②、⑪、⑫、⑬、⑭和④、⑤、⑥、⑦、⑧分别位于垃圾填埋场东西边界和垃圾填埋场中北部，由于部分钻孔及地质资料较多，推断结果可靠性较高，属于甲类异常；编号⑨、⑩、㉒和⑲、⑳分别位于水塘南部竹筏区和垃圾填埋场中部、西南部，参考周围附近地质资料，推断结果可靠性较高，属于乙类异常；编号③、⑮、⑯、⑰、⑱、㉑、㉓、㉔、㉕位于垃圾填埋场范围之外，属于丙类异常。

推测粉砂透镜体范围均不大，形态不规则，连续性很差，埋深较浅。尤其在水塘南部竹筏区尤为明显。故推测无法做物探工作的水塘北区可能不存在粉砂透镜体贯穿粉质黏土层（与稳定粉砂层连通）的渗漏通道。

综上，推断粉砂层渗漏位置的情况如下：

① 稳定性粉砂层位于第四系上新统五组河床-河漫滩相沉积层，层厚1～10m，埋深18～31m，连续性好。

② 粉砂透镜体位于第四系全新统中组浅海相沉积层，厚度1.1～2.9m，顶面埋深7.2～19.3m，平面上不连续，单个粉砂透镜体平面投影面积52.087～1019.521m²。共推断有25个粉砂透镜体，未发现粉砂透镜体贯穿粉质黏土层（与稳定粉砂层连通）的渗漏通道。

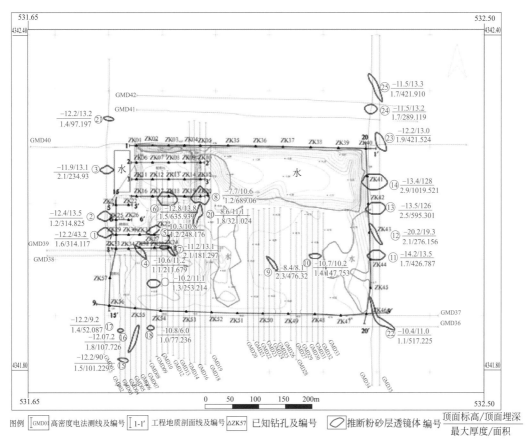

图5-25　粉砂层透镜体平面位置图

③ 依据物探控制区域解释推断粉砂透镜体的特征，推测分析填埋场物探未控制水塘区域可能不存在粉砂透镜体贯穿粉质黏土层（与稳定粉砂层连通）的渗漏通道。

④ 高密度电法勘察结果横向分辨率较高，纵向分辨率相对较差，同时填埋场未发现粉砂透镜体贯穿粉质黏土层的渗漏通道。

5.1.2.4　研究区氨氮污染特征

渗滤液样品主要取自 I 区部分填埋气导排井中。根据检测结果， I 区中渗滤液感官呈黑色、浑浊、有异味，各样品中COD浓度在1000～14000mg/L不等；BOD_5浓度整体较低，为100～1100mg/L；BOD_5/COD比小于0.2，可生化性差；TN浓度在300～4500mg/L，主要成分为NH_4^+-N，其浓度为240～3100mg/L。分析NH_4^+-N浓度较高的原因可能是：

① 通过现场垃圾组分采样，填埋的垃圾主要是生活垃圾，生活垃圾含有大量的可降解有机物，而渗滤液中NH_4^+-N主要来源于含氮有机物的水解氨化过程。

② 渗滤液NH_4^+-N浓度会经历前期迅速升高、后期缓慢降低的过程，而根据当地居民反映该填埋场填埋时间大约3年，时间较短。 I 区渗滤液整体水质呈色度高、COD浓

度高、NH$_4^+$-N浓度高、可生化性差、重金属铬浓度较高、镉与汞局部区域浓度高等特征。

对填埋场内的坑塘进行废水采集检测，根据检测结果，坑塘COD最大检测值为327mg/L，BOD$_5$最大检测值为45.7mg/L，NH$_4^+$-N最大检测值为93.95mg/L，总汞最大检测值为0.0017mg/L。此外，暴露坑塘废水中铜、锌、铅、镉、铬、镍、氰化物、亚硝酸盐等控制污染物均低于检出限，但废水中钙、镁、氯离子浓度较高。填埋场垃圾填埋量约6×10^5 ～ 7×10^{5}m^3，塑料及混合物为主要物理组分，部分填埋区域存有金属制品；场内垃圾渗滤液整体水位较浅，约1.5m，其特征污染物主要有COD、BOD$_5$、NH$_4^+$-N、TN等。此外，填埋垃圾及渗滤液中均有一定量的铬、镉、汞重金属检出，对该区域地下水及周边土壤产生安全隐患。

为了研究填埋场周围地下水的污染程度，根据收集的资料和工程地质勘探结果，布设地下水监测井点位8个（共24眼，ϕ180mm），监测井结构如图5-26所示。地下水样品采集于填埋场周边8处地下水监测点位中，每处点位均有3口深度不同（14m、32m和43m）的监测井（图5-26），每处监测点位采集3个平行地下水样品，共24个。采样前先进行洗井，采集的地下水样品立即送往实验室，保存在4℃以下的冰箱中待分析（APHA，2012），用紫外-可见分光光度计（UV-2802, UNICO, US）测定NH$_4^+$-N浓度。

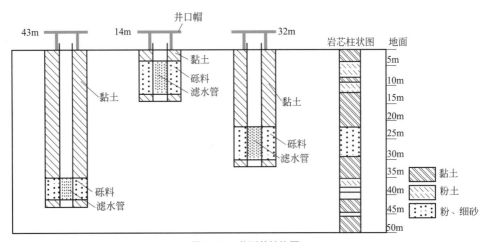

图5-26　监测井结构图

填埋区域渗滤液NH$_4^+$-N浓度最高为2358mg/L。填埋场南部潜水含水层地下水NH$_4^+$-N污染羽主要分布在垃圾填埋场东南方向，距离填埋场南部边界240m范围内（图5-27）。承压含水层未发现NH$_4^+$-N污染，分析原因是由于潜水含水层渗透性较差，径流缓慢，减缓了NH$_4^+$-N污染物向承压含水层的运移。

依据地下水取样分析结果，填埋场周围地下水主要污染物为NH$_4^+$-N、邻苯二甲酸（2-乙基己基）酯（DEHP），因此主要对研究区各水样化学离子浓度进行皮尔逊相关系数的计算，找出污染物之间的相似性或共线性关系。如果任何一对参数被认为符合几乎完全相同的行为，则从分析中删除其中一个参数，以消除某些变量的冗余。如图5-28所示，NH$_4^+$-N和DEHP具有较高的正相关性，皮尔逊相关系数为0.92；结合填埋场上游地

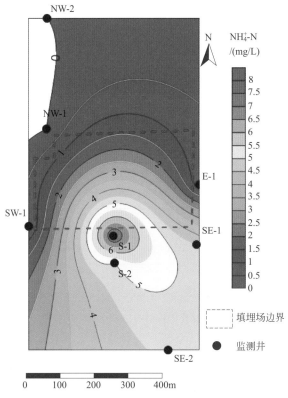

图5-27 NH₄⁺-N浓度分布

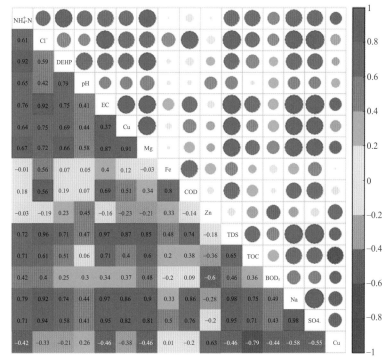

图5-28 地下水参数间的皮尔逊相关系数

区地下水中NH_4^+-N和DEHP含量，推断地下水中NH_4^+-N和DEHP均来自填埋场，NH_4^+-N与Cl^-、DEHP与Cl^-皮尔逊相关系数分别为0.61和0.59，低于NH_4^+-N与DEHP；结合填埋场下游地下水中Cl^-浓度明显高于上游地下水中Cl^-浓度，之所以与NH_4^+-N、DEHP分布特征有明显差异，可能原因有2个：

① 渗滤液污染已经扩散至下游区域，滨海地区含水层介质对Cl^-吸附作用较弱，Cl^-在地下水中扩散速度较快，而NH_4^+-N等污染物受含水层介质影响较大，扩散速度较慢。

② 天津处于海水入侵的区域，可能填埋场区域刚好处于海水入侵的界面处，上游受海水入侵影响较小，地下水氯化物含量较低，而下游受海水入侵影响导致地下水氯化物浓度较高。因此选取NH_4^+-N作为该填埋场地下水中的特征污染物进行数值模拟预测分析研究。

5.1.3　结论

本节采用高密度电法测量，完成了某滨海平原区非正规垃圾填埋场渗漏通道检测，圈定了粉砂层位置、范围及形态特征。通过物探数据的处理，结合已知钻孔资料及调查情况，查明了垃圾填埋场粉砂透镜体的大小、位置、埋深，推测了粉砂透镜体与稳定粉砂层是否存在连通形成的渗漏通道。对粉砂透镜体（渗漏通道）进行了地质解释推断，解释推断成果与实际相符。粉砂层的圈定、解释推断为垃圾填埋场地下水渗漏治理工程以及后续数值模拟提供物探依据。

依据实际场地调查研究结果，NH_4^+-N和特征有机物（DEHP）为填埋场地下水典型特征污染物，地下水NH_4^+-N污染羽集中分布于场地东南方向200m处潜水含水层，污染未穿透隔水底板进入承压含水层。通过皮尔逊相关系数推断出地下水中NH_4^+-N和特征有机物均来自填埋场，为后续数值模拟污染源设置以及验证提供数据支撑。

5.2　地下水流数值模拟

5.2.1　水文地质概念模型

首先为该研究区域创建一个水文地质概念模型，并对水文地质和气象资料的观测、计算和相关经验数据进行合理的综合和整理，这有利于将其转换并用于Modflow和

MT3DMS 模拟。

研究区域地下水人工开采量很小，区域内地下水在天然状态下水流坡度不大，地下水以水平运动为主，流速缓慢，渗流符合达西定律。采用非稳定流概念模型，对研究区域水文地层学（如局部尺度含水层性质的变化、地表水体等）的地下水 NH_4^+-N 污染水平进行了预测。模型中岩性相似的相邻含水层常合并为一个含水层，含水层的分层主要基于图 5-11 和图 5-14 研究区域岩性剖面图。

5.2.1.1　边界条件

研究填埋场对地下水的影响时，由于研究区域不是一个完整的水文地质单元，没有完整的自然边界（如地表水、地下水分水岭等），可将其概化为人为边界，故以填埋场的边界为基础往四周延伸数千米作为模拟区的边界，确定模拟区的范围以后，按照以下步骤来概化边界条件[1]：

① 根据水文地质调查和地下水水位资料，初步画出模拟区的水位等值线（图 5-29），因为一个连续水文年的枯、平、丰时期内地下水位各不相同，因此在计算边界流量时，应分别计算，所以根据研究区气象水文条件，将一年划分为丰水期（6～9 月）、平水期（3～5 月、10～11 月）和枯水期（12 月至翌年 2 月）来分析[2]。

② 根据边界条件概化结果，模拟区两侧的边界为零流量边界，可视为隔水边界（图 5-29），研究区西北边界和东南边界为二类流量边界，西北部边界为侧向补给边界，东南部边界为排泄边界。

由于在边界处缺乏流量观测资料，采用迭代逼近方法预测通过边界的流量，初始流量由达西公式得出[3-6]：

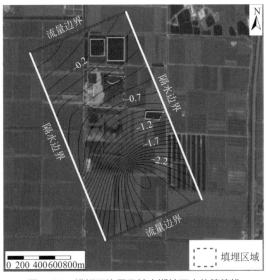

图5-29　模拟区边界及枯水期地下水位等值线

$$Q=KBCI \tag{5-2}$$

式中　Q——侧向流量，L^3/T^{-1}；

　　　K——渗透系数，L/T^{-1}；

　　　B——剖面宽度，L；

　　　C——含水层厚度，L；

　　　I——垂直于剖面的水力坡度，无量纲。

5.2.1.2　地表水体

研究区域有两处鱼塘及两处水塘，在模型中作为河流边界进行处理，池塘水深(h)平均为4.5m，池塘的长度和宽度数值是通过谷歌Earth Pro 2017软件测量的。塘底及边坡为不透水的黏土质或淤泥质等土层，渗透性差，导水系数(C)按经验公式计算：

$$C=\frac{KWl}{h} \tag{5-3}$$

式中　K——河床介质的导水系数，L/T^{-1}；

　　W，l——水塘的长度与宽度，L；

　　　h——水塘的水深，L。

5.2.1.3　降水与蒸发

由于滨海平原地下水位较浅，大量的降水补给和蒸发速度较快，地下水具有明显的季节和年度变化规律。通过考虑蒸发蒸腾、地表溢流和大气降水对研究区域含水层的补给，利用经验公式给出了研究区域的潜在补给值。研究区域降水量和蒸发量见表5-2。由于没有关于研究区域的总补给和蒸散量的详细文献，因此，这些参数被认为是模型模拟中最不确定的输入参数。

利用式（5-4）对研究区域的蒸发量进行了如下估算：

$$ET=\frac{P}{\left[1+\left(\frac{P}{PET}\right)^2\right]^{1/2}} \tag{5-4}$$

式中　ET——蒸发量，mm/月；

　　PET——潜在蒸散发量，mm/月；

　　　P——平均降水量，mm/月。

根据Malmstrom方法估算潜在蒸散发量：

$$PET=40.9\times e^* \tag{5-5}$$

式中，$e^*=0.611\times\exp\left(\frac{17.3\times\tau}{\tau+237.3}\right)$；$\tau$是月平均气温，℃；蒸发极限深度为4m。为了避

免模拟误差，2017年9月1日～2018年8月31日的降水量为来自天津市气象局记录的降水量数据，计算的补给值均匀地应用于模型的顶层。选取的地下水补给模型为：

$$w=\begin{cases}16.88(P-355.6)^{\frac{1}{2}} & P\geqslant355.6 \\ 16.88(355.6-P)^{\frac{1}{2}} & P<355.6\end{cases} \tag{5-6}$$

这个模型是基于质量平衡的研究，该模型表示的降水与补给呈指数关系[7]。考虑补给模型的不确定性在地下水建模中是十分必要的，因为各种补给估算模型已经发展起来，它们的补给估算可能有很大的不同[8]。

表5-2 研究区降水量和蒸发量

时间	2017年				2018年							
	9月	10月	11月	12月	1月	2月	3月	4月	5月	6月	7月	8月
降雨量/mm	44.2	110.7	0.8	0.0	3.0	0.0	31.9	84.1	175.3	225.9	917.8	561.0
降雨入渗量/mm	6.6	16.6	0.1	0.0	0.4	0.0	4.7	12.6	26.2	33.8	137.6	84.1
平均温度/℃	27	16	8	2	-2	1	11	18	25	30	30	29
e^*	3.6	1.8	1.1	0.7	0.5	0.7	1.3	2.1	3.2	4.3	4.3	4.0
PET/（mm/月）	146.3	74.5	43.9	28.9	21.6	26.9	53.8	84.6	130.0	174.2	174.2	164.4
ET/（mm/月）	42.3	61.8	0.8	0.0	3.0	0.0	27.4	59.7	104.4	137.9	171.1	157.8

5.2.1.4　水文地质参数获取

为了确定研究区域各含水层的水文地质参数，对研究区域进行抽水试验[9]。区域资料及水文地质试验取得的数据为地下水模型提供参数范围，抽水试验计算公式如下[10]。

① 潜水完整井：

$$K=\frac{Q}{\pi(H^2-h^2)}\ln\frac{R}{r} \tag{5-7}$$

$$R=2S\sqrt{HK} \tag{5-8}$$

② 承压完整井：

$$K=\frac{Q}{2\pi SM}\ln\frac{R}{r} \tag{5-9}$$

$$R=10S\sqrt{K} \tag{5-10}$$

式中　K ——含水层渗透系数，m/d；

Q ——抽水井出水量，m³/d；

h ——含水层抽水时厚度，m；

r ——抽水井半径，m；

R ——抽水影响半径，m；

S ——抽水井中的水位降深，m；

H ——潜水层厚度，m；

M ——承压含水层厚度，m。

5.2.2　地下水流模型

5.2.2.1　地下水流控制方程

基于质量守恒定律，水流控制方程和定解条件如下：

$$\frac{\partial}{\partial x}\left(K\frac{\partial h}{\partial x}\right)+\frac{\partial}{\partial y}\left(K\frac{\partial h}{\partial y}\right)+W=S_{\mathrm{S}}\frac{\partial h}{\partial t} \tag{5-11}$$

定解条件：

$$h(x,y,z,t)=h_0(x,y,z) \quad (x,y,z)\in D,\ t=0 \tag{5-12}$$

$$K\frac{\partial h}{\partial n}\bigg|S_1=q(x,y,z,t) \quad (x,y,z)\in S_1,\ t\geqslant 0 \tag{5-13}$$

式中　h ——水头，L；

　　　K ——含水层渗透系数，$L\cdot T^{-1}$；

　　　W ——流体的源/汇项，即流进（正值）或流出（负值）单位体积含水层的体积
　　　　　流量，T^{-1}；

　　　S_{S} ——单位储水量，即水头下降单位值时单位体积含水层释放出的水的体积，L^{-1}；

　　　h_0 ——初始水头值，即初始时刻研究区域D内各点（x,y,z）处的水头，L；

　　　S_1 ——Neumann边界条件，即已知边界面上的流量q；

　　　n ——边界S_1的外法线方向；

　　　0 ——隔水边界流量。

5.2.2.2　数值模拟

为了准确刻画模拟区，在上述水文地质概念模型的基础上，利用Modflow建立了地下水流动模型，采用有限差分的离散方法剖分网格，研究区域共有55行、35列、5层，共9625个单元（图5-30），对垃圾填埋场区域、定流量边界的有限差分网格细化2倍，水平网格大小为20m×25m，其他区域水平网格大小为40m×50m，垂向上根据地质勘察结果（图5-30）剖分为5层，从上到下依次为填土层、第Ⅰ陆相层、第Ⅰ海相层、第Ⅱ陆相层以及第Ⅲ陆相层，其中填土层、第Ⅰ陆相层、第Ⅰ海相层为潜水含水层，第Ⅱ陆相层为弱透水层，第Ⅲ陆相层为承压含水层。校正模拟周期为2017年9月1日～2018

年8月31日，由于滨海平原区地下水具有明显的季节变化规律，所以以3个月为一个应力周期，以应力周期中的天数为时间步长，并根据校正后的模型预测未来10年的NH_4^+-N污染水平。根据2017年9月份填埋场周围8处监测点位的水位数据资料，利用Kriging插值法确定了模拟地下水流的初始水位条件。

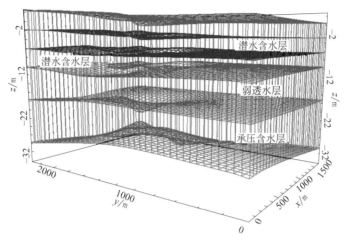

图5-30　研究区网格剖分图

地下水数值模拟中水文地质参数是非常重要的，其合理性与正确性将直接影响地下水模型的准确性及可信度，根据抽水试验结果以及水文地质手册经验数据，确定各岩层水文地质参数的合理范围。模型参数通过反复试错法重复校准以符合水头监测值。校准的过程调整一些参数的值，如渗透系数、给水度、储水系数、有效孔隙度，直到8个监测井点位（NW-1、NW-2、E-1、S-1、S-2、SE-1、SE-2、SW-1）监测值和计算值之间平均误差小于最大监测值的变化的10%。监测井（NW-1、NW-2、E-1、S-1、S-2、SE-1、SE-2、SW-1）点位如图5-1(b)所示。每个监测点位均有3口井，井的监测深度均分别为15m和30m，用来监测不同深度含水层的水位。

5.2.3　结果校验与讨论

5.2.3.1　模拟结果的校正

水流模型通过改变含水层渗透系数的值（尤其是K_x和K_z）、给水度（S_y）、储存系数（S_s）和池塘底部介质的导水系数来进行校准，经过多次迭代后，对各含水层采用显著值，并与水文地质经验值进行检验。假设粉质黏土层以及粉土层的垂直渗透系数（K_z）值为水平渗透系数（$K_x=K_y$）的1/10，而细砂层的垂直渗透系数（K_z）值为水平渗透系数（$K_x=K_y$）的1/5[11]。

综合考虑研究区域水文地质抽水试验以及经验参数，并通过计算水位和实际水位拟合分析，反复调整参数，最终得到了模型参数（表5-3和表5-4）[12]。均方根误差（RMSE）具体计算公式如下所示：

$$RMSE = \sqrt{\frac{1}{n} \sum_{i=1}^{n} (cal_i - obs_i)^2} \tag{5-14}$$

式中　cal ——模拟值；

obs ——监测值。

表5-3　水流模型参数表

地层	主要岩性	渗透系数		垂直各向异性	孔隙度/%	给水度S_y/%	储水系数S_s/m^{-1}
		$K_x=K_y$/（m/d）	K_z/（m/d）				
填土层	素填土	0.00076	0.00008	10	42	3	0.0038
第Ⅰ陆相层	粉质黏土	0.00012	0.00001	10	44	4	0.0045
第Ⅰ海相层	粉土	0.05996	0.00600	10	46	8	0.01
第Ⅱ陆相层	粉质黏土	0.00016	0.00002	10	44	4	0.0045
第Ⅲ陆相层	细砂	0.54000	0.10800	5	43	23	0.0005

表5-4　池塘模型参数表

池塘编号	底部渗透系数/（m/d）	水位高程/m	底部高程/m	长度/m	宽度/m	传导系数/（m/d）
鱼塘1#	0.00001	0.60	−3.90	20	200	0.0006
鱼塘2#	0.00001	0.50	−4.00	270	220	0.00017
水塘1#	0.00001	0.50	−4.00	50	230	0.00003
水塘2#	0.00001	0.60	−5.10	80	230	0.00005

通过拟合分析水位模拟值与实测值（图5-31和图5-32），模拟地下水位与实测水位之间存在一定的偏差，SW-1、SE-2、SE-1、S-2、S-1、NW-2、NW-1、E-1点潜水含水层水位监测值和计算值的平均误差分别为−0.018m、−0.031m、−0.036m、−0.050m、−0.060m、0.047m、−0.019m、−0.045m，RMSE分别为0.097m、0.091m、0.145m、0.147m、0.099m、0.067m、0.077m、0.117m。这些误差比观测到的潜水含水层8个点位的最大水头变化值0.30m、0.30m、0.40m、0.40m、0.30m、0.13m、0.26m、0.40m要小。SW-1、SE-2、SE-1、S-2、S-1、NW-2、NW-1、E-1点承压含水层水位监测值和计算值的平均误差分别为−0.027m、−0.007m、−0.010m、−0.005m、−0.009m、−0.018m、−0.011m、−0.062m，RMSE分别为0.095m、0.024m、0.035m、0.019m、0.030m、0.064m、0.039m、0.033m。这些误差比观测到的承压含水层8个点位的最大水头变化值0.37m、0.15m、0.14m、0.1m、0.21m、0.36m、0.33m、0.06m要小。总的来说，模拟的地下水位与观测值吻合较好。

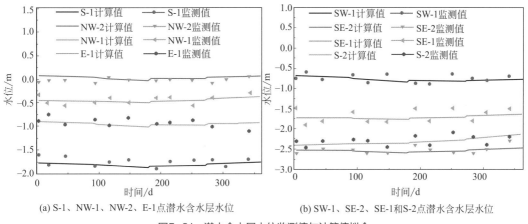

(a) S-1、NW-1、NW-2、E-1点潜水含水层水位   (b) SW-1、SE-2、SE-1和S-2点潜水含水层水位

图5-31　潜水含水层水位监测值与计算值拟合

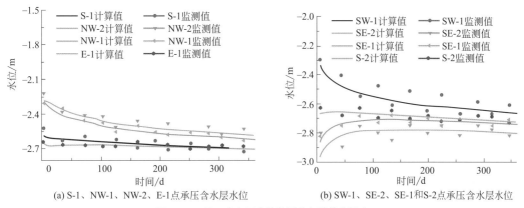

(a) S-1、NW-1、NW-2、E-1点承压含水层水位   (b) SW-1、SE-2、SE-1和S-2点承压含水层水位

图5-32　承压含水层水位监测值与计算值拟合

5.2.3.2　地下水流模型的预测分析与水量均衡研究

　　水流模型校正结果表明，所建立的模型校正合理，可用于预测。地下水流预测模型的模拟期为9年（2018年9月～2027年8月）。降雨具有周期性，将2007年9月～2016年8月的降雨量假设为预测模型中2018年9月～2027年8月的降雨条件。利用式（5-4）估算预测期间的蒸发量。

　　地下水整体呈现轻微西北向东南的趋势（图5-33），由于地势对地下水流向的影响，且受周边坑塘影响，垃圾填埋场南侧靠中的位置地下水位较低。基于研究区域Modflow非稳定流模拟结果，利用Zone Budget模块计算研究区域地下水水量均衡情况。从均衡表（表5-5～表5-7）可以看出，该区域各含水层水量的输入和输出基本相等，地下水系统处于平衡稳定的状态。潜水含水层（表5-5）的主要补给来源为降水，占91.97%，因此潜水含水层地下水位受季节变化影响较大，多年水位动态特征基本与气象周期一致；侧向补给量很小，仅占2.87%，这是由于潜水含水层渗透性较差，水力坡度很小且径流十分缓慢，潜水含水层地下水流速约为0.043cm/d，来自地下水上游（填埋场北部）的侧向径流补给量是微乎其微的。排泄的主要去处为蒸发排泄，占91.15%，侧向流出量占7.60%，越流排泄量与河流排泄量很小。在承压含水层（表5-6）中，主要的补给量为侧向流入（占87.97%）和来自潜水的越流补给（占12.03%），主要的排泄去处为侧向流出，占流出总水量的99.73%。根据水均衡计算（表5-7），就整个地下水系统来说，流入的水量主要来自降水（占88.54%），侧向补给和地表水补给量分别占6.52%和4.95%，主要的流出量为蒸发量（占87.75%），其次是侧向流出量，占11.55%，地表水排泄量很少，仅占0.70%，因此降水是整个研究区域地下水系统主要的补给源，并且根据胡蓓蓓对天津市近五十年来降水变化分析，由于全球变暖导致华北平原地区趋于干旱，天津年降水量呈逐渐下降的趋势，并且研究区域地下水埋深较浅，蒸发量较大，在模拟预测的9年内，研究区域地下水位随时间呈缓慢下降趋势（图5-33）[13]。图5-33（a）、（b）为8个监测点位处的潜水含水层预测水位；图5-33（c）、（d）为8个监测点位处的承压含水层预测水位。研究区域地表水体是潜水含水层的一个补给来源，从均衡表（表5-5）可以看出，河流补给占5.14%，从而影响着地下水流场，因此后续有必要对河床的导水系数进行不确定性分析。

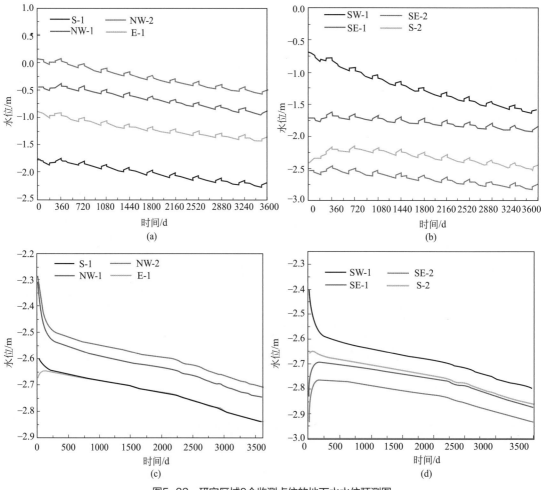

图5-33 研究区域8个监测点位的地下水水位预测图

表5-5　研究区域潜水含水层各应力期水量均衡表　单位：m^3（除占比外）

应力期	输入				输出			
	侧向补给	降水补给	越流补给	河流补给	蒸发	越流排泄	河流排泄	侧向流出
1	28.42	426.39	0.25	90.52	−1160.35	−3.98	0.00	−75.23
2	39.26	2536.36	0.11	19.36	−968.32	−6.36	−27.99	−65.13
3	17.13	534.68	0.18	38.92	−857.42	−5.63	−0.44	−85.43
4	28.11	123.46	0.28	53.46	−602.44	−4.82	0.00	−73.28
占比	2.87%	91.97%	0.02%	5.14%	91.15%	0.53%	0.72%	7.60%
总计	112.92	3620.89	0.81	202.26	−3588.53	−20.79	−28.43	−299.07
	3936.89				−3936.82			

表5-6　研究区域承压含水层各应力期水量均衡表　　　　单位：m^3

应力期	输入		输出	
	侧向补给	越流补给	越流排泄	侧向流出
1	38.56	5.07	−0.19	−45.76
2	43.87	5.25	−0.02	−28.95
3	31.69	5.37	−0.13	−59.86
4	39.45	5.32	−0.14	−38.74
占比	87.97%	12.03%	0.27%	99.73%
总计	153.57	21.01	−0.48	−173.31
	174.58		−173.79	

表5-7　研究区域地下水系统各应力期水量均衡表　　　　单位：m^3

应力期	流入			流出		
	侧向补给	降水补给	地表水补给	蒸发	地表水排泄	侧向流出
1	66.98	426.39	90.52	−1160.35	0.00	−120.99
2	83.13	2536.36	19.36	−968.32	−27.99	−94.08
3	48.82	534.68	38.92	−857.42	−0.44	−145.29
4	67.56	123.46	53.46	−602.44	0.00	−112.02
占比	6.52%	88.54%	4.95%	87.75%	0.70%	11.55%
总计	266.56	3620.89	202.26	−3588.53	−28.43	−472.38
	4089.64			−4089.34		

5.2.4 结论

本节在前期物探、钻探等水文地质调查的基础上，为该研究区域创建了一个水文地质概念模型，并对水文地质和气象资料的观测、计算和相关经验数据进行合理的综合和整理，利用 Modflow 建立了地下水流动模型，综合考虑研究区域水文地质抽水试验以及经验参数，并通过调整含水层参数、变化的边界条件和交替的气象情景来对模型进行校准和验证。基于研究区域地下水水量均衡情况得出该区域各含水层水量的输入和输出基本相等，地下水系统处于平衡稳定的状态。就整个地下水系统来说，流入的水量主要来自降水（占88.54%）。在模拟预测的9年内，研究区域地下水位随时间呈缓慢下降趋势。研究区域地表水体是潜水含水层的一个补给来源，河流补给占5.14%，从而影响着地下水流场。

5.3 地下水氨氮运移数值模拟

5.3.1 溶质运移控制方程

基于氨氮在地下水中迁移性质以及水文地质条件，本书选用的 $\mathrm{NH_4^+}$-N 运移控制方程为：

$$\frac{\partial (\theta C_{\mathrm{NH_4^+}})}{\partial t} = \frac{\partial}{\partial x_i}\left(\theta D_{ij}\frac{\partial C_{\mathrm{NH_4^+}}}{\partial x_j}\right) - \frac{\partial}{\partial x_i}(\theta u_i C_{\mathrm{NH_4^+}}) + q_s C_s^{\mathrm{NH_4^+}} + \sum R_n \tag{5-15}$$
$$(x, y) \in \Omega, t \geqslant 0$$

定解条件为：

$$C(x, y, z, t)|_{t=0} = C_0(x, y, z) \tag{5-16}$$

$$C(x, y, z, t)|_{t=0} = C_1(x, y, z), (x, y, z) \in \varGamma_1 \tag{5-17}$$

式中 x, y, z ——空间坐标；

t ——时间，d；

θ ——含水层介质的孔隙度，无量纲；

$C_{\mathrm{NH_4^+}}$ —— $\mathrm{NH_4^+}$ 的浓度，mg/L；

D_{ij} ——水动力弥散系数张量，m²/d；

u_i ——孔隙水流实际速度，m/d；

q_s——单位体积含水层源（正值）和汇（负值）的体积流量，m^3/d；

$C_s^{NH_4^+}$——源汇流中 NH_4^+ 的浓度，mg/L；

$\sum R_n$——化学反应项，mg/L；

C_0——NH_4^+ 的初始浓度，mg/L；

$C_1(x,y,z)$——Dirichlet 边界条件，即给定 NH_4^+ 浓度边界，mg/L；

Γ_1——研究区域 D 的第一类边界；

Ω——计算区范围。

5.3.2 溶质运移数值模拟

根据 2017 年 9 月～ 2018 年 8 月期间的研究区域 8 处监测点位的 NH_4^+-N 浓度数据资料，填埋场北部两处监测点位（NW-1 和 NW-2）NH_4^+-N 浓度较低，监测期间最高浓度仅为 0.15mg/L，而距离填埋场最近的南部监测点位 S-1 在监测期间 NH_4^+-N 浓度最高可达 11mg/L，推测填埋场是研究区域地下水的主要 NH_4^+-N 污染源，因此将填埋场设为唯一污染源，污染源位置按填埋场实际位置（图 5-1）设置，网格剖分加密 2 倍。潜水含水层 NH_4^+-N 初始浓度根据研究区域 2017 年 9 月 1 日 8 处监测点位的 NH_4^+-N 浓度数据资料，利用 Kriging 插值法确定了研究区域初始浓度条件。由于承压含水层 NH_4^+-N 浓度很低，监测期间内 8 处监测点位承压含水层 NH_4^+-N 浓度最高为 0.093mg/L，因此研究区域承压含水层初始浓度统一设置为 0。

由于弥散试验结果受试验场地的尺度效应影响明显，其结果应用有很大的局限性。为了更准确地描述本区域的 NH_4^+-N 运移过程，本次溶质运移模拟的参数参考了前人的研究成果，纵向弥散度（α_L）的计算参考 Gelhar 等的观测尺度（L）和纵向弥散度之间的经验关系[14]：

$$\alpha_L = 0.1 \times L \tag{5-18}$$

此外，横向弥散度（α_T）的计算参考 Xu 等通过计算每种土壤材料的横向弥散度（α_T）建立的统计方程[15]：

$$\alpha_T = 0.83(\lg L)^{2.414} \tag{5-19}$$

式中　L——水流通道长度，m。

此项研究中各层横向/纵向弥散度比率为 0.1，垂向/纵向弥散度比率为 0.01。此次 NH_4^+-N 的吸附反应参考前人的研究成果，假设地层对 NH_4^+-N 的吸附满足线性等温吸附关系，吸附模型选择 Freundlich 等温吸附模型[16,17]：

$$\lg Q_0 = \lg K_f + \frac{1}{n} \lg C_e \tag{5-20}$$

式中　K_f——吸附平衡常数；

C_e——NH_4^+ 在水中的平衡浓度，mg/L；

Q_0——吸附剂的平衡吸附量，mg/g；

n——特征常数，和温度有关，通常取 $n>1$。

硝化作用是指 NH_4^+-N 在微生物的作用下被氧化成 NO_3^--N 的过程。

NH_4^+ 被 DO 硝化：

$$NH_4^+ + 2O_2 \longrightarrow NO_3^- + 2H^+ + H_2O \tag{5-21}$$

其动力学反应[18]：

$$\frac{\partial C_{NH_4^+}}{\partial t} = -K_N^{max}\ \frac{C_{NH_4^+}}{K_{NH_4^+} + C_{NH_4^+}}\ \frac{C_{ox}}{K_{ox} + C_{ox}} \tag{5-22}$$

式中　K_N^{max}——最大硝化速率常数；

$C_{NH_4^+}$——NH_4^+ 的浓度，mg/L；

C_{ox}——氧的浓度，mg/L；

$K_{NH_4^+}$，K_{ox}——半饱和常数。

本次模拟评价中，不考虑 NH_4^+-N 的硝化作用，原因有 3 个：

① 由于研究区域地下水中硝态氮以及亚硝态氮含量低，因此硝化作用对于研究区域地下水中迁移转化的影响可忽略。

② 国内外目前对于场地规模上的硝化反应参数获取困难。

③ 该模型是为了预测评估填埋场污染程度范围，为后续修复模拟提供基础资料和依据，从保守角度（仅考虑对流弥散与吸附）来假设污染物在地下水中的迁移过程，这不仅符合环境保护的基本思想，而且国内外已有不少成功实例可供借鉴和参考。

5.3.3　溶质运移模型校正与敏感性分析

基于校正过的水流模型，结合上述设置，利用 MT3DMS 模型模拟了地下水中 NH_4^+-N 的时空分布。通过将计算得到的 NH_4^+-N 浓度与一定时期内实测的 NH_4^+-N 浓度进行比较，对模型进行了校正，以符合研究区域地下水实际污染情况。溶质运移模型还是通过反复试错法重复校正，主要校正参数为孔隙度、弥散度和吸附系数，最终得到 NH_4^+-N 溶质运移参数（表 5-8）。图 5-34、图 5-35 为研究区域潜水含水层实测 NH_4^+-N 浓度与模拟数据的校正图，S-1、NW-2、NW-1、E-1、SW-1、SE-2、SE-1、S-2 点潜水含水层 NH_4^+-N 浓度监测值和计算值的平均误差分别为 −0.013mg/L、0.094mg/L、−0.023mg/L、0.361mg/L、−0.270mg/L、0.104mg/L、0.156mg/L、−0.191mg/L，RMSE 分别为 0.042mg/L、0.080mg/L、0.071mg/L、1.14mg/L、0.854mg/L、0.328mg/L、0.492mg/L、0.604mg/L。

表5-8 NH₄⁺-N溶质运移模型参数

地层	主要岩性	纵向弥散度/m	横向/纵向弥散度比值	垂向/纵向弥散度比值	吸附系数/(mL/g)
填土层	素填土	12	0.1	0.01	0.011
第Ⅰ陆相层	粉质黏土	6	0.1	0.01	0.011
第Ⅰ海相层	粉土	12	0.1	0.01	0.011
第Ⅱ陆相层	粉质黏土	6	0.1	0.01	0.032
第Ⅲ陆相层	细砂	15	0.1	0.01	0.023

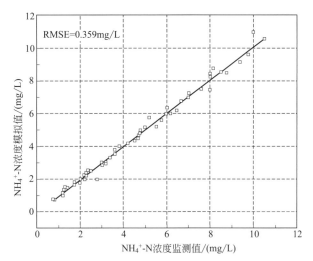

图5-34 NH₄⁺-N浓度监测值与模拟值的对比图（黑线代表1:1的趋势线）

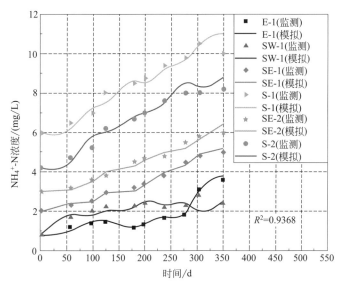

图5-35 潜水含水层NH₄⁺-N浓度监测值与计算值拟合

这些误差比观测到的潜水含水层8个点位的最大NH₄⁺-N浓度变化值3.2mg/L、0.15mg/L、0.14mg/L、2.82mg/L、1.03mg/L、1.42mg/L、1.64mg/L、3.59mg/L要小。总的来说，模

拟的NH_4^+-N浓度与监测值吻合较好。从中可以看出，地下水NH_4^+-N运移模型校正结果的准确性是可以接受的。建立的溶质运移模型能够反映真实的水文地质条件和地下水中NH_4^+-N浓度，因此，校正后的模型可以预测地下水中NH_4^+-N浓度的变化。

敏感性分析是地下水溶质运移模型识别影响参数、反演建模和不确定性分析的重要工具。目前仅在潜水含水层中发现NH_4^+-N污染现象，所以仅选取潜水含水层进行敏感性分析。在用数值法进行地下水溶质迁移模拟时，对流和弥散是地下水污染物的两种主要运移过程[11, 19, 20]。渗透系数是表征含水层渗透能力的指标，对溶质迁移有重要影响。弥散系数可作为表征可溶性物质通过渗透介质时弥散现象强弱的指标。另外，填埋场的污染源浓度对溶质迁移结果产生的影响也很大。因此，需要研究地下水溶质运移模型中污染晕的迁移变化对在不同气候情景和补给模型下的模型参数（渗透系数、孔隙度、弥散度、污染源浓度）变化的响应。

本次敏感性分析采用局部分析法中的因子变换法，对5种参数（渗透系数、降水入渗补给量、孔隙度、污染源浓度、弥散度）分别做相同幅度的变化，分析它们对溶质迁移模拟结果的影响情况[21]。根据以往敏感性研究经验和本次模拟的实际情况，各参数均设置8个水平值。各水平值为对照组分别做上下5%、10%、15%和20%的浮动。对照组为模型经过识别验证后采用的参数值。模拟时，分别改变模型中这5种参数值，模拟计算出8种情况下的污染物迁移情况[22]。

采用设计的敏感性指数L作为衡量参数敏感性大小的标准：L值越大，表明参数改变对污染物迁移距离的影响越大，即该参数的敏感性越高。敏感性指数计算公式如下：

$$L = \frac{\sum\limits_{j=1}^{n} \dfrac{\sqrt{(C_j^i - C_j)^2}}{C_j}}{n}$$ （5-23）

式中　L——敏感性指数（无量纲）；

n——参数水平值个数，即每种参数的模拟次数，本次取8（对照组不参与计算）；

C_j——对照组污染物迁移距离，m；

C_j^i——做敏感性分析时每次模拟出的污染物最大迁移距离，m。

根据敏感性分析结果（表5-9）可知，污染源浓度对于研究区域NH_4^+-N运移影响最大，因此污染源浓度的设置对于该模型至关重要。其次可以发现降水入渗补给量的变化对于模型结果影响较大，这一结果与研究区域水量均衡结果一致，研究区域水位埋深较浅，降水的变化很容易引起地下水位的波动，从而影响NH_4^+-N运移。模型的结果对于渗透系数、孔隙度、弥散度的变化不太敏感。

表5-9　模型参数敏感性指数表

参数	渗透系数	降水入渗补给量	孔隙度	污染源浓度	弥散度
敏感性指数/%	3.33	7.89	2.36	82.63	3.78

5.3.4　NH_4^+-N运移模型的预测与分析

本节的主要目的是了解在研究区域水文地层学、大气降水、地表水体等影响下，填埋场高浓度渗滤液对研究区域地下水的影响。模拟结果都有助于了解NH_4^+-N浓度（即梯度）的运移和分布，并划定研究区域地下水NH_4^+-N污染影响的区域与范围。根据NH_4^+-N污染预测模型结果（图5-36）显示，污染物的运移主要受地表水体的控制以及地势的影响，填埋场北部地区地下水几乎不受污染，该垃圾填埋场中NH_4^+-N主要沿潜水含水层地下水流向东南部潜水含水层，填埋场以南200m范围内污染程度最高，污染物浓度随着距离填埋场越远而降低，NH_4^+-N污染羽在10年内污染面积达到368667m²。另外，根据剖面图（图5-37）可得出由于弱透水层的阻滞作用，使得污染物不易进入承压含水层。结合雷抗的填埋场周边土壤数据表明，填埋场北部深度15m以内的土壤，NH_4^+-N浓

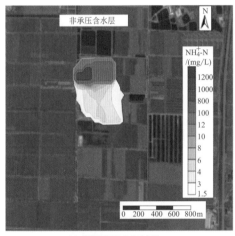

(a) 模拟2018-3-15结果

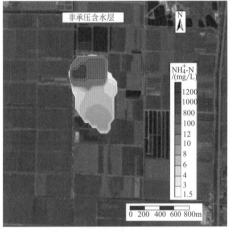

(b) 模拟2020-6-15结果

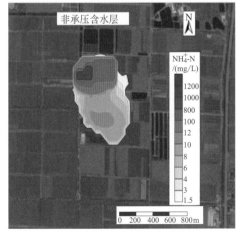

(c) 模拟2025-9-15结果

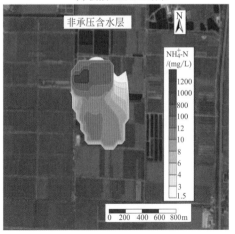

(d) 模拟2027-1-15结果

图5-36　潜水含水层NH_4^+-N模拟结果图

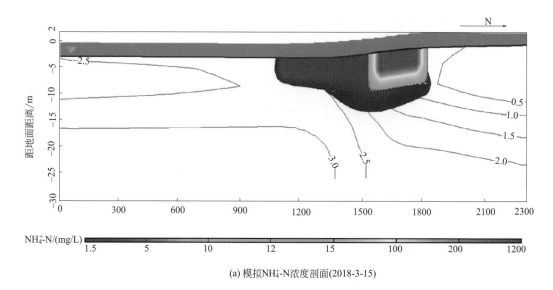

(a) 模拟NH₄⁺-N浓度剖面(2018-3-15)

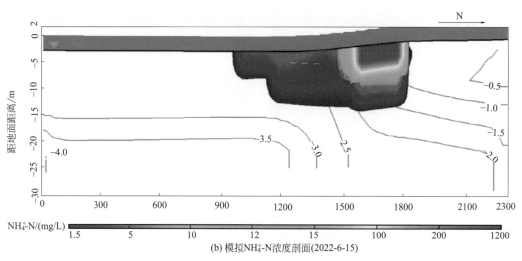

(b) 模拟NH₄⁺-N浓度剖面(2022-6-15)

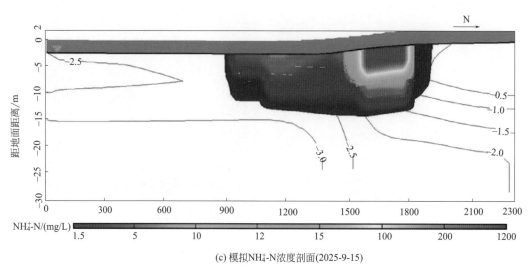

(c) 模拟NH₄⁺-N浓度剖面(2025-9-15)

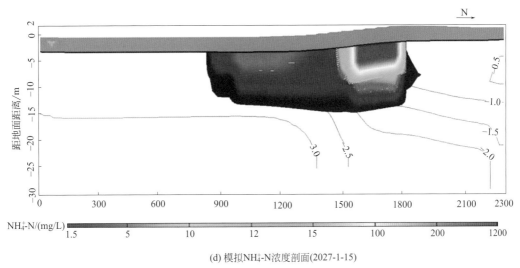

(d) 模拟NH₄⁺-N浓度剖面(2027-1-15)

图5-37　含水层NH₄⁺-N浓度剖面模拟结果图

度较低，多在10mg/kg以下，而填埋场南部深度15m以内的土壤，NH_4^+-N浓度最高达21mg/kg，推测是由于土壤胶体带负电对NH_4^+-N有一定的吸附作用，大部分进入地层的NH_4^+-N通过吸附作用被保留在地层中，但当地层介质对NH_4^+-N的吸附量达到饱和时不能再吸附更多的NH_4^+-N，此时再进入地层的NH_4^+-N就会通过淋滤作用进入地下水，对含水层造成污染[23]。

5.3.5　结论

结合滨海平原区地下水流速慢、水位埋深浅、含水层间渗透系数相差较大的水文地质条件，利用Modflow和MT3DMS建立了填埋场地下水溶质运移模型。模型结果表明：污染物的运移主要受地表水体的控制以及地势的影响，填埋场北部地区地下水几乎不受污染，该垃圾填埋场中NH_4^+-N主要沿潜水含水层地下水流向东南部潜水含水层，填埋场以南200m范围内污染程度最高，污染物浓度随着距离填埋场越远而降低。根据敏感性分析结果，污染源浓度对于研究区NH_4^+-N运移影响最大，因此污染源浓度的设置对于该模型至关重要。其次可以发现降水入渗量的变化对于模型结果影响较大，这一结果与研究区域水量均衡结果一致。研究区域水位埋深较浅，降水的变化很容易引起地下水位的波动，从而影响NH_4^+-N运移。模型的结果对于渗透系数、孔隙度、弥散度的变化不太敏感。

5.4 填埋场地下水氨氮污染控制措施模拟

5.4.1 污染源控制模拟

5.4.1.1 垂直防渗工程

垂直防渗墙作为一种典型的围护结构，已广泛应用于污染现场以防止污染物在含水层中的运移。为了防止垃圾渗滤液进一步污染周边地下水，考虑到非正规填埋场修复工作的复杂性和重要性，提出了跨学科工程和生态解决方案。根据溶质运移模型结果以及研究区域地层情况，本节讨论了垃圾填埋场对环境的威胁，并给出了工程解决方案的实例，用于修复位于华北地区的某垃圾填埋场。垃圾填埋场的主要修复问题是污染源和污染途径的控制。提出垂直防渗墙方案作为从污染源限制污染物运移的措施，通过建立垂直防渗墙保护地下水，降低来自填埋区域的渗滤液污染，将污染物迁移到可用地下水位含水层的量减少到最低限度。

（1）治理范围及目标

有效的补救工作应以准确界定填埋场的情况及周围地区为基础。该垃圾填埋场区域边界长宽分别约为500m、300m，帷幕灌浆施工范围如图5-38所示。止水帷幕施工总长约1700m，平均施工深度约16.5m，以满足工程的防渗性能要求。

（2）地质条件及可行性分析

污染物的迁移取决于地质条件，含水层厚、水力梯度高的水文地质条件更有利于地下水及其携带的污染物的运移，而渗透性差的含水层、水力梯度较低的水文地质条件可以阻碍填埋场污染物的运移。由场区地勘报告可知场区防渗帷幕可采用水泥土搅拌桩进行地基处理，依据水文地质勘察以及抽水试验可知，场区地层渗透系数均>1×10^{-7}cm/s，粉质黏土层水平渗透系数平均值为1.17×10^{-6}cm/s，垂向渗透系数为2.49×10^{-7}cm/s，为极弱透水性，且埋深较浅，故建议止水帷幕施工时应进入粉质黏土层，桩长约15~18m。前期基础环境状况调查结果显示，填埋场区域第一层弱透水层上边界埋深为11.1~14.5m、

图5-38 帷幕灌浆施工范围

下边界埋深为18.6～21.3 m，因此可以采取止水帷幕防护，防止垃圾渗滤液向四周进一步渗透扩散，设计施工深度平均约16.5m。

（3）设备选型及施工工艺

选择合适的施工技术取决于研究区域的地质结构和所用材料的耐久性和耐化学性。在现场使用重型机械的能力和经济条件也是重要的因素。

三轴止水帷幕桩施工工艺流程如图5-39所示。

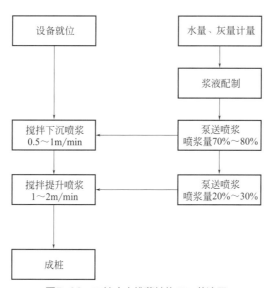

图5-39 三轴止水帷幕桩施工工艺流程

（4）地下水监测

提供长期的监测来证明垂直防渗墙效率是非常重要的，以便了解填埋场地区地下水环境质量变化。此外，为了验证施工质量研究和成果质量研究的可靠性，给出了通过现场地下水监测得到的结果（图5-40）。对实施防渗墙前后NH$_4^+$-N浓度进行了长期监测，可以清楚地观察到，填埋场实施垂直防渗墙后，地下水（潜水含水层）的NH$_4^+$-N浓度质量明显改善。NH$_4^+$-N浓度超标（>1.5mg/L）范围大大缩小。分析图5-40所提供的选定数据，可以注意到地下水中NH$_4^+$-N浓度下降，地下水中的污染浓度也大大降低，使得地下水污染得到有效控制。

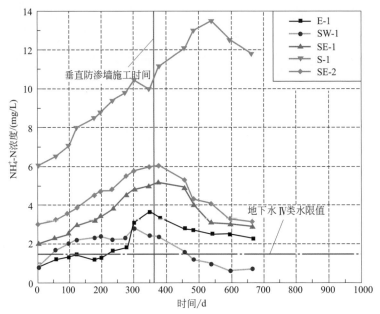

图5-40　实施防渗墙前后NH$_4^+$-N浓度监测值随时间变化

5.4.1.2　数值模拟

然而，为了验证该修复技术的可靠性，必须进行进一步的研究，包括地下水质量监测和建立地下水溶质运移模型。数值模拟是预测地下水流动和污染物运移最可靠的方法之一。数值模拟也可用于现场工程方案效率的评估，本次模拟主要关注的是在垃圾填埋场周围建造垂直防渗墙的地下水污染补救效果，为了评估垂直防渗墙对垃圾填埋场周围地下水保护的有效性，通过建立实施防渗墙的地下水流和溶质运移模型，对该污染源控制方案进行评价。

（1）概念模型

实施垂直防渗墙的填埋场地下水流动和NH$_4^+$-N污染羽剖面示意如图5-37所示。基于前期未采取任何措施的地下水溶质运移模型，研究区域西北部边界和东南部边界为二类流量边界，西北部边界为侧向补给边界，东南部边界为排泄边界。其余边界为隔水边界。岩层根据实际钻孔数据概化为5层。垂直防渗墙总长约1700m，平均深度约16.5m，防渗墙位于填埋场四周，施工达到粉质黏土层。因为在野外场地上进行建模分析，为了简单起见，不考虑硝化、微生物降解等过程，此次垂直防渗模拟仅考虑了对流、弥散、吸附作用。

（2）模型建立

Visual Modflow 软件已被广泛用于解决地下水溶质运移问题，本节利用它研究垂直防渗墙对垃圾填埋场潜水含水层流场、NH$_4^+$-N 分布的影响。为了便于预测评价垂直防渗墙对污染源的控制效果，数值模拟的范围与前期未采取任何措施的地下水溶质运移模型一致，采用有限差分的离散方法剖分网格，对防渗墙周边区域、垃圾填埋场区域、定流量边界的有限差分网格细化 2 倍。垂直防渗墙渗透系数初步设定为 8.64×10^{-6}m/d，防渗墙厚度为 1m，填埋场污染源 NH$_4^+$-N 浓度初步设置为 1000mg/L，其他模型参数初步设置参考表 5-3、表 5-4 和表 5-9，建立的计算模型如图 5-41 所示。

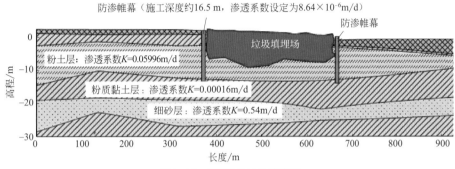

图5-41　垂直防渗墙计算模型

（3）模型校正

根据垃圾填埋场每季度监测的 NH$_4^+$-N 浓度验证了数值模型的边界条件和参数的准确性。校正后的模型参数如表 5-10 所列。图 5-42 为 5 个观测点防渗墙条件下 NH$_4^+$-N 浓度监测值与模拟值对比图。很明显，模拟和观测的 NH$_4^+$-N 浓度具有良好的相关性，均方根误差为 0.785mg/L。图 5-43 所示为现场实施地下防渗墙方案后 NH$_4^+$-N 浓度模拟值和监测值随时间的变化图。监测井 NW-1、NW-2 未见 NH$_4^+$-N 积累。由于后期井管堵塞等原因使得监测井 S-2 不易取样影响数据准确性，故将 S-2 点舍去。其余 5 个监测井（SW-1、S-1、E-1、SE-1、SE-2）NH$_4^+$-N 浓度监测值与模拟值吻合较好，平均显著相关系数（R^2）为 0.9168。说明该模型可以成功地模拟实施垂直防渗墙后含水层中 NH$_4^+$-N 的运移和污染。

表5-10　垂直防渗墙模型参数

防渗墙输入参数	数值
孔隙度	0.35
污染源浓度 /（mg/L）	1000
渗透系数 /（m/d）	8.64×10^{-5}
纵向弥散度 /m	5
横向弥散度 /m	0.5
垂向弥散度 /m	0.05
墙体厚度 /m	1

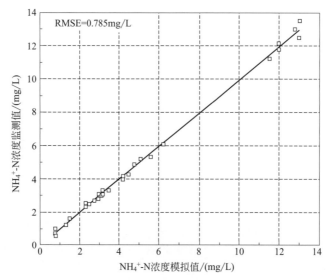

图5-42　防渗墙条件下NH$_4^+$-N浓度监测值与模拟值对比图（黑线代表1:1的趋势线）

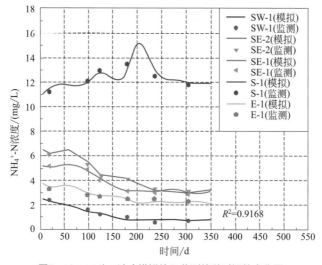

图5-43　NH$_4^+$-N浓度模拟值和监测值随时间的变化图

（4）模型预测

利用校正好的模型预测防渗墙对填埋场NH$_4^+$-N污染控制效果。为了更好地了解NH$_4^+$-N的分布情况，对防渗墙施工前后的流场进行了分析。根据有无垂直防渗墙的地下水流场对比图（图5-44），量化了垂直防渗墙附近地下水流场的变化。实施垂直防渗墙后，填埋场地下水位发生了明显变化。最大的地下水位上升（约1.5m）将发生在填埋场的北部，接近垂直防渗墙。然而，在垃圾填埋场南部附近的区域地下水位将有小幅下降。垂直防渗墙为地下水从北往南流动造成了障碍。实施防渗墙后，本该流经填埋场的地下水由于垂直防渗墙的阻挡作用，转而流向渗透性较好的填埋场东西部，靠近填埋场东部、西部区域地下水水力梯度增大，流速增大，形成小规模的高速区，在填埋场南部流速变缓，形成低速区，减缓了填埋场局部区域的污染物在地下水中的流动，整体地下水流向也由此变为由北向南流动，避免了对东南方向农田的污染[24]。

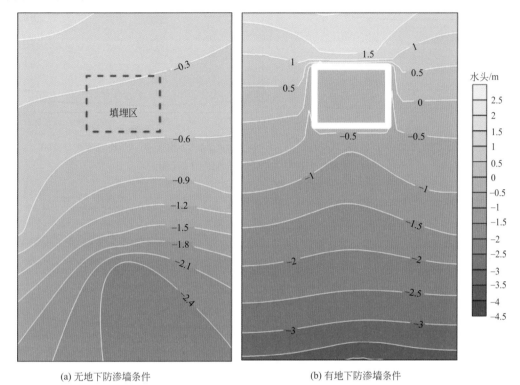

(a) 无地下防渗墙条件　　　　　　　　(b) 有地下防渗墙条件

图5-44　无地下防渗墙和有地下防渗墙条件下的流场对比图

总体上实施防渗墙后显著降低了地下水的NH_4^+-N污染浓度，NH_4^+-N污染面积减小，不同深度含水层的NH_4^+-N浓度得到了有效的控制。通过对监测结果的分析，证明了上述结论。随着帷幕灌浆深度到弱透水层时，污染源形成了一个封闭系统，且完全切断原有的渗滤液渗漏路径，地下水流向的转变避免了填埋场东南方向农田受到污染（图5-45），NH_4^+-N污染羽呈锥状流向南部；剖面上（图5-46），填埋场区域污染羽由于垂直防渗墙的阻挡作用，NH_4^+-N会在靠近防渗墙处累积，呈现楔状，填埋区域污染深度会有所增加，NH_4^+-N污染羽的迁移距离呈现分层现象，在粉土层迁移距离最远，在粉质黏土层迁移较缓慢。

数值模拟方法对于研究垂直防渗墙对填埋场地区地下水流和污染物运移的影响有一定的参考价值。模型计算结果表明：垂直防渗墙可作为一种有效的补救方法，能够有效地限制污染物的迁移，减轻填埋场对地下水环境造成的危害。通过场地试验和数值模拟以及地下水监测结果验证了该修复技术的有效性，该技术可广泛应用于垃圾填埋场等污染场地，因此合理设计垂直防渗墙是一种非常有效的、经济合理的限制污染物迁移的方法。但填埋场南部地下水中原有的NH_4^+-N短时间内难以得到有效降解，因此有必要进一步实施污染修复措施。

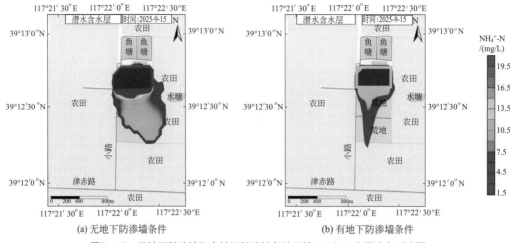

图5-45 无地下防渗墙和有地下防渗墙条件下的NH₄⁺-N空间分布对比图

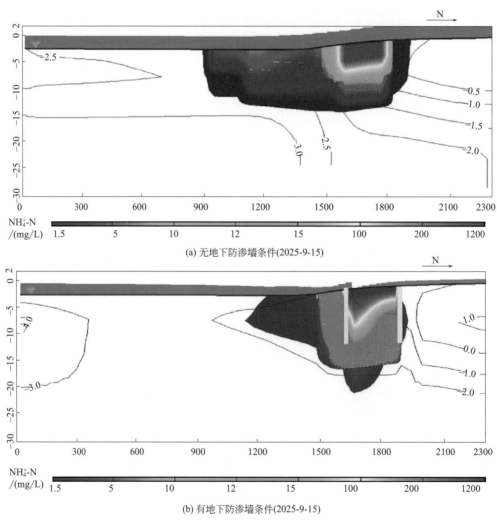

图5-46 无地下防渗墙和有地下防渗墙条件下的NH₄⁺-N剖面分布对比图

5.4.1.3　防渗墙污染控制影响因素探究

很多填埋场已经大量运用了垂直防渗墙来控制污染源，但对于垂直防渗墙污染控制因素的研究较少，特别是水文地质条件。目前国内外的研究主要集中于垂直防渗墙的施工技术以及施工材料性能方面，但上述研究未系统分析具体的水文地质条件、具有不同物理化学性质的主要污染物、污染源浓度等因素对垂直防渗墙的影响。因此本小节运用地下水污染运移数值模拟软件 Visual Modflow，评价防渗墙的渗透系数和厚度、弥散系数、污染源浓度对防渗墙性能的影响，确定最大影响因素，为垃圾填埋场垂直防渗墙的优化设计施工提供借鉴与参考。

此次模拟以研究区域垂直防渗墙模型为基础，为了便于评估垂直防渗墙的污染控制效果，除了填埋区域外，其他区域地下水初始浓度均设为0mg/L，以填埋场南部S-1监测井达到地下水Ⅳ类水限制（1.5mg/L）作为污染控制失效标志。进行了两组共33个模拟，每组模拟垂直防渗墙均选取3种渗透性能以及3种不同的厚度，其中在第一组模拟选取3种不同的污染源浓度情景（表5-11）；第二组模拟选取2种不同弥散度情景，设纵向弥散度为横向弥散度的10倍，纵向弥散度为垂向弥散度的100倍，具体参数如表5-12所列。

表5-11　第一组各情景参数及防渗墙失效时间表

情景	污染源浓度 C/（mg/L）	墙体渗透系数 K_w/（m/d）	墙体厚度 d/m	防渗墙失效时间 t/a
情景1			0.8	10.2
情景2	800	8.64×10^{-5}	1	12.8
情景3			1.2	14.6
情景4			0.8	8.9
情景5	1000	8.64×10^{-5}	1	10.5
情景6			1.2	11.8
情景7			0.8	7.5
情景8	1200	8.64×10^{-5}	1	9.8
情景9			1.2	12.5
情景10			0.8	23.6
情景11	800	8.64×10^{-6}	1	27.6
情景12			1.2	31.2
情景13			0.8	21.7
情景14	1000	8.64×10^{-6}	1	25.2
情景15			1.2	30.4
情景16			0.8	19.8
情景17	1200	8.64×10^{-6}	1	23.8
情景18			1.2	28.9

续表

情景	污染源浓度C/（mg/L）	墙体渗透系数K_w/（m/d）	墙体厚度d/m	防渗墙失效时间t/a
情景19			0.8	34.8
情景20	800	8.64×10^{-7}	1	37.8
情景21			1.2	39.6
情景22			0.8	31.5
情景23	1000	8.64×10^{-7}	1	35.5
情景24			1.2	37.4
情景25			0.8	28.6
情景26	1200	8.64×10^{-7}	1	31.4
情景27			1.2	33.6

表5-12　第二组各情景参数表

情景	纵向弥散度D/m	墙体渗透系数K_w/（m/d）	防渗墙失效时间t/a
情景28	2	8.64×10^{-5}	25.4
情景29	10	8.64×10^{-5}	18.7
情景30	2	8.64×10^{-6}	29.8
情景31	10	8.64×10^{-6}	21.9
情景32	2	8.64×10^{-7}	37.5
情景33	10	8.64×10^{-7}	23.1

　　如图5-47所示，在第一组模拟中，可得出墙体污染控制失效时间随着污染源浓度增大而降低，并且在墙体渗透系数较高的时候这一规律尤为明显，这也说明了墙体渗透系数较高的时候，填埋场中的污染物运移受到对流和弥散作用影响较大，浓度越大，穿透

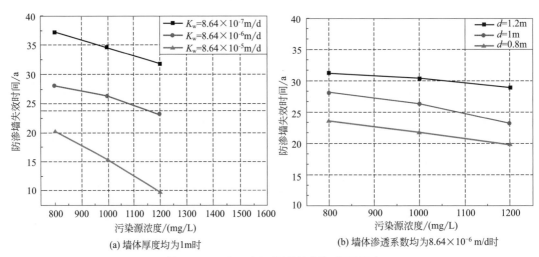

(a) 墙体厚度均为1时　　　　　　　　　　(b) 墙体渗透系数均为8.64×10⁻⁶ m/d时

图5-47　污染源浓度对防渗墙失效时间的影响

防渗墙的时间也就越短；防渗墙的渗透系数对墙体污染控制性能有显著影响，模拟结果表明墙体的渗透系数每增加一个数量级，防渗墙失效时间也相应减少10～15a左右；墙体厚度也会给墙体性能带来一些影响，墙体厚度每增加0.2m，失效时间相应增加3～5a左右。

如图5-48所示，在第二组模拟中，可以看出垂直防渗墙失效时间随着纵向弥散度的增大而缩减，并且在防渗墙渗透系数较小时这一规律尤为明显，这是由于渗透系数较小时，污染物在地下水中主要由弥散作用所主导，纵向弥散度越大，弥散作用越强。因此在实际垂直防渗墙的设计构建中，要考虑主要污染物的特性（弥散度）。

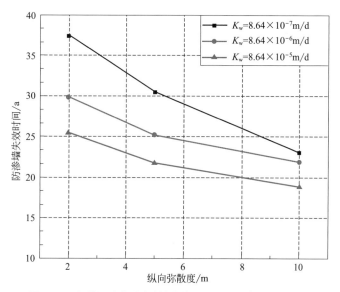

图5-48　污染源浓度对防渗墙失效时间的影响（厚度为1m）

5.4.2　污染途径控制模拟

5.4.2.1　污染途径控制修复技术比选

地下水抽出处理技术是地下水污染场地修复中使用最为广泛的技术。该技术可以快速改变地下水流动速度和方向，并且能够改变地下水污染羽的扩散方向与范围[25]。因此，本节从切断污染路径角度出发，通过式（5-24）来计算优化抽水井的数量、位置及抽水量［图5-49（a）］[26]：

$$y = \pm \frac{Q}{2KMI} - \frac{Q}{2\pi KMI} \arctan \frac{y}{x} \qquad (5\text{-}24)$$

式中　　x ——南北方向；

　　　　y ——东西方向；

　　　　Q ——抽水量，L^3；

　　　　K ——研究区含水层渗透系数，cm/s；

　　　　M ——含水层的初始饱和厚度，L；

　　　　I ——没有抽提井的情况下研究区域流场的水力梯度，无量纲。

并且根据污染羽的扩散范围以及场地抽水试验资料，利用Particle-Tracking程序包，计算从填埋场南部边界运移的污染羽在抽出作用下的运动轨迹［图5-49（b）］，综上所述，在地下水污染羽下游S-1井处设置抽提井，抽提井的抽水率设置为100m³/d能达到抽出处理的最佳效果。

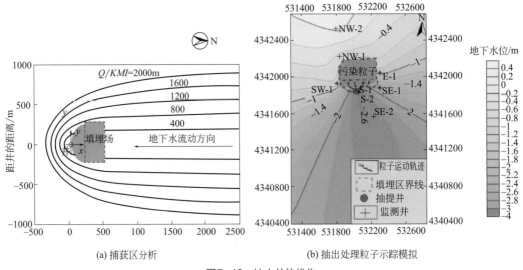

(a) 捕获区分析　　　　　　　　　　(b) 抽出处理粒子示踪模拟

图5-49　抽水井的优化

研究区域地下水埋深较浅，流速较慢，浅层含水层介质渗透性较差。经抽水试验验证，使用抽水泵抽出15m深浅层地下水，2～3h后井管中地下水即被抽干，且24h后地下水水位才能恢复，地下水异位处理抽水效率低、抽水周期长、地面运行维护成本高，所以抽出处理方案不能彻底有效降低研究区域地下水NH_4^+-N浓度。

在地下水污染原位处理技术中，监测自然衰减技术适用于污染程度较低、污染物自然衰减能力较强的区域，而本场地地下水微生物总量较少，滨海平原区地下水中Cl^-浓度较高，DO含量低，对地下环境中的微生物活性有一定的抑制作用，NH_4^+-N在地下咸水环境中很难被微生物降解，仅靠土壤自身修复能力很难达到修复要求，水质自然净化过程总体较慢，因此不适合采用监测自然衰减技术修复地下水[27]。本场地潜水含水层介质的渗透性较差，导致原位化学药剂注入技术化学药剂迁移效率不高。

由于地下水修复的操作和维修费用低，而且水量往往很大，污染物浓度也很低，因此人们对PRB装置作为传统修复方法的有效替代越来越感兴趣，原位修复技术可能更适用于研究区域地下水污染处理。

按照渗透性反应墙（PRB）的结构主要分为连续式反应墙系统、隔水漏斗 - 导水门系统和多沉箱隔水漏斗 - 导水门系统[28]。其中，隔水漏斗 - 导水门系统由一个不透水部分（隔水漏斗）和一个具有渗透能力的反应介质填充部分（导水门）构成，前者将截获的被污染地下水汇到反应单元部分，使得污染物质与反应介质进行相互作用，这种结构能够更有利于控制反应单元的安装和羽状体的截获。在污染物分布不均匀的情况下，隔水漏斗 - 导水门系统能更好地将进入反应单元的污染物浓度均匀化。

综上所述，本节在填埋场周边采取防渗墙的基础上，采用隔水漏斗 - 导水门系统结构进行地下水 NH_4^+-N 污染修复。

5.4.2.2 防渗墙-隔水漏斗-导水门系统修复模拟

（1）PRB 设计

PRB 的作用机制取决于填充介质的选择。目前地下水中 NH_4^+-N 的处理技术有很多，如生物法、化学沉淀法、吸附法等。生物法是利用各种微生物的硝化以及反硝化作用，将地下水中的过量 NH_4^+-N 转化成 N_2，以实现去除 NH_4^+-N 的目的。研究区域地下水中 Cl^- 浓度较高，对地下环境中的微生物活性有一定的抑制作用，NH_4^+-N 在地下咸水环境中很难被微生物降解，仅靠土壤自身修复能力很难达到修复要求[29, 30]。化学沉淀法是向地下水中加入药剂，与废水中的 NH_4^+ 反应生成沉淀，从而将 NH_4^+-N 从地下水中除去。但由于地下水污染量往往很大，需要耗费的药剂较多，成本较高，并且投入的药剂易引入 Cl^- 引起二次污染，而且反应生成的沉淀会严重影响 PRB 的效率，因为它会大大降低墙体孔隙度和渗透性；它还可以产生优先的流动路径，从而减少污染的地下水与反应介质的接触时间。通过吸附而非还原反应去除污染物，可能是去除地下水中 NH_4^+-N 的有效方法。随着吸附现象的发生，污染物被固定在墙体内，避免了任何沉淀现象。很多学者对不同的 PRB 吸附 NH_4^+-N 的反应介质进行了大量的研究，其中采用沸石构建的 PRB 因对 NH_4^+-N 具有优先选择交换、再生容易和运行成本低及温度适用范围广等特点，被广泛运用于地下水修复。考虑到它们具有更大的吸附能力，可以用更少的量来填充 PRB 墙体并使得现场干预最小化，因此选用沸石作为去除 NH_4^+-N 的反应介质。参考前人的研究，天然沸石对 NH_4^+-N 的吸附过程符合 Langmuir 方程[31]。

$$q_e = \frac{q_m K_l C_e}{1 + K_l C_e}$$
(5-25)

式中　q_e ——平衡时 NH_4^+ 吸附在沸石上的浓度，mg/g；

　　C_e ——平衡时 NH_4^+ 在溶液中的浓度，mg/L；

　　q_m ——最大吸附能力，mg/g；

　　K_l ——Langmuir 吸附常数，L/mg。

（2）PRB设计点位及规模

PRB设计和优化还必须考虑整个污染含水层的水文地质特征和地表情况。因此，需要对场地的水文地质特征和污染分布情况进行全面的分析与考虑。

目前工作的主要目标是对PRB修复进行数值模拟以优化设计，用于NH_4^+-N污染含水层的修复。数值模拟考虑了吸附反应介质和污染的地下水之间的相互作用。

进行PRB模拟研究首先必须选择PRB的位置和大小，然后检查这种选择是否能够在PRB的整个运行周期内彻底捕获污染物。此外，必须确定PRB的最小尺寸，使之具有成本效益。为了降解修复已受到污染的地下水，在填埋场周围实施防渗墙的基础上，根据Modflow计算出来的流场，结合溶质运移模型结果，利用Particle-Tracking程序包计算从填埋场南部边界运移的污染物仅在对流作用下的运动轨迹[32]。根据以上数值模拟结果，结合研究区域场地地下水流向及地层情况，带有一定弧度的PRB能够获取相对较大的截获宽度，建议在填埋场南部实施PRB地下水污染原位修复技术（图5-50），为了防止受污染的地下水从PRB底部绕流，PRB垂直安装于地下16.5m的潜水含水层隔水底板上。

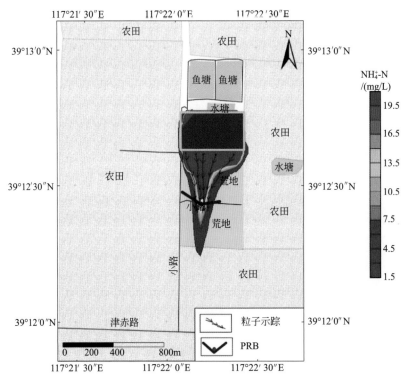

图5-50　粒子示踪模拟与PRB位置示意

（3）数值模拟

表5-13为PRB吸附材料的主要特性以及计算中使用的数值参数。为简便起见，在含水层监测期间，假定填埋场渗滤液NH_4^+-N浓度为常数，而忽略了污染物的进一步溶解或

降雨对其浓度的稀释。因此，预测NH_4^+-N浓度分布的演变，只需考虑NH_4^+-N在含水层的对流-弥散-吸附现象、垂直防渗墙的阻隔作用以及PRB反应介质的吸附现象。

表5-13　PRB模拟参数

项目	参数	取值
PRB特征参数	墙体渗透系数/(m/s)	1.0×10^{-9}
	介质吸附速率常数	1.8404
	墙体宽度/m	3.0000
	墙体深度/m	16.5000

　　数值模拟结果如图5-51所示，展示了受污染的含水层NH_4^+-N浓度随PRB运行时间的演变。从图5-51可以看出，污染羽向PRB移动，整个地下水污染羽都通过了PRB。数值结果表明，在PRB运行时通过PRB的地下水中NH_4^+-N浓度总是低于地下水Ⅳ类水质量标准（1.5mg/L）。污染源垂直防渗和PRB修复结合用于研究区域地下水修复效果不错，截至2040年9月，基本使得研究区域地下水NH_4^+-N浓度降低到1.5mg/L。值得注意的是，随着吸附的发生，吸附量开始饱和；因此，反应介质的量和PRB修复井的半径必须足够大，以确保最大的NH_4^+-N吸附浓度。此外，当接近修复井的区域NH_4^+-N浓度随着时间的推移而降低时，可能会发生先前吸附的NH_4^+-N的解吸。为了更好地阐明这一考虑，图5-52显示了图5-51所示的修复井中修复井的进口（C_{in}）和出口（C_{out}）处的NH_4^+-N浓度随运行时间的变化。

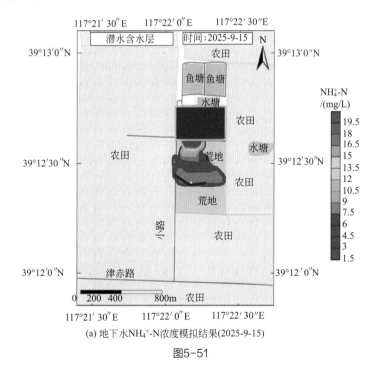

(a) 地下水NH_4^+-N浓度模拟结果(2025-9-15)

图5-51

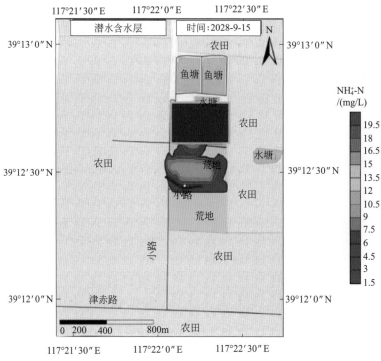

(b) 地下水NH₄⁺-N浓度模拟结果(2028-9-15)

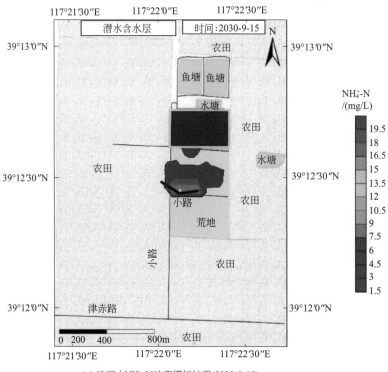

(c) 地下水NH₄⁺-N浓度模拟结果(2030-9-15)

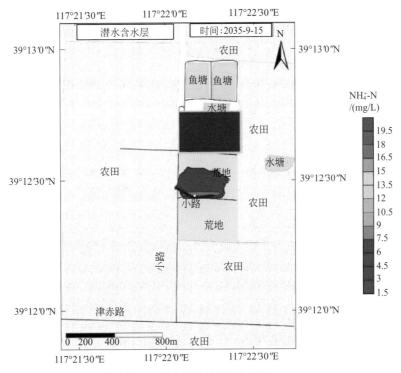

(d) 地下水NH₄⁺-N浓度模拟结果(2035-9-15)

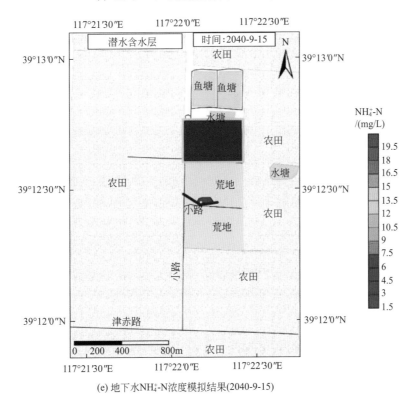

(e) 地下水NH₄⁺-N浓度模拟结果(2040-9-15)

图5-51　实施垂直防渗-PRB修复后研究区域地下水NH₄⁺-N浓度图

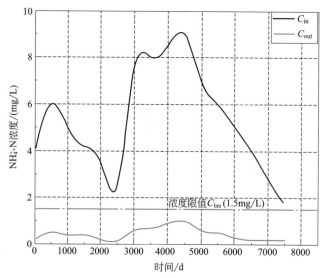

图5-52　修复井流入流出NH_4^+-N浓度值变化

如图5-52所示，在PRB运行时间内，进入修复井的地下水的NH_4^+-N浓度发生变化，而从修复井流出的地下水的NH_4^+-N浓度值总是远远低于浓度限值（C_{lim}）。从图5-52可以看出，PRB修复井减弱了地下水中NH_4^+-N浓度的波动，有效控制了含水层NH_4^+-N污染。结果表明，PRB是一种有效的NH_4^+-N污染含水层原位处理的修复技术。

5.4.3　结论

该研究区域的地下水污染修复首先要控制污染源，在填埋场周围进行帷幕灌浆，为了防止垃圾渗滤液进一步污染周边地下水，根据溶质运移模型结果以及研究区域地层情况，讨论了垃圾填埋场对环境的威胁，依据现场水文地质情况，设计并施工了具体的垂直防渗墙污染控制方案，用于修复位于垃圾填埋场地下水污染。为了验证该垂直防渗墙对污染源的控制效果，进行了进一步的研究，包括地下水质量监测和建立地下水溶质运移模型。数值模拟主要关注的是在垃圾填埋场周围建造垂直防渗墙的地下水污染补救效果，因此为了评估垂直防渗墙对垃圾填埋场周围地下水保护的有效性，通过建立实施防渗墙的地下水流和溶质运移模型，对该污染源控制方案进行评价。模型计算结果表明垂直防渗墙可作为一种有效的补救方法，能够有效地限制污染物的迁移，减轻填埋场对地下水环境造成的危害。场地试验和数值模拟以及地下水监测结果验证了该修复技术的有效性，该技术可广泛应用于垃圾填埋场等污染场地，因此合理设计垂直防渗墙是一种非常有效的、经济合理的限制污染物迁移的方法。但填埋场南部地下水中原有的NH_4^+-N短时间内难以得到有效降解，因此有必要进一步实施污染修复措施。评价了防渗墙的渗透系数和厚度、弥散系数、污染源浓度对防渗墙性能的影响，确定最大影响因素，为垃圾填埋场垂直防渗墙的优化设计施工提供借鉴与参考。

根据污染羽的扩散范围以及场地抽水试验资料，利用 Particle-Tracking 程序包，并且结合研究区域实际水文地质条件和施工条件，对污染途径控制修复技术进行比较选择。拖尾和反弹效应是地下水抽出处理技术中常见的问题，也是地下水难以处理达标的重要障碍，并且研究区域地下水埋深较浅，流速较慢，浅层含水层介质渗透性较弱。经抽水试验验证，使用抽水泵抽出 15m 深浅层地下水，2～3h 后井管中地下水即被抽干，且 24h 后地下水水位才能恢复，地下水异位处理抽水效率低，抽水周期长，地面运行维护成本高，所以抽出处理方案不能彻底有效降低研究区域地下水的 NH_4^+-N 浓度。在地下水污染原位处理技术中，监测自然衰减技术适用于污染程度较低、污染物自然衰减能力较强的区域，实施前需要详细评估地下水自然衰减能力，而本场地地下水微生物总量较少，滨海平原区地下水中 Cl^- 浓度较高，DO 含量低，对地下环境中的微生物活性有一定的抑制作用，NH_4^+-N 在地下咸水环境中很难被微生物降解，仅靠土壤自身修复能力很难达到修复要求，水质自然净化过程总体较慢，因此不适合采用监测自然衰减技术修复地下水。本场地潜水含水层介质的渗透性较差，导致原位化学药剂注入技术化学药剂迁移效率不高。因此本节在填埋场周边采取防渗墙的基础上，采用隔水漏斗-导水门系统结构进行地下水 NH_4^+-N 污染修复。根据实施垂直防渗墙后的污染羽运移方向以及粒子示踪结果，对污染最严重的填埋场南部 200m 设置隔水漏斗-导水门系统，对已经污染的地下水进行处理并且防止填埋场继续污染下游地下水。结果表明，在该系统运行时间内，进入修复井的地下水的 NH_4^+-N 浓度发生变化，而从修复井流出的地下水的 NH_4^+-N 浓度值总是远远低于浓度限值。PRB 修复井减弱了地下水中 NH_4^+-N 浓度的波动，有效控制了含水层 NH_4^+-N 污染。

参考文献

[1] 安瑞瑞, 张永波, 朱君. 地下水数值模拟中4条人为边界模型处理 [J]. 人民黄河, 2014, 36(3): 61-63.
[2] 李治邦, 张永波. Visual Modflow在煤矿开采地下水数值模拟中的应用 [J]. 矿业安全与环保, 2014, 41(4): 63-65.
[3] 王永鹏. 龙泉煤矿4号煤下伏岩溶水的开采降压数值模拟研究 [D]. 太原: 太原理工大学, 2014.
[4] 原沁波. 黄岩汇煤矿开采对地下水的影响研究 [J]. 煤炭加工与综合利用, 2013(6): 73-75.
[5] 李志有, 赵大伟. 三聚盛煤矿煤炭开采对地下水影响的数值模拟研究 [J]. 水利与建筑工程学报, 2014, 12(3): 155-158.
[6] 安瑞瑞. 正明煤矿开采对岩溶地下水环境影响数值模拟研究 [D]. 太原: 太原理工大学, 2013.
[7] Thomas T, Jaiswal R K, Galkate R, et al. Development of a rainfall-recharge relationship for a fractured basaltic aquifer in central India [J]. Water Resources Management, 2009, 23(15): 3101-3119.
[8] Scanlon B R, Healy R W, Cook P G. Choosing appropriate techniques for quantifying groundwater recharge [J]. Hydrogeology Journal, 2002, 10(2): 347.

［9］Hudak P F. Locating groundwater monitoring wells near cutoff walls ［J］. Advances in Environmental Research, 2001, 5(1): 23-29.

［10］李明明. 渤海湾西岸填海造陆区典型有机污染物运移模拟研究 ［D］. 北京：中国地质大学，2014.

［11］Munro I R P, MacQuarrie K T B, Valsangkar A J et al. Migration of landfill leachate into a shallow clayey till in southern New Brunswick: a field and modelling investigation ［J］. Revue Canadienne De Géotechnique, 1997, 34(2): 204-219.

［12］单兰波，汪家权，喻佳等. Visual Modflow软件模拟某电厂事故工况下污染物在地下水中的运移 ［J］. 电力技术资讯，2013(10): 66-68.

［13］胡蓓蓓. 气候变化对低影响开发设施年径流总量控制率的影响研究 ［D］. 北京：北京建筑大学，2019.

［14］Gelhar L W, Welty C, Rehfeldt K R . A critical review of data on field‐scale dispersion in aquifers ［J］. Water Resources Research, 1992, 28(7): 1955-1974.

［15］Xu M J, Eckstein Y, et al. Use of weighted least-squares method in evaluation of the relationship between dispersivity and field scale ［J］. Ground Water, 1995, 33(6): 905-908.

［16］Abdulgawad F, Bockelmann E B, Sapsford D, et al. Ammonium ion adsorption on clays and sand under freshwater and seawater conditions ［C］//Proceedings of 16th IAHR-APD Congress and 3rd Symposium of IAHR-ISHS, 2008.

［17］Jellali S, Diamantopoulos E, Kallali H, et al. Dynamic sorption of ammonium by sandy soil in fixed bed columns: Evaluation of equilibrium and non-equilibrium transport processes ［J］. Journal of Environmental Management, 2010, 91(4): 897-905.

［18］Prommer H, Tuxen N, Bjerg P. Fringe-controlled natural attenuation of phenoxy acids in a landfill plume: integration of field-scale processes by reactive transport modeling. ［J］. Environmental Science & Technology, 2006, 40(15): 4732-4738.

［19］Soto I, Ruiz A I, Ayora C, et al. Diffusion of landfill leachate through compacted natural clays containing small amounts of carbonates and sulfates ［J］. Applied Geochemistry, 2012, 27(6): 1202-1213.

［20］Regadío M, Ruiz A I, Soto I, et al. Pollution profiles and physicochemical parameters in old uncontrolled landfills ［J］. Waste Management, 2012, 32(3): 482-497.

［21］白福高，刘伟江，文一，等. 地下水溶质迁移规律研究概述 ［J］. 环境保护科学，2015, 41(6): 90-93.

［22］李木子，翟远征，左锐，等. 地下水溶质迁移数值模型中的参数敏感性分析 ［J］. 南水北调与水利科技，2014, 12(3): 133-137.

［23］雷抗. 垃圾填埋场地下水污染监测预警技术研究 ［D］. 北京：中国地质大学，2018.

［24］Anderson E I, Mesa E. The effects of vertical barrier walls on the hydraulic control of contaminated groundwater ［J］. Advances in Water Resources, 2006, 29(1): 89-98.

［25］Da A N, Jiang Y, Beidou X I, et al. Analysis for remedial alternatives of unregulated municipal solid waste landfills leachate-contaminated groundwater ［J］. Frontiers of Earth Science, 2013, 7(3): 310-319.

［26］Grubb S . Analytical model for estimation of steady‐state capture zones of pumping wells in confined and unconfined aquifers ［J］. Groundwater, 2010, 31(1): 27-32.

［27］康阳，刘伟江，文一，等. 地下水氰化物污染的修复技术简介 ［J］. 环境污染与防治，2016, 38(5): 90-94.

［28］朱敬涛，韩志勇，魏相君，等. 地下水原位治理的渗透性反应墙技术 ［J］. 环境科学与管理，2010, 35(9): 74-78.

［29］Akhtar M, Hussain F, Ashraf M Y, et al. Influence of salinity on nitrogen transformations in soil ［J］. Communications in Soil ence & Plant Analysis, 2012, 43(12): 1674-1683.

［30］Elbanna K, Atalla K. Microbiological transformations of two ammoniacal fertilizers under saline and/or organic matter fortification ［J］. Australian Journal of Basic & Applied Sciences, 2010, 4(8): 3280-3286.

［31］Khosravi A, Esmhosseini M, Khezri S. Removal of ammonium ion from aqueous solutions using natural zeolite: kinetic, equilibrium and thermodynamic studies ［J］. Research on Chemical Intermediates, 2014, 40(8): 2905-2917.

［32］Gusyev M A, Abrams D B, Toews M W, et al. A comparison of particle-tracking and solute transport methods for simulation of tritium concentrations and groundwater transit times in river water ［J］. Hydrology and Earth System Sciences, 2014, 18(8): 3109-3119.

第 6 章

填埋场综合生态修复案例

6.1 武汉市北洋桥生活垃圾简易填埋场生态修复工程

6.1.1 项目概况

6.1.1.1 填埋场简介

武汉市北洋桥垃圾填埋场建于20世纪80年代，是当时武汉市集中处理垃圾，在市委市政府组织下选择的一批地势低洼、地层防渗条件较好的垃圾堆场之一。垃圾填埋场位于武汉市洪山区原北洋桥村，东临武汉高铁站，南接东湖，北临杨春湖，占地559亩（1亩 = 666.67m²），1989年投入使用，2013年正式关闭。

垃圾填埋场原设计规模为400t/d，主要服务于青山区。而随着武汉城市的发展，后续服务范围已扩大至青山区全部、武昌区（余家头街、杨园街、新河街）和洪山区（和平乡、红旗乡）的部分，垃圾处理规模逐年增加。在二妃山填埋场关闭期间，其高峰时的垃圾进场量曾一度高达1500t/d，临时封场前填埋场垃圾堆体总量约$4 \times 10^6 m^3$，如图6-1所示。

图6-1 填埋场治理前现状图

北洋桥垃圾填埋场2013年停止填埋垃圾的区域未按照国家标准要求进行封场，仅进行了较为简易的覆盖和撒种草籽绿化的工作，局部填埋年限较长的区域种有少量树木。该场为垃圾简易堆场，建设标准和设施配套水平均较低，防渗方式为天然黏土层防渗，填埋沼气采取沼气井导出直接排空，垃圾渗滤液收集后经过稳定塘系统简易处理后排入市政污水管网。

6.1.1.2　工程概况

武汉市北洋桥生活垃圾简易填埋场生态修复工程位于洪山区和平乡白马洲村及北洋桥村辖区内，距离武汉站约500m，总占地面积559亩，修复垃圾总量$4.01 \times 10^6 m^3$，治理积存渗滤液约$1.0 \times 10^6 m^3$。

项目修复治理主要内容：

① 场地污染情况调查与勘察；

② 污染阻隔系统工程；

③ 常规封场工程；

④ 好氧快速稳定化工程；

⑤ 原位开挖及换填工程；

⑥ 填埋气体收集与处理工程；

⑦ 渗滤液收集与处理工程；

⑧ 场区后期利用工程；

⑨ 场地公园建设工程；

⑩ 后期运行维护与观测；

⑪ 其他辅助工程等。

6.1.2　环境污染调查内容及主要结论

6.1.2.1　环境污染调查主要内容

填埋场场地环境污染调查主要包括：

① 垃圾填埋边界的确认及垃圾堆填年限分区；

② 垃圾理化性质检测；

③ 垃圾重金属含量检测；

④ 周边地表水水质检测；

⑤ 周边地下水水质污染检测；

⑥ 场内污水水质检测；

⑦ 填埋气浓度检测。

6.1.2.2　污染调查主要结论

① 场区占地面积约559亩，垃圾总量为$4.0168 \times 10^6 \mathrm{m}^3$，渗滤液总量为$8.054 \times 10^5 \sim 1.0835 \times 10^6 \mathrm{m}^3$。

② 无不良地质现象，但存在厚层垃圾填土，拟建场地稳定，适宜性差。

③ 场区周边的地表水监测结果表明，渗滤液对周边水源存在污染隐患，地下无渗漏。

④ 场区内垃圾中有机质的含量较高，不同区域的有机质含量差别较大。

⑤ 垃圾渗滤液中COD、生化需氧量（BOD）、NH_4^+-N等指标超标，重金属含量均满足标准要求。

⑥ 填埋场陈腐垃圾重金属污染情况良好，未受到污染。

⑦ 填埋场存在填埋气污染，填埋场堆体内的沼气主要以原有的聚集气为主，小部分为垃圾自身产生的气体。

6.1.3　土地利用方向及修复标准

6.1.3.1　土地利用方向

根据《杨春湖城市副中心综合规划》，本项目南侧大部分为北洋桥公园用地，西南侧及东北侧小部分为预期商业用地/绿地。

6.1.3.2　修复标准

① 对于修复完毕后作为绿地/公园用地的区域，达到《生活垃圾填埋场稳定化场地利用技术要求》（GB/T 25179—2010，以下简称"场地利用标准"）中度利用要求。

② 对于修复完毕后作为内部设施用地的区域，达到场地利用标准高度利用要求。

③ 对于修复完毕后作为商业用地的区域，达到场地利用标准高度利用要求（土地储备要求建设时再统一达到建设用地要求）。

④ 渗滤液经过治理后执行《生活垃圾填埋污染控制标准》（GB 16889—2008）中表2规定的水污染物排放浓度限值，进入落步嘴污水处理厂。

⑤ 内部沼气经过治理后，浓度稳定值≤1.25%。

6.1.4 总体技术路线及主要工艺参数

6.1.4.1 总体技术路线

本项目采用组合工艺，总体技术路线为：规范化封场+好氧快速稳定化+局部开挖换填+填埋气污水处理+垂直帷幕。

6.1.4.2 主要工艺参数

主要工艺参数如表6-1所列。

表6-1 主要工艺参数

序号	工艺单元	工艺参数
1	规范化封场	主防渗材料：1.0mm厚HDPE膜 排水层：5.5mm厚三维土工排水网格 排气层：5.5mm厚三维土工排水网格 植被层：450mm厚自然土层（考虑到后期公园覆土）
2	好氧快速稳定化	修复面积：约$1.153\times10^5\text{m}^2$ 垃圾总量：$2.5913\times10^6\text{m}^3$ 堆体内含水率控制：45% 配套调节池容积：约80000m³ 系统风量：500m³/min 抽/注气井间距及平均深度：15m，20m 渗滤液抽排井间距及平均深度：50m，28m 综合监测井间距及平均深度：50m，25m
3	渗滤液处理	两级碟管式反渗透（DTRO）工艺，规模400t/d，清水产率＞75%
4	浓缩液处理	机械蒸汽再压缩（MVR）蒸发工艺，规模120t/d，清水产率＞90%
5	填埋气处理	处理规模：300m³/h 火炬燃烧：填埋气浓度＞30% 热风氧化系统：填埋气浓度1%～30%
6	垂直帷幕	采用柔性垂直帷幕，渗透系数$<1\times10^{-7}\text{cm/s}$

6.1.5 项目总平面布置图

项目总平面布置如图6-2所示。

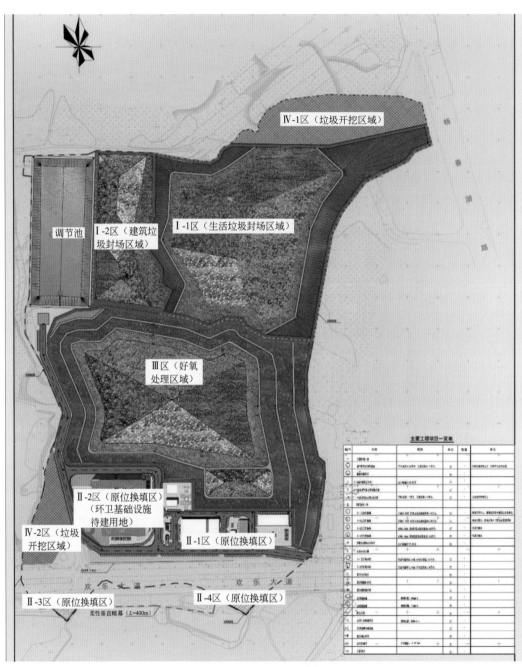

图6-2 项目总平面布置图

6.1.6 项目特点

① 项目设置了大容量渗滤液调节池，能够在项目初期就大幅降低堆体内部渗滤液水位，减小了渗滤液向周边扩散的风险。同时，大容量调节池可以用于好氧系统渗滤液的临时贮存及堆体内部水分调节，可以让堆体维持在微生物活性最佳的含水率，加快好氧降解速率。

② 首次在临东湖区域内采用了柔性垂直帷幕系统，其防渗性能、耐久性、抵抗地基变形的能力均优于常规刚性帷幕。

③ 渗滤液处理采用了"两级DTRO"与"MVR蒸发"技术，可以有效解决老龄渗滤液生化性差、难降解污染物多的难点，同时大幅减少了浓缩液产量。

④ 填埋气处理采用了热风氧化系统，可以有效解决老垃圾填埋场沼气浓度低无法燃烧的问题，保证了填埋气污染治理。

⑤ 项目完成后高标准地建设城市中央生态公园，作为整个杨春湖商务区核心，社会效益显著。

6.1.7 项目修复效果展示

修复效果展示如图6-3～图6-5所示。

图6-3　修复完成后公园效果图

图6-4 修复完成后环保公园内景图

图6-5 修复完成后垃圾博物馆效果图

6.2 武汉市北金口垃圾填埋场生态修复工程

6.2.1 项目概况

6.2.1.1 填埋场简介

　　金口垃圾场位于武汉市西北、东西湖区张公堤外，张公堤（三环线）、金银湖路、金山大道、金南一路合围区域内，紧邻张公堤，东临武汉会议中心、武汉东方马城，金口排污闸从东侧经过；南紧靠张公堤，正南隔三环线与江汉区金桥工业园相望；西侧暂为一待开发空地，再向西为武汉市台商投资开发区，以及几处居民新区；北为几个连续分布的居民新区，主要为万科四季花城、公安局职工新区等，这些居民新区基本围绕金银湖而建。距场址最近的周边居民新区为公安职工新区，相距约500m。

　　金口垃圾填埋场1989年启用，原设计规模为800t/d，与岱山垃圾场一起服务于汉口地区，其中金口垃圾场的主要服务区域为江汉区、桥口区和东西湖区。从1997年开始，武汉市开始了利用世界银行贷款建设垃圾处理场的工作，在世界银行贷款湖北环境项目的资助下，2000年在金口垃圾场的基础上正式开建世界银行贷款项目——金口垃圾填埋场，并重新进行设计，垃圾处理规模提高至2000t/d，并扩征原有场区北面180亩地作为新填埋库区，设计使用寿命至2010年。该填埋场沿张公堤自南向北推进填埋，形成沿堤长约1200m、宽约260m的填埋堆体（其中有50m宽的范围为张公堤控制线区域），堆体北面是长1000m、宽约50m的污水集存处理区。根据2013年1月对该垃圾场的现场勘

(a)　　　　　　　　　　　　　　(b)

(c)　　　　　　　　　　　　　　(d)

图6-6　填埋场治理前现状图

察，金口垃圾场累计填埋垃圾量约为$5.03×10^6m^3$，如图6-6所示。

金口垃圾填埋场关闭后，未按照国家标准要求进行封场，仅进行了较为简易的覆盖和撒种草籽绿化的工作，局部填埋年限较长的区域种有少量树木。由于该场建设年代较为久远，建设标准和设施配套水平均较低，防渗方式为天然黏土层防渗，填埋沼气采取沼气井导出直接排空，垃圾渗滤液收集后经过稳定塘-UASB-A/A/O-沉淀除泥等工艺处理后排入市政污水管网。场区内污水处理系统已基本失去功能，填埋区域建有沼气井约100口，部分沼气井已损毁，填埋场严重影响周边环境。

金口垃圾填埋场被选为"2015年第十届中国国际园林博览会"主会场，成为武汉园博会的亮点——"垃圾上的园林"。

6.2.1.2　工程概况

武汉市金口垃圾填埋场生态修复工程位于武汉市金口垃圾填埋场，修复垃圾总量$5.0246×10^6m^3$，修复填埋场面积$4.086×10^5m^2$。

项目修复治理主要内容：

① 场地污染情况调查与勘察；

② 污染阻隔系统工程；

③ 常规封场工程；

④ 好氧快速稳定化工程；

⑤ 填埋气体收集与处理工程；

⑥ 渗滤液收集与处理工程；

⑦ 其他辅助工程等。

6.2.2　环境污染调查内容及主要结论

6.2.2.1　环境污染调查主要内容

填埋场场地环境污染调查主要包括：

① 垃圾填埋边界的确认及垃圾堆填年限分区；

② 土层污染情况调查；

③ 场地渗漏情况调查；

④ 堆体有机质含量检测；

⑤ 填埋气浓度检测。

6.2.2.2　污染调查主要结论

① 垃圾层有机质含均较高，其中：垃圾翻转堆填区（Ⅰ区）有机质含量基本介于6%～11%之间，垃圾堆填时间较短区（Ⅱ区）有机质含量基本介于7%～10%之间，垃圾堆填时间较长区（Ⅲ区与Ⅳ区）有机质含量基本介于10%～15%之间，少量钻孔检测超过20%，均属于泥炭质土。

② 与垃圾层接触的0～1m范围内土层有机质含量基本介于5%～10%之间，属于有机土，其所受污染主要由垃圾渗滤液浸泡引起的，其主要污染为氮化物与氯化物污染。由于受影响的土层较薄，在场地经过修复治理后污染源得到控制，土层污染状况将随时间推移而逐渐好转，不需要进行专门处理。

③ 环境土壤（场地外侧0～50m范围表层土）有机质含量均＜5%，属于无机土，暂未受到垃圾渗滤液渗漏等明显污染影响。

④ 当垃圾渗滤液水位较高时，北侧和西侧部分因防渗堤设置偏低会出现渗漏情况，南侧和东侧不会发生渗漏情况。上述区域上层滞水和地表水水质检验均显示，垃圾渗滤液沿上述边界有所渗漏，引起了轻微污染。

⑤ 场地北侧，当垃圾渗滤液水位较高时四周均会出现渗漏情况。该垃圾堆体周边上层滞水和地表水水质检验均显示，垃圾渗滤液沿上述边界有所渗漏，引起了污染。

⑥ 初步推算场地下部承压水尚未受到污染，水质分析检验也验证了下部承压水未受

到垃圾渗滤液污染。

6.2.3　土地利用方向及修复标准

（1）土地利用方向

按照园博会主会场场地利用目标，场地全部用于园林用地，园博会结束后将作为永久性公园。

（2）修复标准

① 通过综合治理对金口垃圾场进行生态修复，用24个月确保填埋垃圾有机质含量、渗滤液含量、填埋气体CH_4浓度、堆体沉降等指标达到《生活垃圾填埋场稳定化场地利用技术要求》（GB/T 25179—2010）规定的利用要求，重度污染的Ⅰ区和Ⅱ区应达到中度利用要求，中度污染的Ⅲ区和Ⅳ区应达到中度利用并接近高度利用要求。

② 渗滤液经过治理后，执行《生活垃圾填埋场污染控制标准》（GB 16889—2008）中表2规定的水污染物排放浓度限值，进入市政管网。

⑤ 内部沼气经过治理后，浓度稳定值≤1.25%。

6.2.4　总体技术路线及主要工艺参数

6.2.4.1　总体技术路线

本项目采用组合工艺，总体技术路线为：规范化封场＋好氧快速稳定化＋填埋气及污水处理。

6.2.4.2　主要工艺参数

主要工艺参数如表6-2所列。

表6-2　主要工艺参数表

序号	工艺单元	工艺参数
1	规范化封场	主防渗材料：1.0mm厚HDPE膜 膜下保护层：$200g/m^2$土工布 排水层：5.5mm厚三维土工排水网格 植被层：3000mm厚自然土层（后期园林施工实施）

序号	工艺单元	工艺参数
2	好氧快速稳定化	修复面积：约 $1.153 \times 10^5 m^2$ 垃圾总量：$3.07 \times 10^6 m^3$ 堆体内含水率控制：45% 配套调节池容积：约 $1500 m^3$ 系统风量：$950 m^3/min$ 抽/注气井间距及平均深度：25m，10m 渗滤液抽排井间距及平均深度：50m，10m 综合监测井间距及平均深度：50m，10m
3	渗滤液处理	两级DTRO工艺，规模100t/d，清水产率 > 75%
4	浓缩液处理	"UV-Fenton高级氧化+Diamox电解氧化技术"，规模120t/d，清水产率 > 96%
5	填埋气处理	处理规模：$2300 m^3/h$ 景观火炬燃烧：填埋气浓度 > 30% 热风氧化系统：填埋气浓度 1% ～ 30%
6	垂直帷幕	采用土-水泥-膨润土墙，渗透系数 $< 1 \times 10^{-7} cm/s$

6.2.5 项目总平面布置图

项目总平面布置如图6-7所示。

6.2.6 项目特点

① 该项目是我国首次在 $1.0 \times 10^6 m^3$ 以上填埋场大规模采用好氧修复技术加速垃圾降解，并取得了良好的效果，成功举办了园博会。

② 针对不同的分区处理区域，采用了土-水泥-膨润土地下连续墙垂直帷幕进行隔离，确保不同区域的修复相互独立不受影响。

③ 渗滤液处理"两级DTRO"与"浓缩液UV-Fenton高级氧化"零排放技术。

④ 项目完成后修复了污染，确保了园博会的顺利召开，获得了国内外的一致肯定。

6.2.7 项目修复效果展示

项目修复效果展示如图6-8、图6-9所示。

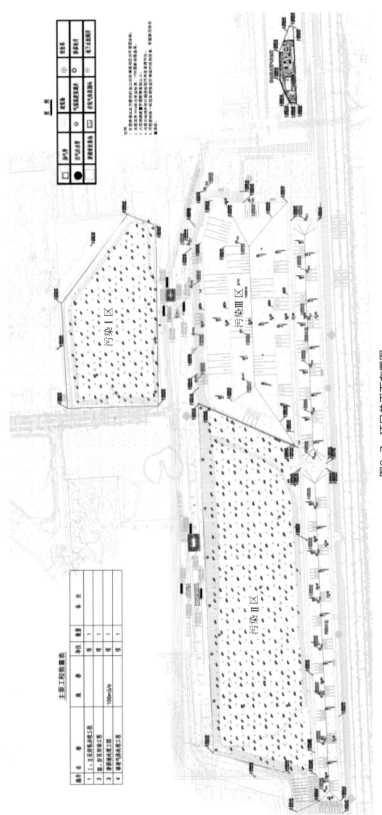

图6-7 项目总平面布置图

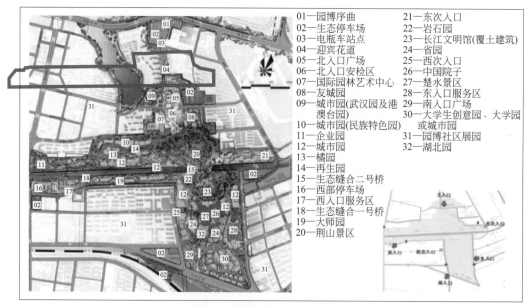

图6-8　修复完成后公园效果图

(a)

(b)

图6-9　修复完成后园博会内景图

6.3 天津华明垃圾填埋场生态治理工程

6.3.1 项目概况

6.3.1.1 填埋场简介

天津华明垃圾填埋场位于天津市东丽区华明街，津芦线以南、赤海道以西。由于历史原因，东丽区缺少正规生活垃圾无害化处理设施，东丽区生活垃圾主要运往大韩庄垃圾填埋场、双港垃圾焚烧厂和北辰双口垃圾填埋场处理。随着城市发展，生活垃圾产量不断增加，华明垃圾填埋场自2013年开始作为华明街及其附近居民生活垃圾的接纳场所，没有防渗、渗滤液处理、填埋气体导排等环保设施，存在环境安全隐患，如图6-10所示。该填埋场于2017年停止使用。

图6-10　填埋场治理前情况

至场地停止使用时，华明填埋场占地约240亩，填埋深度约11m，垃圾填埋量约$6.0 \times 10^5 \sim 7.0 \times 10^5 \mathrm{m}^3$，渗滤液总量约$7.0 \times 10^5 \sim 8.0 \times 10^5 \mathrm{m}^3$。

6.3.1.2　工程概况

项目主要建设内容如下所述。

（1）堆体稳定化工程

设置 CH_4 气体导排井 70 口，导排主管将 CH_4 气体输送至火炬系统燃烧处理；设置 20 口输氧曝气井及曝气系统进行垃圾原位稳定化处理，加快填埋堆体稳定，严防火灾爆炸等安全隐患。

（2）填埋场污染阻断工程

建设总长约 1550m 的止水帷幕工程，实现污染阻断。

（3）渗滤液及其污染地下水治理工程

建设 500m^3/d 处理规模的垃圾渗滤液全量处理工程，最终渗滤液处理出水达到《生活垃圾填埋场污染控制标准》（GB 16889—2008）表 2 标准后排放。采用地下水原位 - 异位协同技术，对华明填埋场局部区域污染地下水实施控制。

（4）填埋场封场覆盖及绿化提升工程

华明垃圾填埋场进行覆膜封场 240 亩，其中部分区域进行水面铺膜；场区绿化，改善填埋场感官体验。

（5）填埋场临时防洪与地表径流导排工程

结合填埋场封场覆盖工程，采取临时防洪与地表径流导排措施。

（6）填埋场治理监测、运行

设置地下水、填埋气体、垃圾堆体表面沉降检测设施，实现治理后填埋场地下水监控预警、场区内安全防控。

6.3.2　环境污染调查内容及主要结论

6.3.2.1　环境污染调查主要内容

填埋场场地环境污染调查主要包括场地周边地下水环境、土壤环境以及垃圾填埋区域环境调查，其中垃圾填埋区域环境调查包括：

① 封场调查；
② 稳定性分析；
③ 填埋区地形图绘制；

④ 工程与地质调查；

⑤ 垃圾组分调查；

⑥ 渗滤液组分调查；

⑦ 填埋气组分调查。

6.3.2.2　污染调查主要结论

① 填埋场占地约240亩，填埋深度约11m，垃圾填埋量约$6.0 \times 10^5 \sim 7.0 \times 10^5 m^3$，渗滤液总量约$7.0 \times 10^5 \sim 8.0 \times 10^5 m^3$。

② 场地水文地质条件复杂，深度80m以内自上而下可分为潜水含水层、第一层弱透水层、第一～第三层承压水，第一潜水含水层顶、底高程约为-2m、-16m，其底部为粉质黏土层，平均厚度约7.8m，粉质黏土渗透系数大多数<10^{-7}cm/s，初步判断具备污染阻隔条件，但通过地球物理勘探，发现相对隔水层存在污染渗漏通道。

③ 监测金钟河地表水十三项指标，结果各项指标均能满足《地表水环境质量标准》（GB 3838—2002）V类标准要求。

④ 填埋场附近地下水S-1点NH_4^+-N浓度为9.83mg/L，是地下水V类标准的6.6倍。S-1监测井中地下水TOC浓度最高为11.13mg/L，S-2点邻苯二甲酸（2-乙基己基）酯超出地下水V类标准6倍。地下水污染羽分布在填埋场南部S-1及S-2区域。根据场地调查结果对各指标进行评分分级，并计算出垃圾填埋场地下水污染生态风险等级评估指数I=6.224，根据污染风险分级属于较高风险区间。

⑤ 场外相邻土壤整体可达到三级标准，大部分区域满足二级要求。

⑥ 场地填埋垃圾主要为生活垃圾，填埋垃圾中有机质含量整体较高，超过50%垃圾样品有机质含量高于25%，未达到填埋场低度利用（草地、农地、森林利用）要求。垃圾堆体下层（>10m）部分区域存在有机物含量较高现象，最高可达84.7%，同时存在较多难降解有机物。部分垃圾中含有重金属物质，存在周边土壤及地下水重金属污染隐患。

⑦ 渗滤液整体水质呈现出色度高、COD浓度高、NH_4^+-N含量高、可生化性低、重金属铬浓度较高等特点。

⑧ 填埋场存在填埋气污染，填埋场堆体内的沼气主要为垃圾自身产生的气体。

6.3.3　治理标准

① 垂直防渗及修补填埋场底部渗漏通道的防渗性能达到《水工建筑水泥灌浆施工技术规范》（SL 62—2014）要求。

② 通过原位生物强化输氧曝气及污染气体处理技术加速堆体稳定化。

③ 建设生物强化-高级氧化联用渗滤液处理技术,保证封场后5～10年内完成填埋区渗滤液全量处理,达到《生活垃圾填埋场污染控制标准》(GB 16889—2008)表2排放标准。

④ 通过强化Fe^{3+}生物还原-氧化过程,采用间歇性曝气漏斗门式PRB地下水污染原位生物修复,对地下水污染进行治理,出水水质满足《地下水质量标准》(GB/T 14848—2017)V类标准(不宜作为生活饮用水水源,可根据目的用作其他用水),即COD_{Mn}浓度低于10mg/L、NH_4^+-N浓度低于1.5mg/L、邻苯二甲酸(2-乙基己基)酯浓度低于300μg/L;排放至地表水体的地下水应满足《地表水环境质量标准》(GB 3838—2002)V类标准(主要适用于农业用水区及一般景观要求水域),即COD_{Mn}浓度低于15mg/L、NH_4^+-N浓度低于2.0mg/L、邻苯二甲酸(2-乙基己基)酯浓度恢复至受污染前背景值(<2.06μg/L)。

⑤ 构建地下水污染监测预警硬件系统与软件平台,多层位采样监测井实现垃圾填埋场的分层采样,洗井体积缩小至常规监测井的1/54,布设EC在线监测传感器,实时监控填埋场地下水污染状况,设置数据采集周期为10min。

6.3.4 总体技术路线及主要工艺参数

6.3.4.1 总体技术路线

本项目采取以污染源全方位阻控为前提,渗滤液处理及CH_4气体导排为重点,封场后环境监控及维护管理为保障的填埋场污染综合治理方案,总体技术路线为:立体防控阻隔+渗滤液精准导排抽出协同处理+垃圾原位稳定化+地下水修复+地下水监控预警。

6.3.4.2 主要工艺参数

主要工艺参数值如表6-3所列。

表6-3 主要工艺参数表

序号	工艺单元	工艺参数
1	立体防控阻隔	(1)底部渗漏情况调查:依据工程地质与地球物理联合勘探结果,共推断14个粉砂透镜体,未发现粉砂透镜体贯穿粉质黏土层的渗漏通道 (2)垂直防渗:采用ϕ650三轴螺旋搅拌桩,平均15m深,周长1550m,渗透系数<1×10^{-7}cm/s (3)表面封场覆盖:主防渗材料为1.5mm厚HDPE土工膜;排水层为6.0mm厚复合土工排水网格;排气层为6.0mm厚复合土工排水网格;植被层为600mm厚绿化种植土

序号	工艺单元	工艺参数
2	渗滤液精准导排抽出协同处理	（1）渗滤液精准导排：$DN300$渗滤液导排管，间距25m （2）渗滤液处理：A/O-MBR水处理系统，辅以臭氧催化氧化为核心的高级氧化耦合强化生化处理工艺，规模400t/d。配套调节池容积$2.3\times10^4m^3$
3	垃圾原位稳定化	（1）输氧曝气：修复面积约$1.2\times10^4m^2$，垃圾总量$7.5\times10^5m^3$；系统风量50m³/min；抽/注气井间距及平均深度分别为20m、9m；渗滤液抽排井间距及平均深度分别为25m、10m （2）填埋气处理：处理规模300m³/h；火炬燃烧填埋气浓度＞30%；热风氧化系统填埋气浓度1%～30%
4	地下水修复	间歇性曝气漏斗门式PRB地下水污染原位生物修复工艺；生化处理反应单元有效容积为15m³；反应单元进出水设计水头差Δh为0.3m；HRT为1d
5	地下水监控预警	多层位微洗监测井数量：4口；每口监测井深度：5m、15m、30m、45m；配套仪器：电导率传感器、水位传感器、太阳能供电装置、自动洗井采样装置、数据传输终端

6.3.5　项目总平面布置图

填埋场项目总平面如图6-11所示。

6.3.6　项目特点

① 项目渗滤液存量近百万立方米，有机物、NH_4^+-N、盐分浓度高，且局部CH_4气体浓度很高，因此构建填埋气导排井70口、原位稳定化输氧曝气井20口，大大加速了堆体稳定化，降低了场地施工风险。

② 联用填埋场底部渗漏点精准定位与检测、三维立体阻控技术方法，集成填埋堆体底部渗漏点电法精准定位、垂直帷幕灌浆高效封堵、渗滤液水面浮桥覆膜等技术，实现污染途径的三维立体高效阻控。

③ 采用渗滤液高级氧化耦合强化生化技术与装备，攻克渗滤液腐殖质等大分子有机物难去除、C/N比失调等难题，避免膜浓缩液累积，实现渗滤液的高效低耗达标全量处理。

④ 采用地下水多级绿色缓释靶向修复药剂强化修复与PRB等技术，克服污染易反弹、反应介质难更换等问题，构建地下水污染原位修复系统，对地下水重金属、有机物、三氮污染物具有良好的修复效果。

⑤ 建立了模块化、装备化地下水污染在线监测预警系统，集成智能化微洗井、样品无扰动采集等功能，实现数据的在线分析与实时传输及预警结果的动态展示。

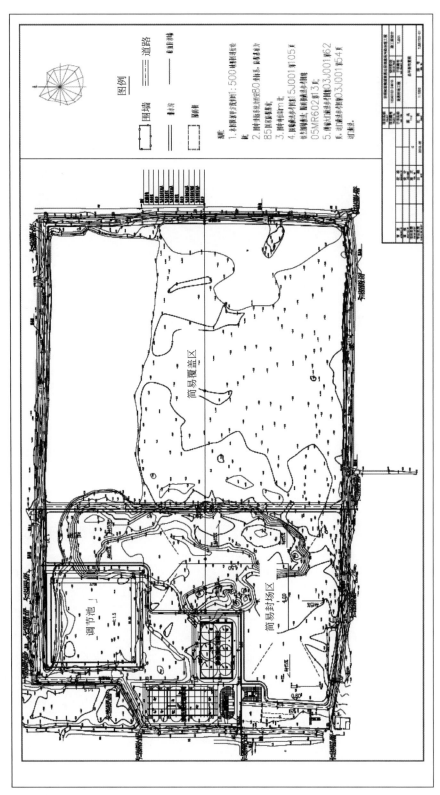

图6-11 填埋场项目总平面图

6.3.7　项目修复效果展示

项目修复效果展示如图6-12所示。

图6-12　项目修复效果展示

第 7 章

典型填埋场地下水污染综合防治关键技术示范案例

7.1 基本情况

由于历史原因，天津市东丽区缺少正规生活垃圾无害化处理设施，东丽区生活垃圾主要运往大韩庄垃圾填埋场、双港垃圾焚烧厂和北辰双口垃圾填埋场处理。随着城市发展，生活垃圾产量不断增加，华明简易垃圾填埋场作为华明街及其附近居民生活垃圾的接纳场所，没有防渗、渗滤液处理、填埋气体导排等环保设施，存在地下水环境安全隐患。

7.1.1 项目建设背景

华明简易垃圾填埋场位于天津市东丽区华明街，津芦线以南、赤海道以西（图7-1）。占地约240亩，填埋深度约11m，垃圾填埋量$6.0\times10^5\sim7.0\times10^5m^3$，渗滤液总量$7.0\times10^5\sim8.0\times10^5m^3$。2017年9～12月主要开展场地水文地质勘探、环境污染现状调查及风险评价；2018年1～9月主要开展填埋场简易封场与污染控制。

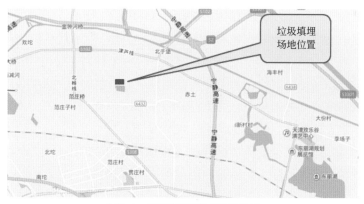

图7-1 华明简易垃圾填埋场位置

本示范工程依托华明简易垃圾填埋场污染综合治理项目，以及"十三五"水体污染控制与治理科技重大专项——京津冀地下水污染防治关键技术研究与工程示范。地下水污染在线监测预警与修复技术由中国环境科学研究院地下水污染防控研究室提供，中国城市建设研究院有限公司负责施工图设计，南京万德斯环保科技股份有限公司负责工程实施。

7.1.2 编制原则

以水文地质条件为依据，以地下水环境问题为导向，统筹"控源、截污、修复"，实现地下水污染快速在线监测预警，使地下水环境质量局部得到改善，节本增效，以点带面，充分发挥示范带动作用。

7.1.3 编制依据

（1）法规和标准

① 《中华人民共和国环境保护法》（2014年4月修订）；

② 《中华人民共和国水污染防治法》（2008年2月修订）；

③ 《建设项目环境保护管理条例》（2017年7月修订）；

④ 《生活垃圾填埋场污染控制标准》（GB 16889—2008）；

⑤ 《钠基膨润土防水毯》（JG/T 193—2006）；

⑥ 《垃圾填埋场用高密度聚乙烯土工膜》（CJ/T 234—2006）；

⑦ 《污水综合排放标准》（GB 8978—1996）；

⑧ 《地下水质量标准》（GB/T 14848—2017）；

⑨ 《建设用地土壤污染状况调查 技术导则》（HJ 25.1—2019）；

⑩ 《建设用地土壤污染风险管控和修复监测 技术导则》（HJ 25.2—2019）；

⑪ 《生活垃圾卫生填埋场环境监测技术要求》（GB/T 18772—2017）；

⑫ 《生活垃圾填埋场降解治理的监测与检测》（GB/T 23857—2009）；

⑬ 《地下水环境监测技术规范》（HJ/T 164—2020）；

⑭ 《室外排水设计标准》（GB 50014—2021）；

⑮ 《城镇污水处理厂污染物排放标准》（GB 18918—2002）；

⑯ 《机械设备安装工程施工及验收通用规范》（GB 50231—2009）；

⑰ 《风机、压缩机、泵安装工程施工及验收规范》（GB 50275—2010）；

⑱ 《现场设备、工业管道焊接工程施工规范》（GB 50236—2011）；

⑲ 《给水排水管道工程施工及验收规范》（GB 50268—2008）；

⑳ 《工业金属管道工程施工规范》（GB 50235—2010）；

㉑ 《建筑设计防火规范》（GB 50016—2014）；

㉒ 国家建筑标准设计图集《防水套管》02S404；

㉓ 其他标准、规范。

（2）其他依据

① 拟建场址地形图及相关竣工资料；

② 场地水文地质调查报告；

③ 场地环境污染调查及风险评价报告；

④ 业主提供的其他相关资料。

7.1.4 建设范围

根据建设单位要求，本设计说明书的编制范围为天津市东丽区华明简易垃圾填埋场地下水污染在线监测预警及修复示范工程，包括地下水在线监测预警工程设计，地下水污染修复工程设计，以及配套供电、自动控制等设施的设计。

7.2 基础资料

7.2.1 自然条件

东丽区境内地势平坦，西高东低，间有洼地和堤状地带。该区域地处华北平原东部，为滨海平原，由新生代冲积、湖积和海积形成，平均海拔高度在 3.4 ～ 3.5m，大地构造位置为新华夏系，华北平原沉降带。

东丽区土壤分为 2 个土类，4 个亚类，18 个土属，土壤质地大致可分为砂壤、轻壤、中壤、重壤、黏土等几种类型。其中以重壤为主，占全区总耕地面积的84.87%；其次是中壤，占 9.97%；再次是黏土，占 4.82%；轻壤和砂壤较少，分别占0.31%、0.03%。

东丽区地处海河流域下游，境内河网稠密，自然河流与人工河道纵横交织。现有中小型水库 15 座，其中中型水库 1 座、小型水库 14 座。东丽区的地下水文地质分区属于海积平原咸水区。

东丽区属于暖温带半湿润大陆性季风气候。主要表现在季风显著、大陆性较强、四季分明、雨热同期。年平均气温为 11.8℃，7 月气温最高，累年 7 月平均最高气温为30.1℃，极端最高气温为 39.6℃；1 月气温最低，累年 1 月平均最低气温为 -9.2℃，极端

最低气温为 -20.7℃。2017年土壤冻结期开始于11月19日，终止于3月12日，持续期114d，最大冻结深度60cm左右。

年平均降水量为598.5mm，降水量年际变化较大，年降水量最多为933mm，最少为388mm，年降水变率为34%，居天津市各区县之首，年降水变率大，易造成旱涝灾害，对农业生产不利。年平均降水日为67.8d。

区内年平均相对湿度为65%，年平均蒸发势为1142.9mm，年平均干燥度为1.9。2015年，东丽区全年平均气温为13.9℃，平均相对湿度为57%，日照时数为2469.9h。全年降雨量为638mm，无霜期为231d，雾天数为4d。

全区风向有明显的季节更替现象，冬季以西北风盛行，风向频率为26%左右；夏季以东南风为主导风向，风向频率为28%左右；春季和秋季风向处在过渡季节，以西南风为最多风向。年平均风速为3.2m/s，风速大于17m/s的大风日每年平均出现日数为28.3d，各月都有大风发生，以冬、春季大风日数较多。

东丽区境内地热资源丰富，山岭地热田、地热梯度等直线从边缘的3.5℃/100m至中心的8.4℃/100m。该地热东起山岭子，西至荒草坨，南至海河，北至金钟河。上部第三系空隙热水，水温随深度递增，如山领子村，300m深处为35～40℃，500m深处为45～55℃，1000m深处为80～90℃。山岭子地热田第三系热水储量为$1.88 \times 10^{10} m^3$，天然可开采量为$1.68 \times 10^9 m^3$，热能储存量为$1.31 \times 10^{16} kJ$，天然可开采热量为$1.76 \times 10^{14} kJ$。

下部中上元古界基岩岩溶裂隙热水，水温高，如东丽湖地热井，井深1842m，水温98℃；山岭子村地热井，井深1728m，水温96℃。山岭子地热田热水储量$3.13 \times 10^9 m^3$，天然可开采量为$3.13 \times 10^8 m^3$，热能储存量为$1.69 \times 10^{16} kJ$，天然可开采热量为$7.20 \times 10^{14} kJ$。

地热井出水温度达97℃，并可利用地热资源养殖罗非鱼及建立蔬菜大棚区，为旅游、度假及居住的人们提供新鲜的蔬菜、水果及各种水产品。

现今部分土地覆盖着旱生芦苇，芦苇具有多种生态功能，具有减轻土壤水分蒸发、调节空气湿度、增加土壤有机质的作用，也是各种鸟栖息繁殖的场所，又有经济价值，可用于饲料、建房屋、织帘席、药用、造纸等领域。

7.2.2　行政区域与人口

2015年，全区现辖张贵庄、丰年村、无瑕、万新、新立、华明、军粮城、金钟、金桥、东丽湖、华新11个街道，有48个村委会、125个居委会。2015年，东丽区常住人口75.37万人，全区户籍总人口36.72万人，其中农业人口11.30万人、非农业人口25.42万人。

7.2.3　国民经济

2015年末，全区实现地区生产总值875.00亿元，生产总值增速为10%，其中第一产业生产总值4.17亿元、第二产业462.21亿元、第三产业408.62亿元。区级一般公共预算收入101.62亿元，增长29.3%；固定资产投资916.26亿元，增长39.9%；实际利用内资296.27亿元，实际直接利用外资8.83亿美元；农村常住居民人均可支配收入22552元，增长21.5%。从其经济发展战略地位看，地处天津滨海开发带、海河重化工带、京津塘高速公路高新技术开发带，毗邻天津经济技术开发区、保税区、高新技术产业园区，接受"三带""三区"的辐射。东丽区的工业化和城镇化进程一定会加快，经济社会实现全面发展与进步。

7.2.4　垃圾填埋场水文地质条件

水文地质调查工作在填埋场及周边布设了工程钻孔20个，最大深度为80m，所调查的地层包含第四系全新统、上更新统及部分中更新统地层。根据地质年代、成因类型及《天津市地基土层序划分技术规程》（DB/T 29-191—2009）将勘察深度内的场地土层分为10个工程地质层。

根据50m以上钻孔地层信息，自上而下描述如下。

（1）第四系全新统人工填土层（Qml）

① 杂填土。杂色，松散，以建筑垃圾和生活垃圾为主，夹杂黏性土，局部含混凝土大块。仅在部分钻孔中有分布，层底埋深0.8～4.5m，在垃圾填埋场内部深度可达11m左右。

② 素填土。褐黄，松散，主要以黏性土为主，夹有粉土团，局部夹有少量植物根系、零星碎石屑。大部分钻孔中均有分布，层底埋深0.7～2.3m。

（2）第 I 陆相层河床－河漫滩相沉积层（Qh3t）

① 粉质黏土。褐黄至灰黄色，可塑，土质较均匀，部分钻孔内夹粉土薄层，局部见铁锰结合物、贝壳碎片等，偶见锈斑。南部地势较低的钻孔中缺失或少量揭露，层底埋深1.8～5.2m，渗透系数约为5×10^{-6}cm/s（下同）。

② 粉土。灰黄色，稍密至中密，土质不均，夹薄层黏土层，夹零星贝壳碎片和锈斑。仅在少数钻孔中有分布，层底埋深4.9～5.0m，渗透系数约为10^{-7}cm/s（下同）。

（3）第 I 海相层滨海相沉积层（Qh2t）

① 粉土。灰至褐灰色，稍密至中密，湿，土质较均匀，局部夹薄层黏土层，夹

贝壳碎片。所有钻孔均有分布，厚度较大，层厚最大的钻孔可达10m，层底埋深8.2～14.5m。

② 粉质黏土。褐灰色，软至可塑，夹有微黏土薄层，夹零星贝壳碎片，偶见锈斑。几乎所有钻孔均有分布，层底埋深9.4～17m。

③ 粉砂。灰至褐灰色，密实，饱和，以石英长石为主要成分，含云母，分选性良好。仅个别钻孔中有分布，层底埋深10.9～15.0m，渗透系数约为10^{-6}cm/s（下同）。

（4）第Ⅱ陆相层河漫滩相沉积层（Qh1t）

① 粉质黏土。灰黄至褐黄色，可塑，土质较均匀，含锈斑，偶见姜石、贝壳碎片，部分夹粉土薄层。几乎所有钻孔均有分布，层底埋深17.4～21.5m。

② 粉土。灰黄色，密实，土质较均匀，含锈斑，夹云母碎屑。仅个别钻孔中有分布，层底埋深约19m。

③ 粉砂。灰绿至灰黄色，中密，饱和，含锈斑，层理明显，以石英长石为主要成分。仅个别钻孔中有分布，层底埋深约18.2m。

（5）第Ⅲ陆相层河床-河漫滩相沉积层（Qp3ta5）

① 粉质黏土。黄褐至灰黄色，可塑，含锈染、姜石，夹粉土或粉砂薄层。仅个别钻孔中有分布，层底埋深19.8～24.1m。

② 细砂。褐黄至棕黄色，密实，饱和，以石英长石为主要成分，含云母，局部为粉砂，部分夹粉土或黏性土薄层。几乎所有钻孔均有分布，层底埋深22.7～31.6m。

③ 粉质黏土。褐黄至灰黄色，硬至可塑，含锈斑，夹粉土薄层，偶见小姜石。个别钻孔中有分布，层底埋深26.6～28.2m。

④ 粉土。褐黄至灰黄色，中密至密实，湿，含锈斑，有层理，局部夹黏性土，偶见姜石。个别钻孔中有分布，层底埋深25.3～34.1m。

（6）第Ⅱ海相层滨海相沉积层（Qp3ta4）

① 黏土。灰褐色，可塑，含贝壳碎片，顶部为黑色泥炭层。仅在一个钻孔中揭露，层底埋深约29.1m。

② 粉质黏土。褐灰至黄灰色，硬至可塑，黏性含量较高，部分夹粉土薄层，切面光滑，见贝壳碎片。大部分钻孔中都有分布，层底埋深29.3～35.5m。

③ 粉土。褐黄色，密实，湿，夹有薄层黏土，见锈斑。仅个别钻孔中揭露，层底埋深约31.4m。

（7）第Ⅳ陆相层河床-河漫滩相沉积层（Qp3ta3）

① 粉质黏土。褐黄色，硬塑，有层理，含锈斑，夹粉土薄层，偶见姜石。几乎所有钻孔中均有分布，层底埋深33.1～40.5m。

② 粉土。褐黄色，中密至密实，土质较均匀，含锈斑，夹黏土团块或薄层，偶见姜石。在部分钻孔中有分布，层底埋深35.1～42.7m。

③ 粉细砂。褐黄至棕黄色，密实，含锈斑，主要成分为石英长石，含云母，偶见腐殖质。大部分钻孔中都有分布，层底埋深35.4～49.5m，渗透系数约为4×10^{-4}cm/s（下同）。

④ 粉质黏土。褐黄色，硬至可塑，含锈斑，与粉土互层，见少量姜石，局部含有机质。大部分钻孔中有分布，层底埋深39.6～50.0m，个别钻孔此层未揭露。

⑤ 粉土。灰黄色，密实，含锈斑及少量云母碎屑，偶见姜石，夹黏性土薄层。部分钻孔中有分布，层底埋深41.0～50.0m，个别钻孔此层未揭露。

⑥ 粉砂。灰黄至褐黄色，密实，饱和，含锈斑，以石英长石为主要成分，含云母。仅个别钻孔中有分布，层底埋深46.1～49.5m。

（8）第Ⅲ海相层滨海相沉积层（Qp3ta2）

因50m钻孔未达到或仅少许揭露此工程地质层，以下8～10层仅考虑80m钻孔。

① 粉质黏土。褐灰色，硬塑，土质较均匀，见黑色斑点或条纹，偶夹粉土薄层。各80m钻孔中均有分布，层底埋深50.1～53.0m。

② 粉土。褐灰色，密实，饱和，土质较均匀，夹少量贝壳碎片和云母碎屑。部分钻孔中有分布，层底埋深52.4～54.0m。

③ 粉质黏土。褐灰色，硬塑，土质较均匀，见黑色斑点，零星细砂夹层。部分钻孔中有分布，层底埋深53.4～57.1m。

（9）第Ⅴ陆相层湖沼相－河漫滩相沉积层（Qp3ta1）

① 粉质黏土。褐灰色，硬塑，土质较均匀，见黑色条纹或黑色斑点，偶见贝壳碎片，部分孔夹粉土夹层。各80m钻孔中均有分布，层底埋深57.6～62.9m。

② 细砂。褐灰色，密实，主要成分为石英长石，含云母碎屑，见贝壳碎片。大部分钻孔中有分布，层底埋深62.5～65.0m。

③ 粉质黏土。褐灰色，硬塑，见黑色斑点或条纹，含贝壳碎片，偶见有机质。大部分钻孔中有分布，层底埋深65.4～68.6m。

④ 粉质黏土。灰褐至灰黄色，硬塑，土质较均匀，含少量锈斑，夹有粉土薄层，偶见贝壳碎片。部分钻孔中有分布，层底埋深64.3～66.7m。

⑤ 粉土。灰黄色，密实，含锈斑，见青灰色条纹，偶见贝壳碎片。部分钻孔中有分布，层底埋深65.3～68.3m。

（10）中更新统河湖相沉积层（Qp2to3）

① 粉质黏土。灰黄至褐黄色，硬塑，含锈斑、姜石，夹有粉土层，偶见钙质胶结。部分钻孔中有分布，层底埋深69.0～79.2m。

② 粉土。灰黄至褐黄色，密实，含锈斑，夹黏土团或黏土薄层，偶见贝壳碎片、姜石。大部分钻孔中有分布，层底埋深70.2～76.6m。

③ 粉质黏土。灰黄至褐黄色，密实，含锈斑，偶见姜石，夹绿色或灰色条纹。大部分钻孔中有分布，层底埋深71.9～78.2m。

④ 粉土。灰黄至褐黄色，密实，含锈斑，偶见姜石，夹少量云母碎屑，夹黏性薄土层。大部分钻孔中有分布，层底埋深73.5 ～ 80.0m。

⑤ 细砂。褐灰色，密实，以石英长石为主要成分，砂质较纯，级配优，夹少量云母碎屑。部分钻孔揭露此层。

选取50m以上的钻孔绘制三条工程地质剖面，工程勘察点位平面布设如图7-2所示，剖面见图7-3、图7-4和图7-5。

图7-2　工程勘察点位平面布设图

根据收集的资料和工程地质勘探的结果，本项目认为可能受垃圾填埋场堆体影响较大的含水层为第Ⅰ含水组上部的潜水含水层及50m以内的第一层（底板埋深约30m）、第二层（底板埋深约45m）微承压含水层。为判断垃圾填埋场区域地下水流场及环境污染现状，布设地下水监测井点位8个（共24口，ϕ180mm），每个点位设计15m、30m和45m三口不同深度监测井，总钻探深度900m。监测井布设如图7-6所示。

根据工程勘探和水文地质勘探得出场地周边水文地质特征如下。

（1）含水层基本特征

钻孔最大深度为80m，垃圾场垃圾填埋深度约为11m，选取深度45m左右以内为本次调查重点。勘察资料显示，在埋深0 ～ 15m的深度内，分布有不连续的粉土层或粉质黏土层，该层粉土呈灰色至褐灰色，含贝壳碎片，为第一海相沉积层，粉土总厚度为4 ～ 11m，该层为场地及周边的潜水含水层。在15 ～ 21m深度范围内，以隔水性良好的黏土或粉质黏土为主，据土工试验结果，所取土样垂向渗透系数数量级几乎都在10^{-8} ～ 10^{-7}cm/s范围内，局部夹有粉砂透镜体，该土层为潜水含水层的底界，是潜水

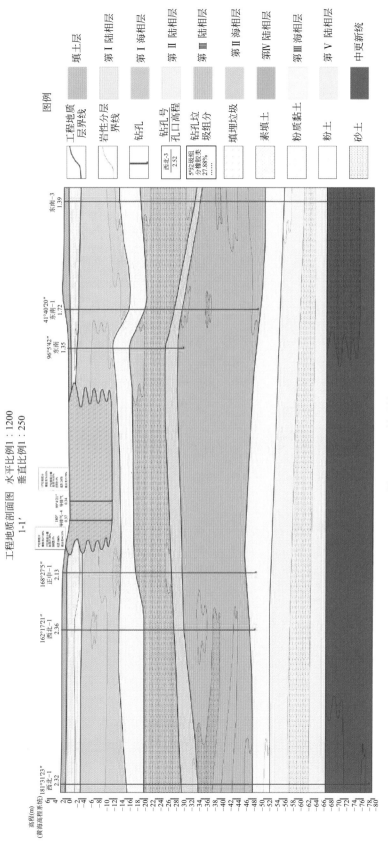

图7-3 工程地质剖面图图1-1'

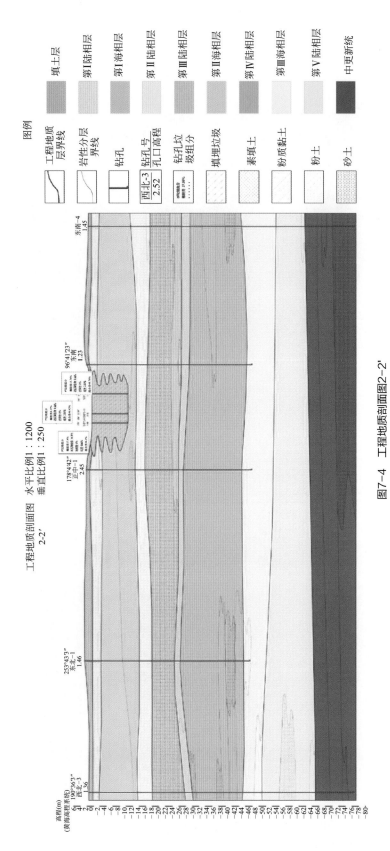

图7-4　工程地质剖面图2-2'

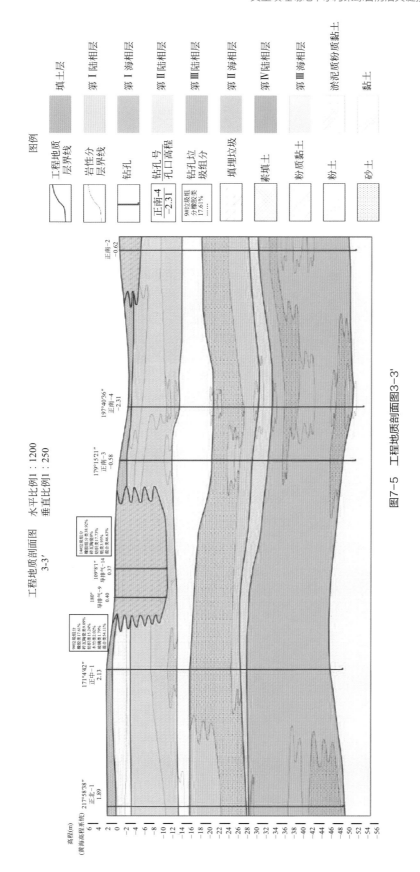

图7-5　工程地质剖面图3-3′

图7-6　华明简易垃圾填埋场地下水监测井布设

（S—南；E—东；NW—西北；SW—西南；SE—东南）
★地下水监测井；▲场内监测点；●土壤采样点；+垃圾填埋区域；----填埋场边界

与微承压水的隔水层，阻隔潜水与微承压水的水力联系。本项目的重点为21m以内的潜水层，研究区内的潜水含水层主要为黏性含量较高的粉土层，渗透性较差，富水量差，该层中砂土不发育，仅以透镜体或薄层状出现。该深度的地下水属于咸水，不适于饮用，也不符合农灌及工业用水的要求，故基本没有开发利用。

第一微承压含水层岩性主要为粉土、粉砂甚至细砂，埋深为20～30m，部分偏南部场地此含水层顶板甚至能够达到16m左右。该层含水层地层以粉砂和细砂为主，夹有部分粉土层，在所有场地中均有分布。该层含水层下部分布有厚度不均的粉质黏土或黏土层，作为此层与第二微承压含水层之间的隔水层。

第二微承压含水层埋深为33～45m，岩性主要为不连续的粉砂、粉土层，厚度有一些变化，下部隔水层岩性主要为粉质黏土。

（2）浅层地下水补径排特征

收集资料和实地勘察结果表明，场地区域潜水地下水主要的补给源来自大气降水，主要的排泄形式为蒸发，也可通过越流补给下部含水层。由于场地周边池塘、水渠密布，这些地表水体也是潜水的局部补给或排泄带。潜水水面为自由水面，受降水和人类活动影响较大，如春、夏季多雨，水位会随之上升，冬季干燥少雨，水位会下降，故潜水水位与周边地表水体的补排关系也处于动态变化中。潜水含水层岩性颗粒细小，渗透性较差，径流滞缓，出水能力较差，也可以减缓污染物向下部含水层的运移。

微承压含水层补给主要靠上游的侧向径流。通过实地测量，微承压含水层的水位标高普遍低于潜水，说明除了接受侧向径流补给之外，还可以接受潜水的越流补给，但根据地层渗透性分析，潜水含水层隔水底板的渗透性很差，潜水越流补给微承压含水层的水量非常小，即潜水含水层与微承压含水层的水力联系很小。该层地下水基本无人开采，主要排泄方式为径流排泄，部分越流补给下部含水层，第一微承压含水层与第二微承压含水层之间的水力联系也主要是越流补给排泄。两层微承压含水层岩性颗粒较大，以粉土、粉砂甚至细砂为主，具备一定的运移能力，若垃圾场污染物进入微承压含水层，则其运移范围会相对较大。

水文井成井结束后，对潜水及第一、第二微承压地下水水位进行了监测，根据地下水监测井的水位测量结果，绘制了潜水及第一、第二微承压水流场图（图7-7～图7-12）。

根据抽水试验，潜水含水层等效渗透系数为 $6.9 \times 10^{-7} \sim 8.2 \times 10^{-6}$ cm/s，影响半径 $8.9 \sim 46.3$m。第一微承压含水层与第二微承压含水层导水系数相似，但第二微承压含水层由于地层变化相对较大，影响半径相差比较大。除TJHM-SE-1第二微承压含水层导水系数较小外，其余的微承压含水层导水系数在 $2.4 \sim 18.5$m²/d 范围内。

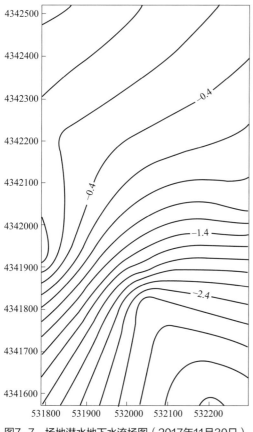

图7-7　场地潜水地下水流场图（2017年11月30日）

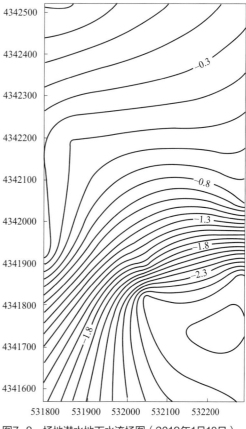

图7-8　场地潜水地下水流场图（2018年1月18日）

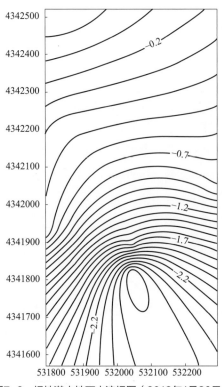

图7-9 场地潜水地下水流场图（2018年1月20日）

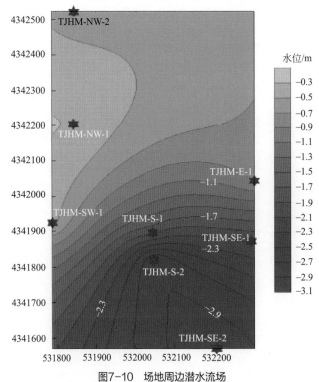

图7-10 场地周边潜水流场

TJHM—场地名称；S—南；E—东；NW—西北；SE—东南；SW—西南

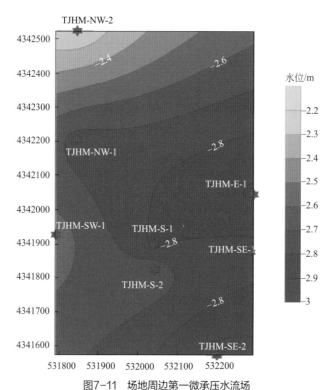

图7-11 场地周边第一微承压水流场

TJHM—场地名称；S—南；E—东；NW—西北；SE—东南；SW—西南

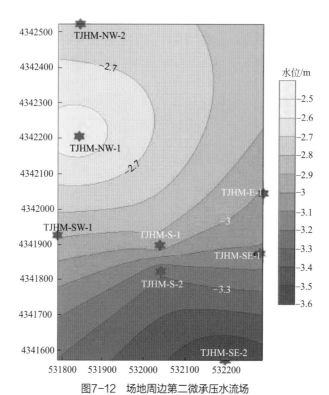

图7-12 场地周边第二微承压水流场

TJHM—场地名称；S—南；E—东；NW—西北；SE—东南；SW—西南

综上，天津市浅层地下水以低矿化度咸水为主，部分区域呈高矿化度咸水。地下水流速低、水力交换较慢。根据水文地质勘察结果，场地21m以内的潜水含水层其岩心主要以黏性较高的粉土层为主，渗透性较差。地下水流向为东北-西南流向，地下水流速约为0.043cm/d。垃圾填埋场南侧靠中的位置地下水水位较低，潜水含水层中的地下水整体为由北向南的流向，并呈现轻微西北向东南的趋势；微承压含水层中的地下水主要表现为由北向南流动。潜水含水层深度为15m左右，第一层弱透水层厚度为7.8m，具备基本防渗性能。

7.2.5 垃圾填埋地下水污染特征

依据前期场地环境污染调查结果，该填埋场地下水污染主要位于第一层潜水含水层，本节主要分析第一层潜水含水层的污染物分布情况。

7.2.5.1 重金属

检测结果显示，场地地下水中铅、镉、铬浓度均在检出限以下，填埋场南部下游S-1点0.5m、8m、14m深度砷浓度分别为0.007mg/L、0.008mg/L、0.009mg/L，SE-2点地下水0.5m深度砷浓度为0.011mg/L；SW-1点地下水0.5m、8m深度总汞浓度分别为0.03μg/L、0.02μg/L，填埋场南部下游S-1点0.5m、8m、14m深度总汞浓度分别为0.03μg/L、0.03μg/L、0.02μg/L，均低于地下水环境质量V类标准。综上，本场地地下水重金属检出量均为痕量，且低于地下水环境质量标准。

7.2.5.2 NH_4^+-N

填埋区域渗滤液NH_4^+-N浓度最高为2358mg/L。填埋场周边下游地下水NH_4^+-N浓度最高为10.5mg/L，是地下水V类标准的7倍，随着与填埋区域距离增加，NH_4^+-N浓度逐渐减小，污染羽主要分布在垃圾填埋场西南方向，距离填埋场南部边界240m范围内（图7-13）。

填埋场周边土壤数据表明，填埋场上游15m以内的土壤，NH_4^+-N浓度较低，多在10mg/kg以下，而填埋场下游15m以内的土壤，NH_4^+-N浓度最高达10.52mg/kg（表7-1），这可能是由于土壤胶体带负电，对NH_4^+-N有一定的吸附作用，使得渗滤液中的NH_4^+-N不易随地下水流迁移。在滨海地区高盐水的运移过程中，阳离子会因离子交换吸附作用产生阻滞，根据上、下游土壤数据，上游土壤阳离子交换量背景值为1.60cmol/kg，下游污染点附近土壤阳离子交换量为3.06cmol/kg，这说明土壤可能吸附了大量的NH_4^+-N。

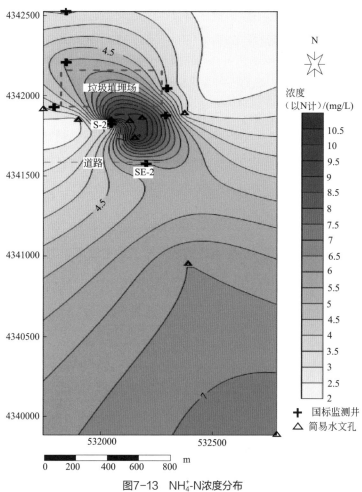

图7-13 NH₄⁺-N浓度分布

表7-1 填埋场周边土壤中污染物平均浓度

采样位置	有机质/（g/kg）	NH₄⁺-N/（mg/kg）	NO₃⁻-N/（mg/kg）	阳离子交换量/（cmol/kg）
1#	80.39	5.08	159.74	1.60
2#	75.93	4.12	116.90	1.37
3#	87.78	6.23	262.02	2.14
4#	255.75	4.97	1390.93	1.80
5#	400.27	5.69	179.71	2.43
6#	102.76	8.07	611.27	3.06
7#	66.83	10.52	156.77	4.36
8#	74.79	5.17	436.00	2.33

7.2.5.3　$NO_3^- - N$

填埋场中$NO_3^- - N$浓度整体不高，平均为29mg/L，填埋场下游地下水中$NO_3^- - N$并未超标，浓度最高为0.89mg/L。填埋场下游点附近土壤中硝酸盐高达2420mg/kg，土壤背景值硝酸盐最高为513mg/kg，这可能是填埋场周边土壤吸附了大量的$NH_4^+ - N$，最终在土壤结合水中发生硝化反应所致。$NO_3^- - N$在含水层中的弥散系数为$10.32cm^2/h$，是$NH_4^+ - N$弥散系数的3倍，因此推断下游SE-2点的硝酸盐来自填埋场。

7.2.5.4　氯离子/硫酸盐

如图7-14氯离子分布情况所示，填埋场下游地下水中氯离子浓度明显高于上游地下水中氯离子浓度，且与$NH_4^+ - N$、TOC、$NO_3^- - N$的分布特征有明显差异。可能原因有2个：

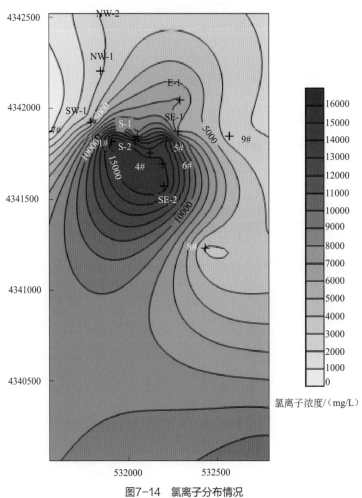

图7-14　氯离子分布情况

a.渗滤液污染已经扩散至下游区域，滨海地区含水层介质对氯离子吸附作用较弱，在地下水中扩散较快，而NH_4^+-N等污染物受含水层介质影响较大，扩散较慢；b.天津处于海水入侵的区域，可能填埋场区域刚好处于海水入侵的界面处，上游受海水入侵影响较小，地下水氯化物含量较低，而下游受海水入侵影响导致地下水氯化物浓度较高。据前人研究，天津地区受海水入侵影响，浅层地下水中氯离子浓度范围为0 ~ 9642.4mg/L，在本项目区，填埋场上游背景地下水氯化物浓度为1670mg/L，属于海水入侵导致的正常范围，而填埋场下游SE-2点氯化物浓度高达12000mg/L，远高于天津地区地下水氯离子浓度。相关研究表明，海岸线附近浅层地下水中氯离子浓度随着与海岸线距离的增加而减小，每千米氯离子浓度减少887.42mg/L，若考虑海水入侵影响，下游浅层地下水离海岸线距离更近，以背景点位初始点氯离子浓度为1670mg/L，理论上下游SE-2点浅层地下水中氯离子浓度应为1670+887.42×1.2=2734.904（mg/L），因此推断填埋场下游浅层地下水中氯化物很大程度受填埋场污染的影响。

由图7-14可知，填埋场中氯离子在地下水中的迁移范围较大，尤其在填埋场下游区域迁移范围半径在1km以上。填埋场下游硫酸盐与氯离子呈现相似的分布规律。

7.2.5.5 电导率（EC）

EC分布与氯离子有着类似的现象。由于天津处于海积平原区，潜水含水层背景EC值一般为1 ~ 9mS/cm。填埋场南部地下水EC最高，填埋场北部地下水EC整体偏低，其中背景井NW-2的EC为7.5mS/cm，处于正常区间以内。

7.2.5.6 有机污染物

该填埋场渗滤液TOC浓度高达3490mg/L；周边监测井中地下水TOC浓度最高为11.13mg/L，位于S-1点。而S-1点附近土壤（土壤点6#）中有机质平均含量为255.75g/kg，背景点有机质含量为80g/kg，说明土壤对渗滤液中有机质有明显的吸附作用，导致地下水中有机质含量低；天津地区盐渍土中微生物总量较少，受盐分影响，微生物消耗的有机物较少。因此，含水层介质的吸附作用是有机物迁移的限制因素。2017年的地下水标准V类邻苯二甲酸二（2-乙基己基）酯浓度限值是300μg/L，S-2点15m潜水含水层邻苯二甲酸二（2-乙基己基）酯浓度为1919.628μg/L，超标6倍。

综上所述，本项目区填埋场附近地下水S-1点NH_4^+-N浓度为9.83mg/L，是地下水V类标准的6.6倍。S-1监测井中地下水TOC浓度最高为11.13mg/L，S-2点邻苯二甲酸二（2-乙基己基）酯超出地下水V类标准6倍。地下水污染羽分布在填埋场南部S-1、S-2区域。

7.2.6 垃圾填埋场地下水污染风险等级

7.2.6.1 地下水污染风险等级评价方法

（1）垃圾填埋场生态风险等级评估指标的建立

针对垃圾填埋场地下水污染生态风险等级评估的需求，重点选取污染源特征指标L（表7-2）、地下水污染风险指标V等几方面指标：（表7-3）。

表7-2 污染源特征指标及评分

指标	范围	评分/分	指标	范围	评分/分
L_{11}	下游≥1km	2	L_{21}	<1	2
	下游<1km	4		[1,10)	4
	上游0.5~1km内	6		[10,100)	6
	上游<0.5km	8		[100,1000)	8
	降落漏斗范围内	10		≥1000	10
L_{12}	地表	2.5	L_{22}	$K_{OC}>2000$	2
	地表和地下	5		$500<K_{OC}≤2000$	4
	地下	10		$150<K_{OC}≤500$	6
				$50<K_{OC}≤150$	8
				$K_{OC}≤50$	10
L_{13}	密封	1	L_{23}/d	≤15	1
	部分密封	5		(15,60]	3
	暴露	10		(60,180]	7
				(180,360]	8
				(360，720]	9
				>720	
L_{14}	年/次	1	L_{24}	ND	1
	季/次	2		D	2.5
	月/次	4		C	5
	周/次	10		B	7.5
				A	10

指标	范围	评分/分	指标	范围	评分/分
L_{15}/种	≤2	2	L_{25}	<2	2
	(2,4]	4		[2,4)	4
	(4,6]	6		[4,6)	6
	(6,8]	8		[6,8)	8
	>8	10		≥8	10

表7-3 地下水污染风险指标及评分

指标	范围	评分/分	指标	范围	评分/分
D/m	[0,1.5)	10	S	卵砾石/砂砾石	9
	[1.5,4.5)	9		粗砂	7
	[4.5,9)	7		中细砂/粉砂	5
	[9,15)	5		砂质黏土	3
	[15,22.5)	3		黏土/亚黏土	1
	≥22.5	2			
R/mm	(0,50)	1	A	块状页岩/黏土	2
	[50,100)	3		亚黏土	4
	[100,150)	5		粉细砂/细砂	6
	[150,200)	7		中粗砂	8
	≥200	9		砂砾石/卵砾石	10
T/‰	(0,4)	10	I	黏土/亚黏土	1
	[4,8)	8		粉砂/粉细砂	3
	[8,12)	5		细砂/中砂	5
	[12,18)	3		粗砂	7
	≥18	1		砂砾石	9
				卵砾石	10
C/（m/d）	[0,0.001)	1	L	工业用地	9
	[0.001,0.01)	3		农业种植地	7
	[0.01,1)	6		养殖地	6
	[1,10)	8		河流湖泊	4
	≥10	10		居民用地	3
				草地	1

① 污染源特征指标（L）。包括污染源结构特征（L_1）和污染物性质（L_2），是决定污染源风险的关键因素。L_1是指污染源因其类型、生产工艺的不同而进行污染物排放等一系列活动对外界环境的影响特征，主要以污染源距水源井的距离（L_{11}）、污染源排放污染物的去向（L_{12}）、污染源发生概率（防护措施）（L_{13}）、释放污染物的周期（L_{14}）、释放污染物的种类（L_{15}）、持续时间（L_{16}）等指标来表征。L_2主要以等标负荷（L_{21}）、迁移性（L_{22}）、持久性（L_{23}）、毒性（L_{24}）、污染物超标种类（L_{25}）指标来表征。

L_{21}依据测试浓度计算的等标负荷值进行划定，标准值参考《污水综合排放标准》（GB 8978—1996）等；L_{22}根据有机碳-水分配系数K_{OC}而定；L_{23}依据污染物在土壤或含水层介质中的半衰期进行划定；L_{24}参考EPA等级划分：A类为人类致癌物，B类为很可能的人类致癌物，C类为可能的人类致癌物，D类为尚不能进行人类致癌分类的组分，ND类为有对人类无致癌证据的组分；污染物超标种类（L_{25}）依据《地下水质量标准》（GB/T 14848—2017）进行划定。污染源特征指标及评分详见表7-2。

② 地下水污染风险指标。根据地下水污染风险的概念，在经典的固有脆弱性DRASTIC模型的基础上，考虑土地利用的人为因素，主要以地下水埋深（D）、净补给量（R）、地形坡度（T）、水力传导系数（C）、含水层岩性（A）、土壤介质类型（S）、包气带介质（I）、土地利用类型（L）等指标来表征地下水污染风险。地下水污染风险指标及评分详见表7-3。

（2）指标权重计算

本项目利用层次分析法确定垃圾填埋场风险等级评价指标的权重，其主要思路是：在建立有序递阶的指标体系的基础上，通过比较同一层次各指标相对于上一层指标的重要性来综合计算指标的权重系数。具体步骤为：

①确定垃圾填埋场风险等级评估指标的层次结构（三个层次），利用九标度法确定各层指标之间的相对重要性，并建立判断矩阵；

②计算各指标的权重；

③进行一致性检验。

以上步骤均可在Excel中利用"SUM"和"MMULT"等函数操作完成。

由于天津地区浅层地下水为非饮用水，场地周边人烟稀少，主要敏感受体为农田、虾塘，不符合《建设用地土壤污染风险评估技术导则》（HJ 25.3—2019）的直接暴露途径，因此选择垃圾填埋场地下水污染生态风险评估方法对地下水污染进行评估更为合适。

7.2.6.2 地下水污染风险等级评价结果

根据场地调查结果对各指标进行评分分级，并通过相关软件计算权重。计算出垃圾填埋场地下水污染生态风险等级评估指数I=6.224，根据污染风险分级属于较高风险区间。

污染地块地下水修复和风险管控技术导则

1 适用范围

本标准规定了污染地块地下水修复和风险管控的基本原则、工作程序和技术要求。

本标准适用于污染地块地下水修复和风险管控的技术方案制定、工程设计及施工、工程运行及监测、效果评估和后期环境监管。污染地块土壤修复技术方案制定参照 HJ 25.4 执行。

本标准不适用于放射性污染和致病性生物污染地块的地下水修复和风险管控。

2 规范性引用文件

本标准内容引用了下列文件中的条款。凡是不注明日期的引用文件，其有效版本适用于本标准。

GB 36600   土壤环境质量建设用地土壤污染风险管控标准（试行）

GB/T 14848   地下水质量标准

HJ 25.1   场地环境调查技术导则

HJ 25.2   场地环境监测技术导则

HJ 25.3   污染场地风险评估技术导则

HJ 25.4   污染场地土壤修复技术导则

HJ 25.5   污染地块风险管控与土壤修复效果评估技术导则（试行）

HJ 610   环境影响评价技术导则地下水环境

HJ 2050   环境工程设计文件编制指南

3 术语和定义

下列术语和定义适用于本标准。

3.1 地下水污染羽 groundwater contaminant plume

污染物随地下水移动从污染源向周边移动和扩散时所形成的污染区域。

3.2 地下水修复 groundwater remediation

采用物理、化学或生物的方法，降解、吸附、转移或阻隔地块地下水中的污染物，将有毒有害的污染物转化为无害物质，或使其浓度降低到可接受水平，或阻断其暴露途径，满足相应的地下水环境功能或使用功能的过程。

3.3 地下水风险管控 groundwater risk control

采取修复技术、工程控制和制度控制措施等，阻断地下水污染物暴露途径，阻止地下水污染扩散，防止对周边人体健康和生态受体产生影响的过程。

3.4 地块概念模型 conceptual site model

用文字、图、表等方式综合描述水文地质条件、污染源、污染物迁移途径、人体或生态受体接触污染介质的过程和接触方式等。

3.5 目标污染物 target contaminant

在地块环境中其数量或浓度已达到对人体健康和生态受体具有实际或潜在不利影响的，需要进行修复和风险管控的关注污染物。

3.6 地下水修复目标 groundwater remediation goal

由地块环境调查或风险评估确定的目标污染物对人体健康和生态受体不产生直接或潜在危害，或不具有环境风险的地下水修复终点。

3.7 地下水风险管控目标 groundwater risk control goal

阻断地下水污染物暴露途径，阻止地下水污染扩散，防止对人体健康和生态受体产生影响的阶段目标。

3.8 地下水修复模式 groundwater remediation strategy

以降低地下水污染物浓度，实现地下水修复目标为目的，对污染地块进行地下水修复的总体思路。

3.9 地下水风险管控模式 groundwater risk control strategy

以实现阻断地下水污染物暴露途径，阻止地下水污染扩散为目的，对污染地块进行地下水风险管控的总体思路。

3.10 制度控制 institutional control

通过制定和实施条例、准则、规章或制度，减少或阻止人群对地块污染物的暴露，防范和杜绝地块地下水污染可能带来的风险和危害，利用管理手段控制污染地块潜在风险。

3.11 工程控制 engineering control

采用阻隔、堵截、覆盖等工程措施，控制污染物迁移或阻断污染物暴露途径，降低和消除地块地下水污染对人体健康和生态受体的风险。

3.12 修复极限 remediation asymptotic condition

修复工程进入拖尾期后，在现有的技术水平、合理的时间和资金投入条件下，继续进行修复仍难以达到修复目标的情况。

4 基本原则和工作程序

4.1 基本原则

4.1.1 统筹性原则

污染地块地下水修复和风险管控应兼顾土壤、地下水、地表水和大气，统筹地下水修复和风险管控，防止污染地下水对人体健康和生态受体产生影响。

4.1.2　规范性原则

根据地下水修复和风险管控法律法规要求，采用程序化、系统化方式规范地下水修复和风险管控过程，保证地下水修复和风险管控过程的科学性和客观性。

4.1.3　可行性原则

根据污染地块水文地质条件、地下水使用功能、污染程度和范围以及对人体健康和生态受体造成的危害，合理选择修复和风险管控技术，因地制宜制定修复和风险管控技术方案，使地下水修复和风险管控工程切实可行。

4.1.4　安全性原则

污染地块地下水修复和风险管控技术方案制定、工程设计及施工时，要确保工程实施安全，应防止对施工人员、周边人群健康和生态受体产生危害。

4.2　工作程序

污染地块地下水修复和风险管控的工作程序如图1所示。

4.2.1　选择地下水修复和风险管控模式

确认地块条件，更新地块概念模型。根据地下水使用功能、风险可接受水平，经修复技术经济评估，提出地下水修复和风险管控目标。确认对地下水修复和风险管控的要求，结合地块水文地质条件、污染特征、修复和风险管控目标等，明确污染地块地下水修复和风险管控的总体思路。

4.2.2　筛选地下水修复和风险管控技术

根据污染地块的具体情况，按照确定的修复和风险管控模式，初步筛选地下水修复和风险管控技术。通过实验室小试、现场中试和模拟分析等，从技术成熟度、适用条件、效果、成本、时间和环境风险等方面确定适宜的修复和风险管控技术。

4.2.3　制定地下水修复和风险管控技术方案

根据确定的修复和风险管控技术，采用一种及以上技术进行优化组合集成，制定技术路线，确定地下水修复和风险管控技术工艺参数，估算工程量、费用和周期，形成备选技术方案。从技术指标、工程费用、环境及健康安全等方面比较备选技术方案，确定最优技术方案。

4.2.4　地下水修复和风险管控工程设计及施工

根据确定的修复和风险管控技术方案，开展修复和风险管控工程设计及施工。工程设计根据工作开展阶段划分为初步设计和施工图设计，根据专业划分为工艺和辅助专业设计。工程施工宜包括施工准备、施工过程，施工过程应同时开展环境管理。

4.2.5　地下水修复和风险管控工程运行及监测

地下水修复和风险管控工程施工完成后，开展工程运行维护、运行监测、趋势预测

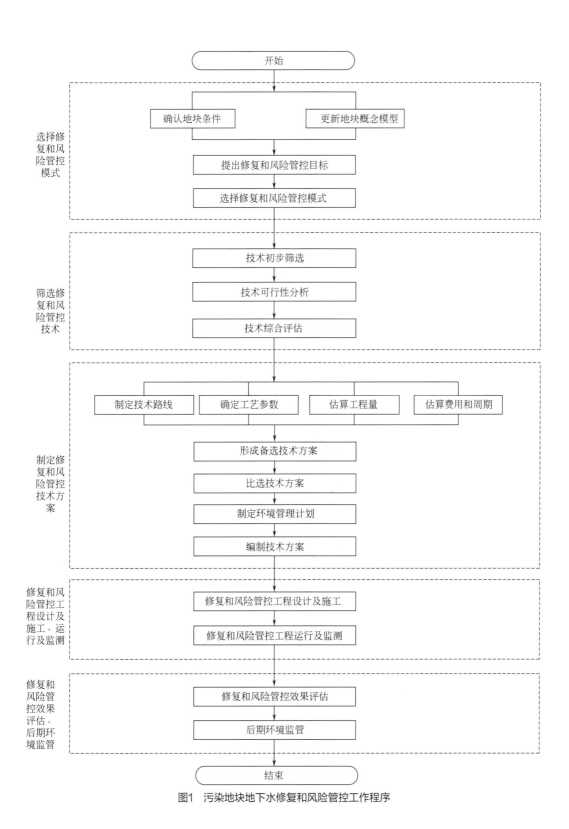

图1　污染地块地下水修复和风险管控工作程序

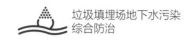

和运行状况分析等。工程运行中应同时开展运行监测，对地下水修复和风险管控工程运行监测数据进行趋势预测。根据地下水监测数据及趋势预测结果开展工程运行状况分析，判断地下水修复和风险管控工程的目标可达性。

4.2.6　地下水修复和风险管控效果评估

制定地下水修复和风险管控效果评估布点和采样方案，评估修复是否达到修复目标，评估风险管控是否达到工程性能指标和污染物指标要求。

对于地下水修复效果，当每口监测井中地下水检测指标持续稳定达标时，可判断达到修复效果。若未达到评估标准但判断地下水已达到修复极限，可在实施风险管控措施的前提下，对残留污染物进行风险评估。若地块残留污染物对受体和环境的风险可接受，则认为达到修复效果；若风险不可接受，需对风险管控措施进行优化或提出新的风险管控措施。

对于风险管控效果，若工程性能指标和污染物指标均达到评估标准，则判断风险管控达到预期效果，可对风险管控措施继续开展运行与维护；若工程性能指标或污染物指标未达到评估标准，则判断风险管控未达到预期效果，应对风险管控措施进行优化或调整。

4.2.7　后期环境监管

根据修复和风险管控工程实施情况与效果评估结论，提出后期环境监管要求。

5　选择地下水修复和风险管控模式

5.1　确认地块条件

5.1.1　核实地块资料

根据前期按 HJ 25.1 和 HJ 25.2 完成的地块环境调查和按 HJ 25.3 完成的污染地块风险评估等资料，重点核实污染地块基本情况、水文地质条件、受体与周边环境情况、土壤与地下水污染特征等。

5.1.2　现场踏勘

考察地块现状，特别关注前期地块环境调查和风险评估后发生的重大变化，以及周边地下水型饮用水源等受体的变化情况。考察地块修复和风险管控工程施工条件，特别关注地块用电、用水、交通、地下水监测井等情况，为修复和风险管控工程施工区布局提供基础信息。

5.1.3　补充技术资料

通过核查地块已有水文地质条件、地下水污染特征等资料和现场踏勘情况，如发现已有资料不能满足地下水修复和风险管控技术方案编制、工程设计要求，应补充相关资料。必要时应补充开展工程地质勘察、水文地质和地块环境调查工作，进行人体健康风险评估与地下水污染模拟预测。进一步明确地下水埋藏和补径排条件，识别地下水污染程度、范围和空间分布状态，界定边界条件，开展参数识别和模型验证等，相关技术要求参照 HJ 25.1、HJ 25.2、HJ 25.3 和 HJ 610 执行。

5.2　更新地块概念模型

结合 5.1 收集的地块资料，分析地块地质与水文地质条件、地下水污染特征、受体与周边环境情况等，对地块环境调查和风险评估阶段构建的地块概念模型进行更新，重点关注地下水污染羽的变化。

地块概念模型宜包括下列信息：

a）地质与水文地质条件：地层分布及岩性、地质构造、地下水类型、含水层系统结构、地下水分布条件、地下水流场、地下水动态变化特征、地下水补径排条件等。

b）地下水污染特征：污染源、目标污染物浓度、污染范围、污染物迁移途径、非水溶性有机物的分布情况等。

c）受体与周边环境情况：结合地块地下水使用功能和地块规划，分析污染地下水与受体的相对位置关系、受体的关键暴露途径等。

地块概念模型可采用文字、图、表等方式，便于指导污染地块地下水修复和风险管控目标提出、方案制定。

5.3　提出地下水修复和风险管控目标

5.3.1　确认目标污染物

确认前期地块环境调查和风险评估提出的地下水修复目标污染物，根据地块及受体特征、规划、地下水使用功能和地质因素等，确定地下水修复和风险管控目标污染物。

5.3.2　提出修复目标值

5.3.2.1　地下水型饮用水源保护区及补给区

污染地块位于集中式地下水型饮用水源（包括已建成的在用、备用、应急水源，在建和规划的水源）保护区及补给区（补给区优先采用已划定的饮用水源准保护区），选择 GB/T 14848 中Ⅲ类限值作为修复目标值。对于 GB/T 14848 未涉及的目标污染物，按照饮用地下水的暴露途径计算地下水风险控制值作为修复目标值，风险控制值按照 HJ 25.3 确定。

当选择 GB/T 14848 中Ⅲ类限值或按照 HJ 25.3 确定的地下水型饮用水源保护区及补给区内污染地块的修复目标值低于地下水环境背景值时，可选择背景值作为修复目标值。

5.3.2.2　其他区域

5.3.2.2.1　具有工业和农业用水等使用功能的地下水污染区域，按照 GB/T 14848 要求，制定修复目标值。对于 GB/T 14848 未涉及的目标污染物，采用风险评估的方法计算风险控制值作为修复目标值，风险控制值按照 HJ 25.3 确定。

5.3.2.2.2 不具有工业和农业用水等使用功能的地下水污染区域，采用风险评估的方法计算风险控制值作为修复目标值，风险控制值按照HJ 25.3确定。

5.3.2.2.3 当地下水污染影响或可能影响土壤和地表水体等，根据GB 36600和地表水（环境）功能要求，基于污染模拟预测、风险评估结果，同时结合5.3.2.2.1或5.3.2.2.2情形从严确定地下水修复目标值。

5.3.2.2.4 当选择相关标准或按照HJ 25.3确定的其他区域的污染地块修复目标值低于地下水环境背景值时，可选择背景值作为修复目标值。

5.3.3 提出地下水风险管控目标

当污染地块位于集中式地下水型饮用水源（包括已建成的在用、备用、应急水源，在建和规划的水源）保护区及补给区（补给区优先采用已划定的准保护区）时，应同步制定风险管控目标，阻断地下水污染物暴露途径，阻止污染扩散。

经修复技术经济评估，无法达到5.3.2提出的地下水修复目标值，应制定地下水风险管控目标作为地下水修复的阶段目标。

在5.3.2.2中采用风险评估方法确定修复目标值的污染地块，应制定风险管控目标。

5.3.4 确定地下水修复和风险管控范围

根据HJ 25.1确定的地下水污染空间分布，结合地下水修复和风险管控目标，确定地下水的修复和风险管控范围。

5.4 选择地下水修复和风险管控模式

与地块利益相关方进行沟通，确认对地下水修复和风险管控的要求，如土地利用规划、修复周期、预期经费投入等，结合污染地块特征、地下水修复和风险管控目标等，明确总体思路，选择降低污染物毒性、迁移性、数量与体积的修复技术，阻断暴露途径和阻止地下水污染扩散的工程控制措施，或限制受体暴露行为的制度控制措施中的任意一种或其组合。

当地块地下水与土壤污染区域重叠时，应统筹考虑地下水与土壤修复和风险管控，土壤修复参照HJ 25.4执行。

6 筛选地下水修复和风险管控技术

6.1 技术初步筛选

根据污染地块水文地质条件、地下水污染特征和确定的修复和风险管控模式等，从适用的目标污染物、技术成熟度、效率、成本、时间和环境风险等，分析比较现有地下水修复和风险管控技术的优缺点，重点分析各技术工程应用的适用性，常见技术的适用性可参见附录A。可采用对比分析、矩阵评分和类比等方法，初步筛选一种或多种修复和风险管控技术。

6.2 技术可行性分析

6.2.1 实验室小试

实验室小试应针对初步筛选技术的关键环节和关键参数，制定实验室小试方案，采集污染地下水和含水层介质，按照不同的技术或组合试验效果，确定最佳工艺参数和可能产生的二次污染物，估算成本和周期等。实验过程需有严格的质量保证和控制。

6.2.2 现场中试

现场中试应根据修复和风险管控技术特点，结合地块条件、地质与水文地质条件、污染物类型和空间分布特征等，选择适宜的单元开展中试，获得设计和施工所需要的工程参数，确定现场中试过程中可能产生的二次污染物。可采用相同或类似污染地块修复和风险管控技术的应用案例进行分析，必要时可现场考察和评估应用案例实际工程。现场中试过程中需实施二次污染防治措施。

6.2.3 模拟分析

建立地下水水流模型和溶质运移模型，利用解析法或数值法开展模拟预测，选择目标污染物作为模拟因子，根据不同修复和风险管控技术的设计情景，评估地下水修复和风险管控技术的工程实施效果和修复周期等，优化并获得设计和施工所需的工程参数。常用地下水水流模型和溶质运移模型可参照 HJ 610。

6.3 技术综合评估

基于技术可行性分析结果，采用对比分析或矩阵评分法对初步筛选技术进行综合评估，确定一种或多种可行技术。

7 制定地下水修复和风险管控技术方案

7.1 制定备选技术方案

7.1.1 制定技术路线

根据污染地块地下水修复和风险管控模式，采用技术筛选确定的一种或多种技术优化组合集成，结合地块管理要求等因素，制定技术路线。技术路线应反映地下水修复和风险管控的总体思路、方式、工艺流程等，还应包括工程实施过程中二次污染防治措施、环境监测计划和环境应急安全计划等。

7.1.2 确定工艺参数

地下水修复和风险管控技术的工艺参数通过总结实验室小试、现场中试和模拟分析结果确定，技术的工艺参数包括但不限于地下水抽出或注入的流量、影响半径，修复药剂的投加比、投加方式和浓度，工程控制措施的规模、材料、规格等，地上处理单元的处理量、处理效率等。

7.1.3 估算工程量

根据技术路线，按照确定的单一技术或技术组合的方案，结合工艺流程和参数，估算不同方案的工程量。

7.1.4 估算费用和周期

费用估算应根据污染地块地下水修复和风险管控工程量确定。费用估算包括建设费用、运行费用、监测费用和咨询费用等。

周期估算应根据工程量、工程设计、建设和运行时间、效果评估和后期环境监管要求等确定。

7.1.5 形成备选技术方案

根据水文地质条件、修复和风险管控目标、技术路线、工艺参数、工程量、费用和周期等，制定不少于2套的备选技术方案。

7.2 比选技术方案

对备选技术方案的主要技术指标、工程费用、环境及健康安全等比选，采用对比分析或矩阵评分等方法确定最优方案，比选内容包括：

a）主要技术指标：结合地块地下水污染特征、修复和风险管控目标，从符合法律法规、效果、时间、成本和环境影响等方面，比较不同备选技术方案主要技术的可操作性、有效性。

b）工程费用：根据地下水修复和风险管控的工程量，估算并比较不同备选技术方案费用，比较不同备选技术方案产生费用的合理性。

c）环境及健康安全：综合比较不同备选技术方案的二次污染排放情况以及对施工人员、周边人群健康和生态受体的影响等。

7.3 制定环境管理计划

7.3.1 二次污染防治措施

对施工和运行过程造成的地下水、土壤、地表水、环境空气等二次污染，应制定防治措施，并分析论证技术可行性、经济合理性、稳定运行和达标排放的可靠性。

7.3.2 环境监测计划

环境监测计划包括工程实施过程的环境监理、二次污染监控中的环境监测。应根据确定的技术方案，结合地块污染特征和所处环境条件，有针对性地制定环境监测计划。相关技术要求参照 HJ 25.2 执行。

7.3.3 环境应急安全计划

为确保地块修复和风险管控过程中施工人员与周边人群和生态受体的安全，应根据国家和地方环境应急相关法律法规、标准规范编制环境应急安全计划，内容包括安全问题识别、预防措施、突发事故应急措施、安全防护装备和安全防护培训等。

7.4 编制技术方案

地下水修复和风险管控技术方案要全面反映工作内容，技术方案中的文字应简洁和准确，并尽量采用图、表和照片等形式描述各种关键技术信息，以利于工程设计和施工方案编制。

技术方案应根据污染地块的水文地质条件、地下水污染特征和工程特点，参见附录B编制。

当地块涉及土壤污染时，应统筹考虑地下水与土壤修复和风险管控，土壤修复的有关技术要求参照 HJ 25.4 执行。

8 地下水修复和风险管控工程设计及施工

8.1 工程设计

8.1.1 一般要求

地下水修复和风险管控工程设计根据工作开展阶段划分为初步设计、施工图设计，根据专业划分为工艺和辅助专业设计。初步设计和施工图设计根据实际情况，可按单一阶段考虑。对于小型项目，可根据实际情况直接进行施工图设计。地下水修复和风险管控工程设计参照 HJ 2050 执行。

当已有的地质与水文地质资料不能满足工程设计需要时，应开展必要的地质和水文地质调查工作。

8.1.2 初步设计和施工图设计

8.1.2.1 初步设计

初步设计文件应根据地下水修复和风险管控技术方案进行编制，应满足编制施工图、采购主要设备及控制工程建设投资的需要。初步设计文件宜包括初步设计说明书、初步设计图纸和初步设计概算书，并应符合下列规定：

a）初步设计说明书宜包括设计总说明、各专业设计说明、主要设备材料表。

b）初步设计图纸宜由总图、工艺、建筑、结构、给排水等专业图纸组成，地下水修复和风险管控工程设计应开展总图、工艺专业图纸设计。当工程包含修复车间、仓库等建筑物时，宜开展建筑专业图纸设计；当工程包含修复车间、仓库、地面处理设备等建（构）筑物时，宜开展结构专业图纸设计；当工程包含给排水、消防用水时，宜开展给排水专业图纸设计；当工程需进行地下水抽出、药剂注入、地面处理设备自动化控制、监测设计时，宜开展自动化专业图纸设计；当工程采用可渗透反应墙、阻隔等技术时，宜开展岩土工程专业图纸设计；当工程需进行供电、电气控制时，宜开展电气专业图纸设计；当工程包含采暖、空调、通风等，宜开展采暖通风专业图纸设计。

c）初步设计概算书包括编制说明、编制依据、工程总概算表、单项工程概算表和

其他费用概算表等。

8.1.2.2 施工图设计

施工图设计文件应根据初步设计文件进行编制，未开展初步设计的根据技术方案进行编制。施工图设计文件应满足编制工程预算、工程施工招标、设备材料采购、非标准设备制作、施工组织计划编制和工程施工的需要。施工图设计文件宜包括施工图设计说明书、施工图设计图纸、工程预算书，并应符合下列规定：

a）施工图设计说明书包括各专业设计说明和工程量表。

b）施工图设计图纸中各专业图纸组成根据8.1.2.1 b）确定。

c）工程预算书包括编制说明、工程设备材料表、工程总预算书、单项工程预算书、单位工程预算书和需要补充的估价表等。

8.1.3 工艺和辅助专业设计

8.1.3.1 工艺专业设计

工艺专业设计根据地下水修复和风险管控技术方案确定的工艺技术路线、工艺参数和工程量等进行编制。地下水修复和风险管控技术主要涉及的工艺技术参数可参见附录C，具体参数取值宜通过试验、计算或根据经验值确定。工艺专业设计宜包括下列内容：

a）进行设计计算，绘制工艺流程图，设计计算可采用解析法或数值法求解。

b）根据计算结果及工艺流程图细化设计，内容包括各处理单体、井、主要设备及仪表、连接管道等，汇总整理设备、仪表清单和主要材料清单等。

c）根据单体设计结果，进行工艺总平面布置设计，将单体设计和工艺总平面设计互相调整完善。

d）进行工艺管道设计，合理确定管道的位置、敷设和连接方式等，绘制工艺管道布置图。

e）完善设备、仪表清单和主要材料清单等，绘制工艺管道仪表流程图。

f）设计图可包括：工艺流程图，设施设备布置图、井点（如抽出井、注入井、加热井、监测井等）的平面布置图和结构图、药剂配制和地面处理设备图、井和设备等的安装图，工艺总平面布置图、修复和风险管控区平面位置图、工艺管道布置图、工艺管道仪表流程图，可根据工程设计内容合理增减。

g）设计图纸比例设置应使图纸能够清楚表达设计内容，便于装订成册。

8.1.3.2 辅助专业设计

辅助专业设计为工艺专业之外的专业设计，可根据具体地下水修复和风险管控工程设计内容合理增减，辅助专业设计应在工艺专业设计基础上进行，为修复和风险管控工艺专业设计提供支撑。

8.2 工程施工

8.2.1 施工准备

工程施工准备宜包括技术准备、施工现场准备、材料准备、施工机械和施工队伍准备等。根据工程设计图纸，综合考虑现场条件、施工企业情况等，编制施工方案。应特别关注地块的地下管线情况、周边建（构）筑物情况，并根据施工需要关注抽水及排水条件、用水、用电等问题。

8.2.2 施工过程

现场施工过程包括地下水修复和风险管控系统施工安装、调试等，应依据工程设计图纸、施工方案和相关技术规范文件开展。施工过程中做好工程动态控制工作，通过落实安全和质量保证措施、控制工程施工进度和建设安装成本，保证安全、质量、进度、成本等目标的全面实现。施工过程如果出现设计需要变更的情况，经建设、监理单位同意，由设计单位进行设计变更。当地下水修复和风险管控工程施工可能对地下水流场或污染羽造成扰动时，应监测地下水水位、水质，掌握地下水流场和污染羽变化等情况。

8.2.3 环境管理

根据国家和地方环境管理法律法规，结合工程施工工艺特点以及工程周边环境，实施环境管理计划，防范钻探建井、地面处理设备安装、阻隔墙建设等施工过程中造成的地下水、土壤、地表水、环境空气等二次污染。

9 地下水修复和风险管控工程运行及监测

9.1 运行维护

9.1.1 运行维护方案编制

地下水修复和风险管控工程应编制运行维护方案，包括系统运行管理、设备操作、设备维护保养、安全运行管理制度建立、设备检修等内容。当涉及地下水修复药剂、工程控制材料和二次污染物处理药剂及材料等使用时，应包括对药剂和材料进场检测、试验、储存、使用的管理等内容。

9.1.2 运行维护内容

9.1.2.1 对设备设施运行进行记录，包括计量仪器仪表读数、材料使用情况等，记录应及时、准确、完整。

9.1.2.2 对设备设施运行过程中可能产生环境事故的单元进行定期检查。设备设施运行不正常时，及时检修、更换或调整。

9.1.2.3 对设备设施进行维护保养，包括设备清洁、润滑及保养、易损件的更换等。

9.1.2.4 对进场的药剂和材料进行检测、试验、登记，对药剂和材料的储存、使用进行管理。

9.2 运行监测

9.2.1 监测井布设

9.2.1.1 修复监测井布设

9.2.1.1.1 根据地块地质与水文地质条件、地下构筑物情况、地下水污染特征和采用的修复技术，进行修复监测井的布设，设置对照井、内部监测井和控制井，可充分利用地块环境调查设置的监测井。监测井位置、数量应满足污染羽特征刻画、工程运行状况分析的监测要求。

9.2.1.1.2 对照井设置在污染羽地下水流向上游，反映区域地下水质量。内部监测井设置在污染羽内部，反映修复过程中污染羽浓度变化情况，内部监测井可结合污染羽分布情况，按三角形或四边形布设。控制井设置在地下水污染羽边界的位置，设置在污染羽的上游、下游以及垂直于地下水径流方向的污染羽两侧的边界位置。当污染地下水可能影响临近含水层时，应针对该含水层设置监测井，以评估修复工程对该含水层的影响。当周边存在受体时，宜在地下水污染羽边缘和受体之间设置监测井。

9.2.1.1.3 原则上对照井至少设置1个，内部监测井至少设置3～4个，控制井至少设置4个，可根据修复工程特点合理调整。原则上内部监测井设置网格不宜大于80m×80m，存在非水溶性有机物或污染物浓度高的区域，监测井设置网格不宜大于40m×40m。

9.2.1.1.4 当含水层厚度大于6 m时，原则上应分层进行采样，可采用多层监测，根据污染物特征、含水层结构等进行合理调整。对于低密度非水溶性有机物污染，监测点应设置在含水层顶部；对于高密度非水溶性有机物污染，监测点应设置在含水层底部和隔水层顶部。针对不同含水层设置监测井时应分层止水。

9.2.1.2 风险管控监测井布设

根据地块地质与水文地质条件、地下水污染特征和采用的风险管控技术，进行风险管控监测井的布设，充分利用地块环境调查设置的监测井，宜在风险管控范围的上游、内部、下游、两侧，以及可能涉及的二次污染区域、风险管控薄弱位置和周边受体位置设置。监测井位置、数量应满足风险管控工程运行状况分析的监测要求。

9.2.2 监测指标

工程运行期间需对地下水水位、水质、注入药剂特征指标、工程性能指标、二次污染物等进行监测，具体包括：

a）地下水水位和水质：包括地下水水位、目标污染物浓度等。

b）注入药剂特征指标：包括药剂浓度以及因药剂注入导致地下水水质变化的参数，如pH、温度、电导率、总硬度、氧化还原电位、溶解氧等。

c）工程性能指标：取决于使用的工程控制措施的类型，如阻隔墙技术可通过监测墙体地下水流向上游及下游的地下水水位、目标污染物浓度等判断工程控制运行状况。

d）二次污染物：包括施工和运行过程中在地下水、土壤、地表水、环境空气中产生的二次污染物。

9.2.3 监测频次

9.2.3.1 地下水修复工程运行阶段根据目标污染物浓度变化特征分为修复工程运行初期、运行稳定期、运行后期。目标污染物浓度在修复工程运行初期呈变化剧烈或波动情形，在运行稳定期持续下降，在运行后期持续达到或低于修复目标值，或达到修复极限。

9.2.3.2 地下水修复工程的运行初期，宜采用较高的监测频次，运行稳定期及运行后期可适当降低监测频次。工程运行初期原则上监测频次为每半个月一次；运行稳定期原则上监测频次为每月一次；运行后期原则上监测频次为每季度一次，两个批次之间间隔不得少于1个月。

9.2.3.3 风险管控工程运行监测频次取决于风险管控措施的类型。采用可渗透反应墙技术时，运行监测频次可参照9.2.3.2确定；采用阻隔技术时，原则上监测频次为每季度一次，两个批次之间间隔不得少于1个月。

9.2.3.4 当出现修复或风险管控效果低于预期、局部区域修复和风险管控失效、污染扩散等不利情况时，应适当提高监测频次。

9.3 趋势预测

获取工程运行监测数据后应及时进行趋势预测，可对9.2.2中全部或部分监测指标进行趋势预测，趋势预测可采用图表、数值模拟或统计学等方法。

9.4 运行状况分析

工程运行状况分析应根据地下水监测数据及趋势预测结果开展，应分析地下水修复和风险管控工程运行阶段的有效性、目标可达性、经济可行性等，判断技术方案、工程设计、施工、运行有无调整和优化的必要。

10 地下水修复和风险管控效果评估

10.1 更新地块概念模型

应根据地块修复和风险管控进度以及掌握的地块信息，对地块概念模型进行实时更新，为开展效果评估提供依据。相关技术要求可参照HJ 25.5执行。

10.2 地下水修复效果评估

10.2.1 评估范围

地下水修复效果评估范围应包括地下水修复范围的上游、内部和下游，以及修复可能涉及的二次污染区域。

10.2.2 采样节点

10.2.2.1 需初步判断地下水中污染物浓度稳定达标且地下水流场达到稳定状态时，

方可进入地下水修复效果评估阶段。地下水修复效果评估采样节点见图2。

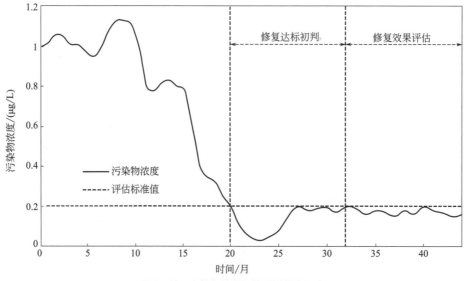

图2　地下水修复效果评估采样节点示意

10.2.2.2　原则上采用修复工程运行阶段监测数据进行修复达标初判，至少需要连续 4 个批次的季度监测数据。若地下水中污染物浓度均未检出或低于修复目标值，则初步判断达到修复目标；若部分浓度高于修复目标值，可采用均值检验或趋势检验方法进行修复达标初判，当均值的置信上限（upper confidence limit，简称 UCL）低于修复目标值、浓度稳定或持续降低时，则初步判断达到修复目标。均值检验和趋势检验案例参见附录 D。

10.2.2.3　若修复过程未改变地下水流场，则地下水水位、流量、季节变化等与修复开展前应基本相同；若修复过程改变了地下水流场，则需要达到新的稳定状态，地下水流场受周边影响较大等情况除外。

10.2.3　采样持续时间和频次

10.2.3.1　地下水修复效果评估采样频次应根据地块地质与水文地质条件、地下水修复方式确定，如水力梯度、渗透系数、季节变化和其他因素等。

10.2.3.2　修复效果评估阶段应至少采集8个批次的样品，采样持续时间至少为1年。

10.2.3.3　原则上采样频次为每季度一次，两个批次之间间隔不得少于1个月。对于地下水流场变化较大的地块，可适当提高采样频次。

10.2.4　布点数量与位置

10.2.4.1　原则上修复效果评估范围上游应至少设置1个监测点，内部应至少设置3个监测点，下游应至少设置2个监测点。

10.2.4.2　原则上修复效果评估范围内部采样网格不宜大于80m×80m，存在非水溶性有机物或污染物浓度高的区域，采样网格不宜大于40m×40m。

10.2.4.3　地下水采样点应优先设置在修复设施运行薄弱区、地质与水文地质条件不利区域等。

10.2.4.4 可充分利用地块环境调查、工程运行阶段设置的监测井，现有监测井应符合地下水修复效果评估采样条件。

10.2.5 检测指标

10.2.5.1 修复后地下水的检测指标为修复技术方案中确定的目标污染物。

10.2.5.2 化学氧化、化学还原、微生物修复后地下水的检测指标应包括产生的二次污染物，原则上二次污染物指标应根据修复技术方案中的可行性分析结果和地下水修复工程运行监测结果确定。

10.2.5.3 必要时可增加地下水常规指标、修复设施运行参数等作为修复效果评估的依据。

10.2.6 现场采样与实验室检测

修复效果评估现场采样与实验室检测参照 HJ 25.1 和 HJ 25.2 执行。

10.2.7 地下水修复效果评估标准值

10.2.7.1 修复后地下水的评估标准值为地块环境调查或修复技术方案中目标污染物的修复目标值。

10.2.7.2 若修复目标值有变，应结合修复工程实际情况与管理要求调整修复效果评估标准值。

10.2.7.3 化学氧化、化学还原、微生物修复产生的二次污染物的评估标准，原则上应根据修复技术方案中的可行性分析结果确定，也可参照 GB/T 14848 中地下水使用功能对应标准值执行，或根据暴露情景进行风险评估确定，风险评估可参照 HJ 25.3 执行。

10.2.8 地下水修复效果达标判断

10.2.8.1 原则上每口监测井中的检测指标均持续稳定达标，方可认为地下水达到修复效果。若未达到修复效果，应对未达标区域开展补充修复。

10.2.8.2 可采用趋势分析进行持续稳定达标判断：

a）地下水中污染物浓度呈现稳态或者下降趋势，可判断地下水达到修复效果。

b）地下水中污染物浓度呈现上升趋势，则判断地下水未达到修复效果。

10.2.8.3 在95%的置信水平下，趋势线斜率显著大于0，说明地下水污染物浓度呈现上升趋势；若趋势线斜率显著小于0，说明地下水污染物浓度呈现下降趋势；若趋势线斜率与0没有显著差异，说明地下水污染物浓度呈现稳态。趋势检验案例参见附录D。

10.2.8.4 同时满足下列条件的情况下，可判断地下水修复达到极限：

a）地块概念模型清晰，污染羽及其周边监测井可充分反映地下水修复实施情况和客观评估修复效果。

b）至少有1年的月度监测数据显示地下水中污染物浓度超过修复目标且保持稳定或无下降趋势。

c）通过概念模型和监测数据可说明现有修复技术继续实施不能达到预期目标的主要原因。

d）现有修复工程设计合理，并在实施过程中得到有效的操作和足够的维护。

e）进一步可行性研究表明不存在适用于本地块的其他修复技术。

10.2.9　残留污染物风险评估

10.2.9.1　对于地下水修复，若目标污染物浓度未达到评估标准，但判断地块地下水已达到修复极限，可在实施风险管控措施的前提下，对残留污染物进行风险评估。

10.2.9.2　残留污染物风险评估包括以下工作内容：

a）更新地块概念模型：掌握修复和风险管控后地块的地质与水文地质条件、污染物空间分布、潜在暴露途径、受体等，考虑风险管控措施设置情况，更新地块概念模型，具体参照HJ 25.5执行。

b）分析残留污染物环境风险：地块内非水溶性有机物等已最大限度地被清除，修复停止后至少1年且有8个批次的监测数据表明污染羽浓度降低或趋于稳定，污染羽范围逐渐缩减，或地下水中污染物存在自然衰减。

c）开展人体健康风险评估：残留污染物人体健康风险评估可参照HJ 25.3执行，相关参数根据地块概念模型取值。对于存在挥发性有机污染物的地块，可设置土壤气监测井采集土壤气样品，辅助开展残留污染物风险评估。

10.2.9.3　若残留污染物对环境和受体产生的风险可接受，则认为达到修复效果；若残留污染物对受体和环境产生的风险不可接受，则需对现有风险管控措施进行优化或提出新的风险管控措施。

10.3　地下水风险管控效果评估

10.3.1　采样频次

10.3.1.1　风险管控效果评估一般在工程设施完工1年内开展。

10.3.1.2　污染物指标应至少采集4个批次的样品，原则上采样频次为每季度一次，两个批次之间间隔不得少于1个月。对于地下水流场变化较大的地块，可适当提高采样频次。

10.3.1.3　工程性能指标应按照工程实施评估周期和频次进行评估。

10.3.2　布点数量与位置

10.3.2.1　地下水监测井设置需结合风险管控措施的布置，在风险管控范围上游、内部、下游，以及可能涉及的二次污染区域设置监测点。

10.3.2.2　可充分利用地块环境调查、修复和风险管控实施阶段设置的监测井，现有监测井应符合风险管控效果评估采样条件。

10.3.3　检测指标

10.3.3.1　风险管控效果评估检测指标包括工程性能指标和污染物指标。工程性能指标包括抗压强度、渗透性能、阻隔性能、工程设施连续性与完整性等；污染物指标包括地下水、土壤气和室内空气等环境介质中的目标污染物及其他相关指标。

10.3.3.2 可增加地下水水位、地下水流速、地球化学参数等作为风险管控效果的辅助判断依据。

10.3.4 现场采样与实验室检测

风险管控效果评估现场采样与实验室检测参照 HJ 25.1 和 HJ 25.2 执行。

10.3.5 风险管控效果评估标准

10.3.5.1 风险管控工程性能指标应满足设计要求或不影响预期效果。

10.3.5.2 地块风险管控措施下游地下水中污染物浓度应持续下降，地下水污染扩散得到控制。

10.3.6 评估方法

10.3.6.1 若工程性能指标和污染物指标均达到评估标准，则判断风险管控达到预期效果，可对风险管控措施继续开展运行与维护。

10.3.6.2 若工程性能指标或污染物指标未达到评估标准，则判断风险管控未达到预期效果，应对风险管控措施进行优化或调整。

10.4 效果评估报告编制

效果评估报告应包括地块概况、地下水修复和风险管控实施情况、环境保护措施落实情况、效果评估布点与采样、检测结果分析、效果评估结论及后期环境监管建议等。地下水修复和风险管控效果评估报告可参见附录 E 编制。

11 后期环境监管

11.1 后期环境监管要求

11.1.1 根据修复和风险管控效果评估结论，实施风险管控的地块，原则上应开展后期环境监管。

11.1.2 后期环境监管方式应包括长期环境监测与制度控制。

11.2 长期环境监测

11.2.1 一般通过设置地下水监测井进行周期性地下水样品采集和检测，也可设置土壤气监测井进行土壤气样品采集和检测，监测井位置应优先考虑污染物浓度高的区域、受体所处位置等。

11.2.2 应充分利用地块内符合采样条件的监测井。

11.2.3 长期监测宜 1～2 年开展一次，可根据实际情况进行调整。

11.3 制度控制

制度控制包括限制地块使用方式、限制地下水利用方式、通知和公告地块潜在风险、制定限制进入或使用条例等方式，多种制度控制方式可同时使用。

附录A

（资料性附录）

地下水修复和风险管控技术适用性

技术分类	技术名称	优点	缺点	适用的目标污染物	地块适用性	技术成熟度	效率	成本	时间	环境风险
异位修复	抽出处理技术	对于地下污染物浓度较高、地下水埋深较大的污染地块有优势；对污染地下水的早期处理见效快；设备简单、施工方便	不适用于渗透性较差的含水层；对修复区域干扰大，对修复区域干扰大、能耗大	适用于多种污染物	适用于渗透性较好的孔隙、裂隙和岩溶含水层，污染范围大、地下水埋深较大的污染地块。也可用于采空区积水	国外已广泛应用，国内已有工程应用	初期高，后期低	初期中等，后期高	周期较长，需要数年到数十年	低
原位修复	微生物修复技术	对环境影响较小	部分地下水环境不适宜微生物生长	适用于易生物降解的有机物	适用于孔隙、裂隙、岩溶含水层	国外已广泛应用，国内已有工程应用	中	低	周期较长，需要数年到数十年	中
原位修复	植物修复技术	施工方便，对环境影响较小	效果受地下水埋深、污染物性质和浓度影响较大；需考虑植物的后续处理	适用于重金属和特定的有机物	适用于地下水埋深较浅的污染地块	实际工程应用较少	低	中	周期较长，需要数年到数十年	低
原位修复	地下水曝气技术	对修复地块干扰小；设备简单，施工方便	不适用于非挥发性的污染物；可能导致地下水中污染扩散；气体可能会迁移和释放到地表，造成二次污染	适用于苯系物和氯代烃等	适用于具有较大厚度和埋深的含水层	国外已广泛应用，国内已有工程应用	中	中	周期较短，需要数月到数年	中
原位修复	化学氧化技术	反应速度快，修复时间短	地块水文地质条件可能会限制化学物质的传输；受腐殖酸含量、还原性金属含量、土壤渗透性、pH变化影响较大	适用于石油烃、酚类、甲基叔丁基醚、氯代烃、多环芳烃和农药等	适用于渗透性较好的孔隙、裂隙和岩溶含水层	国外已广泛应用，国内已有工程应用	高	高	周期较短，需要数月到数年	高
原位修复	化学还原技术	反应速度快，修复时间短	地块水文地质条件可能会限制化学物质的传输；一些含氯有机污染物的降解产物有一定的毒性；部分污染物的还原效果不稳定	适用于重金属和氯代烃等	适用于渗透性较好的孔隙、裂隙和岩溶含水层	国外已广泛应用，国内已有工程应用	高	高	周期较短，需要数月到数年	高

续表

技术分类	技术名称	优点	缺点	适用的目标污染物	地块适用性	技术成熟度	效率	成本	时间	环境风险
原位修复	双/多相抽提技术	可处理易挥发、易流动的非水溶性液体	效果受地块水文地质条件和污染物分布影响较大；需要对抽提出的气体和液体进行后续处理	适用于石油烃和氯代烃等	不适用于渗透性差或者地下水位变动较大的地块	国外已广泛应用，国内已有工程应用	高	高	周期较短，需要数月到数年	中
原位修复	热处理技术	修复时间短、修复效率高	设备及运行成本较高，施工及运行对专业化程度要求高	适用于石油烃和氯代烃等	适用于低渗透性的孔隙、裂隙含水层	国外已广泛应用，国内已有工程应用	高	高	周期较短，需要数月到数年	中
原位修复	电动修复技术	对修复地块干扰小	易出现活化极化、电阻极化和浓差极化等，降低修复效率	适用于重金属、石油烃和高密度非水溶性有机物等	适用于低渗透性的孔隙含水层	工程应用较少	高	高	周期较短，需要数月到数年	低
原位修复	监测自然衰减技术	费用低，对环境影响较小	需要较长时间监测	适用于易降解的有机物	适用于污染程度较低、污染物自然衰减能力较强的孔隙、裂隙和岩溶含水层	国外已广泛应用	低	低	周期较长，需要数年或更长时间	低
风险管控	阻隔技术	施工方便，使用的材料较为普遍，可有效将污染物阻隔在特定区域	阻隔效果受地下水中pH值、污染物类型、活性、浓度、宽度、地块水文地质条件等影响	适用于"三氮"、重金属、持久性有机污染物	适用于地下水埋较浅的孔隙、岩溶和岩溶含水层	国外已广泛应用，国内已有工程应用	高	低	周期较短，需要数月或更长时间	低
风险管控	可渗透反应墙应技术	反应介质消耗较慢，具备几年甚至几十年的处理能力	可渗透反应墙填料需要适时更换；需要对地下水的pH值等进行控制；可能存在二次污染	适用于石油烃、氯代烃和重金属等	适用于渗透性较好的孔隙、裂隙和岩溶含水层	国外已广泛应用，国内已有工程应用	中	中	周期较长，需要数年到数十年	中
风险管控	制度控制	费用低，环境影响小	存在地下水污染扩散风险，时间较长	适用于多种污染物	适用于需要减少或阻止人群对地下水中污染物暴露的地块，孔隙、裂隙含水层和岩溶含水层均适用	国外已广泛应用，国内已有工程应用	低	低	周期较长，需要数年或更长时间	低

附录B

（资料性附录）

地下水修复和风险管控技术方案编制提纲

1 总论

1.1 任务由来

1.2 编制依据

1.3 编制内容

2 地块问题识别

2.1 地块基本信息

2.2 地块地下水污染现状

2.3 风险评估

3 地下水修复和风险管控模式选择

3.1 确认地块条件

3.2 更新地块概念模型

3.3 确定地下水修复和风险管控目标

3.4 确定地下水修复和风险管控模式

4 地下水修复和风险管控技术筛选

4.1 技术初步筛选

4.2 技术可行性分析

4.3 技术综合评估

5 地下水修复和风险管控技术方案制定

5.1 技术路线

5.2 工艺参数

5.3 工程量估算

5.4 费用和周期估算

5.5 方案比选

6 环境管理计划

6.1 环境影响分析

6.2 二次污染防治措施

附录C

（资料性附录）

地下水修复和风险管控主要涉及的工艺技术参数

技术分类	技术名称	抽出井结构	注入井/加热井/电极结构	监测井结构	抽出/注入/加热影响半径	修复药剂投加比	抽出水量/水处理量	抽出气量/尾气处理量	抽出负压	注入药剂量	注入气量	注入压力	反应时间/降解速率	活性炭用量	污泥产量	目标温度	系统功率	墙体几何参数	墙体材料配比	墙体渗透性
异位修复	抽出处理技术	√	※	√	√	×	√	×	※	※	×	※	√	※	※	×	※	×	×	×
原位修复	微生物修复技术	×	√	√	√	√	×	×	×	×	※	√	√	×	×	×	×	×	×	×
原位修复	植物修复技术	×	×	√	×	×	×	×	×	×	×	×	√	×	×	×	×	×	×	×
原位修复	地下水曝气技术	※	√	√	√	×	※	※	※	×	√	√	√	※	※	×	※	×	×	×
原位修复	化学氧化技术	×	√	√	√	√	×	×	×	×	×	√	√	×	×	×	※	×	×	×
原位修复	化学还原原位技术	×	√	√	√	√	×	×	×	×	×	√	√	×	×	×	※	×	×	×

续表

技术分类	技术名称	抽出井结构	注入井/加热井/电极结构	监测井结构	抽出/注入/加热影响半径	修复药剂投加比	抽出水量/水处理量	抽出气量/尾气处理量	抽出负压	注入药剂量	注入气量	注入压力	反应时间/降解速率	活性炭用量	污泥产量	目标温度	系统功率	墙体几何参数	墙体材料配比	墙体渗透性
原位修复	双/多相抽提技术	√	※	√	√	×	√	※	√	×	×	×	√	※	※	×	※	×	×	×
原位修复	热处理技术	√	√	√	√	×	√	√	√	×	×	×	√	※	※	√	√	×	×	×
原位修复	电动修复技术	√	√	√	√	×	√	×	※	×	×	×	√	※	※	×	√	×	×	×
原位修复	监测自然衰减技术	×	×	√	×	×	×	×	×	×	×	×	√	×	×	×	×	×	×	×
风险管控	阻隔技术	×	×	√	×	×	×	×	×	×	×	×	※	×	×	×	×	√	√	√
风险管控	可渗透反应墙技术	×	×	√	×	※	×	×	×	×	×	×	√	※	×	×	×	√	√	√

注：√ 需要，※ 可能需要，× 不需要。

附录D

（资料性附录）

均值检验和趋势检验案例

案例地块为地下水修复地块，目标污染物为三氯乙烯（TCE）、1,2-二氯乙烯（DCE）和氯乙烯（VC），地下水中污染物浓度数据见表D.1，修复过程污染物浓度变化见图D.1。

表D.1　地下水中污染物浓度

阶段	三氯乙烯（TCE）		1,2-二氯乙烯（DCE）		氯乙烯（VC）	
	样品编号	浓度/（μg/L）	样品编号	浓度/（μg/L）	样品编号	浓度/（μg/L）
修复达标初判	1	30	1	48.15	1	93
	2	37	2	48.21	2	82
	3	49	3	48.41	3	52
	4	52	4	48.82	4	19
	5	56	5	49.1	5	6.1
	6	64	6	49.3	6	4.2
	7	60	7	50.1	7	2.8
	8	58	8	49.7	8	1.8
修复效果评估	9	48	9	49.8	9	4.3
	10	42	10	49.9	10	6.1
	11	28	11	49.8	11	4.6
	12	27	12	49.7	12	4.5
	13	14	13	49.7	13	5.3
	14	12	14	49.6	14	3.9
	15	11	15	49.6	15	3.3
	16	10	16	49	16	2.1
					17	1.4
					18	0.85

（1）修复达标初判

根据图D.1中修复达标初判阶段（第1次～第8次）数据，结果表明：

a）三氯乙烯（TCE）浓度一直小于修复目标值，即可初步判断TCE达到修复目标。

b）1,2-二氯乙烯（DCE）浓度在修复目标值附近波动，在这种情况下，运用均值检验来评估最终是否达标；运用第1次～第8次数据计算得到DCE浓度均值的置信上限（UCL）为49.45μg/L，低于目标值50μg/L，表明DCE达到修复目标值。

c）氯乙烯（VC）浓度迅速达到修复目标值，最后3个时间的数据均小于修复目标值，但是第9次数据显示浓度有升高的趋势，因此需要运用趋势分析判断是否达到修复目标。根据图D.2运用第1次～第8次数据分析得到的趋势线，证明VC达到修复目标值。

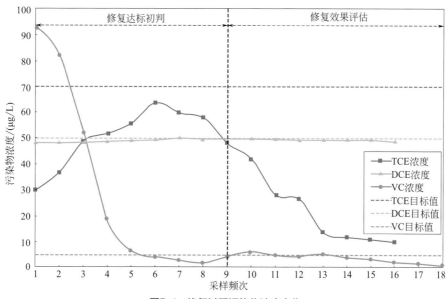

图D.1　修复过程污染物浓度变化

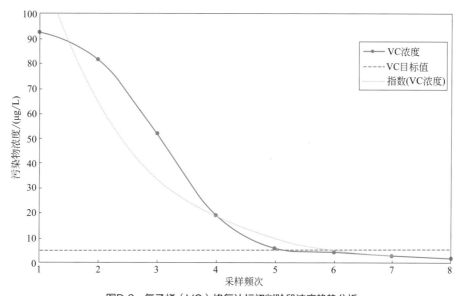

图D.2　氯乙烯（VC）修复达标初判阶段浓度趋势分析

综合上述分析，可以初步判断案例地块地下水中污染物达到修复目标，可进入到修复效果评估阶段。

（2）修复效果评估阶段

根据图D.1中修复效果评估阶段（第9次～第18次）数据，结果表明：

a）三氯乙烯（TCE）浓度均低于修复目标值，且浓度降低趋势较为明显，因此可判断TCE达到修复目标值。

b）1,2-二氯乙烯（DCE）浓度中8个时间点数据均低于目标值50μg/L，浓度较为稳定。运用数据9～16进行分析，计算得到DCE浓度均值的UCL为49.82μg/L，低于修复目标值；图D.3趋势分析结果显示趋势线斜率显著小于0，说明DCE浓度呈现下降趋势，因此可判断DCE达到修复目标值。

c）氯乙烯（VC）浓度中2个时间点数据高于目标值5μg/L，其他数据均低于目标值，运用数据9～18进行分析，计算得到VC浓度均值的UCL为4.62μg/L，低于修复目标值；图D.4趋势分析结果显示趋势线斜率显著小于0，说明VC浓度呈现下降趋势，因此可判断VC达到修复目标值。

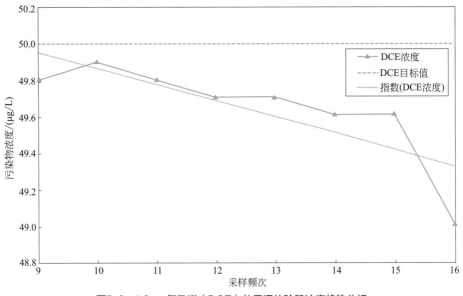

图D.3　1,2-二氯乙烯（DCE）效果评估阶段浓度趋势分析

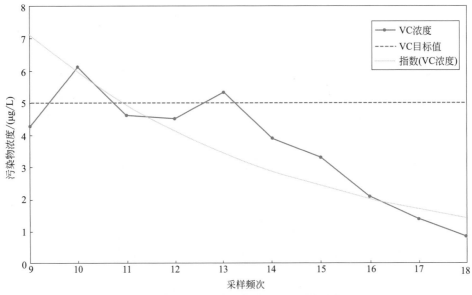

图D.4　氯乙烯（VC）效果评估阶段浓度趋势分析

附录E

（资料性附录）

地下水修复和风险管控效果评估报告编制提纲

1 项目背景

简要描述污染地块基本信息，调查评估及修复和风险管控的时间节点与概况、相关批复情况等。

2 工作依据

2.1 法律法规

2.2 标准规范

2.3 项目文件

3 地块概况

3.1 地块调查评价结论

3.2 修复和风险管控技术方案

3.3 修复和风险管控实施情况

3.4 环境保护措施落实情况

4 地块概念模型

4.1 资料回顾

4.2 现场踏勘

4.3 人员访谈

4.4 地块概念模型

5 布点与采样方案

5.1 评估范围

5.2 采样节点和频次

5.3 布点数量与位置

5.4 检测指标

5.5 评估标准值

6 现场采样与实验室检测

6.1 样品采集

6.2 实验室检测

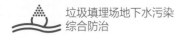
7 效果评估

7.1 检测结果分析

7.2 修复和风险管控效果评估

8 结论和建议

8.1 效果评估结论

8.2 后期环境监管建议